水 外 交

　　21世纪，水将成为决定国家财富、福祉和稳定的资源。因此本书提出一种新的管理水资源的方法，以解决由自然、社会和政治力量相互作用没有得到足够重视而引发的水冲突，其中引发这些水冲突的核心要素是复杂的水网络。在水网络管理方面，单纯依靠科学还不够，同时政策制定中不考虑科学因素水网络管理也不会奏效。因此，只有使用科学、政策和政治相结合的谈判手段或外交手段，才会获得管理水网络的解决方案。本书作者阐述了如何采取合作和适应性技巧，使水利专家、存在利益冲突的用水户及承受反补贴索赔的政府机构之间达成共识，成功化解不断变化和开放的水网络体系中存在的矛盾。沙菲克·伊斯兰姆（Shafiqul Islam）是一名拥有25年以上解决水问题实践经验的工程师。劳伦斯·E. 萨斯坎德（Lawrence E. Susskind）是麻省理工学院环境政策和规划课程创始人，也是哈佛大学法学院谈判课程的一位领导。本书由沙菲克·伊斯兰姆和劳伦斯·E. 萨斯坎德合著，主要面向相关学生及从事各类工科、理科和应用社会科学领域工作的专业人士。沙菲克·伊斯兰姆和劳伦斯·E. 萨斯坎德提出了解决水冲突的新思路，以此取代使专家、政治家和利益相关者以适得其反的方式相互竞争的零和博弈。本书不仅论述了水外交理论的关键要素，还囊括了20多篇代表性文献的摘录和评论，并为读者提供了相关配套练习。

　　沙菲克·伊斯兰姆是麻省理工学院首位伯纳德·M. 戈登（Bernard M. Gordon）工程学资深研究员，同时担任塔夫茨大学弗莱彻法律与外交学院水外交学教授及水外交倡议负责人。其领导的研究小组搭建了多样化国家和国际合作伙伴网络，融合理论与实践，创造了可付诸实施的水知识。伊斯兰姆至今已发表100多篇期刊论文和其他出版物。

　　劳伦斯·E. 萨斯坎德是麻省理工学院城市和环境规划福特基金会教授，至今已有40多年的执教经验。萨斯坎德于1982年帮助哈佛大学法学院创办了谈判课程，并担任该学院谈判课程副教导主任，主管麻省理工学院–哈佛大学的公共争端课程，教授高级谈判课。1993年，萨斯坎德创办了共识构建研究院。

WATER DIPLOMACY
A NEGOTIATED APPROACH
TO MANAGING COMPLEX
WATER NETWORKS

水外交框架

〔美〕沙菲克·伊斯兰姆 〔美〕劳伦斯·E.萨斯坎德 / 著

水利部国际经济技术合作交流中心
中国环境科学研究院 / 译

科学出版社
北 京

图字号：01-2020-5640

Water Diplomacy：A Negotiated Approach to Managing Complex Water Networks by Shafiqul Islam and Lawrence E. Susskind / ISBN：978-1-61726-102-2（hbk）

图书在版编目（CIP）数据

水外交框架/（美）沙菲克·伊斯兰姆（Shafiqul Islam），（美）劳伦斯·E.萨斯坎德（Lawrence E. Susskind）著；水利部国际经济技术合作交流中心，中国环境科学研究院译. —北京：科学出版社，2020.10

书名原文：Water Diplomacy：A Negotiated Approach to Managing Complex Water Networks

ISBN　978-7-03-066183-8

Ⅰ.①水…　Ⅱ.①沙…　②劳…　③水…　④中…　Ⅲ.①水资源管理–研究　Ⅳ.①TV213.4

中国版本图书馆 CIP 数据核字（2020）第 175972 号

责任编辑：周　杰　王勤勤 / 责任校对：樊雅琼
责任印制：肖　兴 / 封面设计：无极书装

科 学 出 版 社 出版
北京东黄城根北街 16 号
邮政编码：100717
http://www.sciencep.com
北京汇瑞嘉合文化发展有限公司印刷
科学出版社发行　各地新华书店经销
＊
2020 年 10 月第 一 版　　开本：720×1000　1/16
2020 年 10 月第一次印刷　　印张：19 1/2
字数：390 000

定价：150.00 元
（如有印装质量问题，我社负责调换）

目 录 CONTENTS

239 **7** **印度不达米亚模拟角色扮演**

目
录

贡 献 者

沙菲克·伊斯兰姆是塔夫茨大学水外交倡议的主任，也是麻省理工学院首位伯纳德·M. 戈登工程学资深研究员和塔夫茨大学弗莱彻法律与外交学院水外交学教授。其领导的研究小组搭建了多样化国家和国际合作伙伴网络，这是一个聚集了国内和国际合作者的多元化团队，他们融合理论与实践，创造了可付诸实施的水知识。伊斯兰姆教授一直活跃在国内和国际的咨询与培训实践中，包括印度洪水预报、孟加拉国水资源规划、埃克森美孚公司水政策规划、建议南亚财团开展水资源跨学科研究等。至今已发表 100 多篇期刊论文和其他出版物。

劳伦斯·E. 萨斯坎德是麻省理工学院城市和环境规划福特基金会教授，也是科学影响合作（Science Impact Collaborative，SIC）组织的主任。他是哈佛大学法学院跨高校协商项目的创办人之一，也是共识构建研究院的创办人，该研究院无偿为全球复杂公共争端提供调解服务。萨斯坎德教授编写和参与编写了 20 多本书，包括《打破僵局》《环境外交》《共识构建手册》。

凯瑟琳·M. 阿什克拉夫特是米德尔伯里学院环境研究项目访问助理教授。她也曾作为助理教授访问普瑞特艺术学院，作为讲师参与科尔比学院政府部门和环境研究项目，也曾担任共识构建研究院高级顾问。凯瑟琳在麻省理工学院访问期间完成其博士研究，且其研究聚焦多瑙河和尼罗河两条国际河流的适应性治理方面。

保拉·赛思齐–戴门格里奥是哈佛大学法学院协商项目的代理协调人，也是博士后研究员。她获得了 JAMS 基金会韦因斯坦（Weinstein）奖学金的资助用以开展替代性纠纷解决（Alternative Dispute Resolution，ADR）研究。她也是美国律师协会（American Bar Association）关于 ADR 的未来分委会联合主席，曾作为专家顾问参与欧盟的多个 ADR 项目。此外，她还是国际合作组织的顾问。

彼得·坎明加是阿姆斯特丹大学法学副教授，也是哈佛大学法学院协商项目的博士后研究员。此外，他还是专业协调员，目前是基础设施建设相关机构的顾问。在此之前，他在荷兰最大的法律事务所之一当律师。其就复杂多方情况下争端解决和合作数次发表论文、合作著书。

伊丽莎白·费尔曼是共识构建研究院的合伙人。她取得了塔夫茨大学弗莱彻法律与外交学院艺术学硕士学位，哈弗福德学院艺术学学士学位。她是美国波士顿人，曾在智利学习和生活。

玛雅·玛祖达尔是塔夫茨大学工程学院和医学院的双学位学生。她的研究内容聚焦工程科学、传染病学和生物统计学。她是零村庄项目（The Village Zero Project，VZP）的联合发起者。VZP 提倡将传染病学和工程学相融合，使用移动建设技术在时空上追踪地方传染性疾病的源头和传播路径，从而形成成本效益更好的预防策略。

水外交框架

译 者 序

中国是世界上跨界河流最多、以河流湖泊为国界线最长的国家之一，跨界河流境内流域面积约占国土总面积的 1/5，跨界河流水量约占全国水资源总量的 1/4。从流域区位上看，在众多跨界河流中，中国多居于上游，出境水量远远大于入境水量，水资源与水能资源开发利用程度目前均较低；从地域上看，中国的跨界河流流域涉及周边 17 个国家，分布在东北亚、中亚、南亚和东南亚地区。中国始终秉持亲诚惠容的理念，遵循公平合理利用、不造成重大损害等国际水法基本原则，加强跨界河流领域的交流与合作。跨界河流合作是中国周边外交乃至亚洲区域合作的重要组成部分，也是构建人类命运共同体的重要合作实践。因此，中国的跨界河流管理及国际合作任重而道远。

随着全球气候变化影响加剧、经济社会不断发展和人口持续增长，水资源短缺问题日益突出；跨界水资源争夺将引发争端甚至安全冲突，如何化解跨界水资源领域的矛盾和冲突，是相关国家和国际社会须面对的重要问题。

美国塔夫茨大学教授沙菲克·伊斯兰姆和麻省理工学院教授劳伦斯·E. 萨斯坎德合著的《水外交：以谈判的方式管理复杂水网络》一书，对水管理的传统思维提出挑战，认为水是灵活的资源，水网络具有不确定性、互馈性和复杂性，水管理系统是一个复杂的系统且不可预测，水管理问题应该统筹考虑自然、社会、政治多个领域。基于此，本书在对前人成果进行系统梳理分析的基础上，提出了全新的水外交框架（water diplomacy framework，WDF），共包括三个核心命题：一是在自然、社会和政治力量的相互作用下产生的水管理问题具有复杂性，水网络是开放的和不断变化的；二是水网络管理必须考虑相互作用、非线性和互馈性；三是水网络管理必须以适应性为前提，并以非零和博弈方式进行。水外交框架植根于复杂性理论、非零和协商理论，要求确保适当的利益相关者代表的参与、进行联合实情调查和情景规划、强调价值创造、进行非正式的问题调解并寻求共识、开展适应性学习和协同适应性管理。

中国环境科学研究院和水利部国际经济技术合作交流中心经与《水外交：以谈判的方式管理复杂水网络》一书作者交流，商定将该书翻译为中文出版，供相关研究者和管理者参考。考虑到本书的内容以水外交框架为核心，故将中文版的书名定为《水外交框架》。

本书由中国环境科学研究院刘利、刘可欣、刘雪瑜、吴婕赟、邱光磊、张孟衡、张临绒、胡欣琪、袁鹏、高红杰翻译，由水利部国际经济技术合作交流中心张瑞金、谷丽雅、侯小虎、张林若、刘博、张欣、肖玉泉、田向荣、张长春、黄聿刚、樊彦芳、胡文俊、鞠志杰、杨泽川校译，由陈霁巍、宋永会统稿审定。本书的出版得到国家重点研发计划项目"跨境水资源科学调控与利益共享研究"（2016YFA0601600）中的课题"跨境流域水资源利益共享及权益保障机制"（2016YFA0601604），以及中欧环境可持续项目"松花江辽河流域水质改善污染排放管理示范"（DCI-ASIE/2013/323-261）的资助，同时得到国家领土主权与海洋权益协同创新中心的支持。由于译、校、审者水平所限，本译著可能会存在一些不足，敬请读者批评指正。

水外交框架

前　言

　　为了应对全球化世界的新现实，我们不再依赖所熟悉的 20 世纪的范式：科学家创造，政治家制定政策，民众回应（特别是当他们不满时）。我们提出一种 21 世纪的方法来管理水资源，这种方法承认自然和社会系统的复杂性与不确定性，接受日益增长的互联性和重要决策的结果，拒绝分层管理结构的至上权威。

　　我们的观点是在很多重要书籍的影响下形成的。这些书籍包括《哲学的慰藉》（*The Consolation of Philosophy*）（Boethius，525AD），《反思性实践者》（*The Reflective Practitioner*）（Schon，1983），《管理未知》（*Managing the Unknowable*）（Stacey，1992），《宇宙为家》（*At Home in the Universe*）（Kauffman，1995），《确定性的终结》（*The End of Certainty*）（Prigogine，1996），《人工科学》（*The Science of the Artificial*）（Simon，1996），《第三边》（*The Third Side*）（Ury，1999），《黑天鹅》（*The Black Swan*）（Taleb，2007），《系统思维》（*Thinking in Systems*）（Meadows，2008），《一起工作》（*Working Together*）（Poteete et al.，2010），《实践的智慧》（*Practical Wisdom*）（Schwartz and Shapiro，2010），以及《水智慧》（*Water Wisdom*）（Tal and Rabbo，2010）。

　　关于水外交的方法始于一个问题：既然我们不能预测也不能控制水资源分配和利用的驱动力，那么我们如何确保作为公共资源的水能够得到有效管理？我们把外交看作在各个层面定义和解决水问题的过程，小到村庄里小型卫生系统的设计，大到国家某地区有争议的水电设施的开发，乃至国家间正式条约的磋商。

　　自然、社会和政治相互作用形成的水问题创造了复杂的水网络。随着人口增长、经济发展和气候变化对水资源需求的日益增加，水网络管理变得越来越重要。科学家无法提供所有水问题的解决办法。政策制定者必须考虑科学家建议，同时需要利益相关者帮助制定和实施解决方案。为此，我们把水视作可变化的甚至可扩展的资源是有益的。

我们的评估中，最恼人的水资源管理问题既不是简单的也不是复合的。简单的问题很容易理解和解决。相互作用的复合问题虽然不简单，但仍然可知且可预测。复杂问题是大多数水资源管理问题的属性，涉及很多既未知又不可预测的相互作用，如太多变量、太多相互作用和太多反馈，很难控制。

几个世纪以来，我们已经将大自然分解开来，并且越来越详细地分析了它的组成。现在我们认识到，这种"还原论"只能提供有限的认知。水资源系统不是简简单单每部分的总和。当自然、社会和政治边界不协调、因果关系模糊时，水管理者多年所依赖的"系统工程"并不能很好地发挥作用。

我们将水网络视作一套互相连接的节点，每个节点代表自然、社会和政治变量，这些节点之间的信息流动使其能够发展、适应。我们的挑战就是如何最好地管理这些信息流，以形成和实现预期成果。在本书中，我们提倡一种新的水外交框架（WDF），它植根于复杂性理论与非零和协商的理念。水用户和管理者可以运用这个框架实现对科学客观性和情景的理解。

在完成本书过程中，沙菲克·伊斯兰姆得到了一批杰出的导师、学生和朋友的帮助。有几位值得特别提出，包括 A. Akanda, R. Bras, A. Chassot - Repella, E. Choudhury, Y. Gao, A. Jutla, P. Mollinga, I. Rodriguez - Iturbe, W. Moomaw, K. Portney, M. Reed, D. Small 和 R. Vogel。沙菲克也想感谢他父母、妻子（Naaz）和两个可爱的女儿（Maia 和 Myisha）的爱、支持与鼓励，没有他们的鼎力支持与日复一日的饭桌讨论时他们睿智且勤勉的批评，本书就不会存在。

劳伦斯·萨斯坎德想要感谢在完成本书过程中许多人的倾力相助，包括 Sossi Aroyan, Carri Hulet, Peter Kamminga, Paola Cecci - Dimeglio, Elizabeth Fierman, Todd Schenk, Noah Susskind 和 Nina Tamburello。

沙菲克·伊斯兰姆（Shafik Islam）

劳伦斯·萨斯坎德（Larry Susskind）

2012 年 3 月 12 日

参 考 文 献

Boethius, A. M. S. （575 AD）. *The Consolation of Philosophy*, English Translation by H. R. James, Signature Press Edition.

Kauffman, S. 1995. *At Home in the Universe：The Search for the Laws of Self Organization and Complexity*. Oxford：Oxford University Press.

Meadows, D. H. 2008. *Thinking in Systems：A Primer*, D. Wright （ed.）, Chelsea Green Publishing.

Poteete, A. R., Janssen, M. A., and Ostrom, E. 2010. *Working Together：Collective Action, the Commons, and Multiple Methods in Practice*. Princeton, NJ：Princeton University Press.

Prigogine, I. 1996. *The End of Certainty：Time, Chaos, and the New Laws of Nature*. New York：The Free Press.

Schon, D. A. 1983. *The Reflective Practitioner：How Professionals Think in Action*. New York：Basic Books.

Schwartz, B. and Shapiro, K. 2010. *Practical Wisdom：The Right Way to do the Right Thing*. New York：Riverhead Books.

Simon, H. A. 1996. *The Science of the Artificial*. Cambridge, MA：The MIT Press.

Stacey, R. D. 1992. *Managing the Unknowable：Strategic Boundaries Between Order and Chaos in Organizations*. San Francisco, CA：The Jossey-Bass Management Series.

Tal, A. and Rabbo, A. A. 2010. *Water Wisdom：Preparing the Groundwork for Cooperation and Sustainable Water Management in the Middle East*. New Brunswick, NJ：Rutgers University Press.

Taleb, N. N. 2007. *The Black Swan：The Impact of the Highly Improbable*. New York：Random House.

Ury, W. 1999. *The Third Side：Why We Fight and How We Can Stop*. New York：Penguin Books.

致　　谢

经版权所有者允许，从以下材料中摘选内容在各个章节转载。在此感谢那些使我们将这些作品纳入本书的人们。

Allen，P. 2001. What is complexity science? Knowledge of the limits of knowledge，*E-mergence*，3（1），24-42. Reprinted by permission of the publisher.

Ashcraft，C. M.（2011）. *Indopotamia：Negotiating Boundary- Crossing Water Conflicts.* Program on Negotiation，Harvard Law School. Reprinted by permission.

Berkes，F. 2006. From community- based resource management to complex systems. *Ecology and Society*，11（1）：45. Reprinted by permission of the publisher.

Bloschl，G. and Sivapalan，M. 1995. Scale issues in hydrological modeling：A review，*Hydrological Processes*，9：251-290. Reprinted by permission of the publisher.

Brooks，D. & Trottier，J. 2010. Confronting Water in an Israeli- Palestinian Peace A-greement，*Journal of Hydrology*，382（1-4）：103-114. Reprinted by permission of the publisher.

Burkhard，R.，Deletic，A.，and Craig，A. 2000. Techniques for Water and Wastewater Management：A Review of Techniques and Their Integration in Planning Review，*Urban Water*，2（3）：197-221. Reprinted by permission of the publisher.

Cash，D. W.，Adger，N.，Berkes，F.，Garden，P.，Lebel，L.，Olsson，P.，Pritchard，L.，and Young，O. 2006. Scale and cross-scale dynamics：governance and information in a multilevel world，*Ecology and Society*，11（2）：8. Reprinted by permission of the publisher.

Cohen，A. and Davidson，S. 2011. The watershed approach：Challenges，antecedents，and the transition from technical tool to governance unit，*Water Alternatives*，4（1）：1-14. Reprinted by permission of the publisher.

Coman，K. 1911. Some unsettled problems of irrigation，*American Economic Review*，1（1）：1-19.［Reprinted in *American Economic Review*，101（February 2011）：36-48］. Reprinted by permission of the publisher.

El-Sadek A. 2010. Water Desalination: An Imperative Measure for Water Security in Egypt, *Desalination*, 250 (3): 876-884. Reprinted by permission of the publisher.

Fuller, B. 2006. "Trading zones: cooperating for water resource and ecosystem management when stakeholders have apparently irreconcilable differences." *Dissertation*, *Massachusetts Institution of Technology*, *Department of Urban Studies and Planning*. Reprinted by permission of the publisher.

Fuller, B. 2009. Surprising cooperation despite apparently irreconcilable differences: agricultural water use efficiency and CALFED, *Environmental Science and Policy*, 12 (6): 663-673. Reprinted by permission of the publisher.

Gibson, C. C., Ostrom, E. and Ahn, T. K. 2000. The concept of scale and the human dimensions of global change: a survey, *Ecological Economics*, 32: 217-239. Reprinted by permission of the publisher.

Guan, D. and Hubacek, K. 2007. Assessment of regional trade and virtual water flows in China, *Ecological Economics*, 61: 159-170. Reprinted by permission of the publisher.

Kallis, G., Kiparsky, M., and Norgaard, R. B. 2009. Adaptive governance and collaborative water policy: California's CALFED Bay-Delta Program, *Environmental Science and Policy*, 12 (6): 631-643. Reprinted by permission of the publisher.

Kiang, J. E., Olsen, J. R., and Waskom, R. M. 2011. Introduction to the featured collection on "Nonstationarity, Hydrologic Frequency Analysis, and Water Management." *Journal of the American Water Resources Association*, 47 (3): 433-435. Reprinted by permission of the publisher.

Liu, J., Dietz, T., Carpenter, S. R., Alberti, M., Folke, C., Moran, E., Pell, A. N., Deadman, P., Kratz, T., Lubchenco, J., Ostrom, E., Ouyang, Z., Provencher, W., Redman, C. L., Schneider, S. H., and Taylor, W. W. 2007. Complexity of coupled human and natural systems, *Science*, 317: 1513-1516. Reprinted by permission of the publisher.

Luijendijk, J. and Arriëns, W. L. 2007. *Water Knowledge Networking: Partnering for Better Results*. The Netherlands: UNESCO-IHE. Reprinted by permission of the publisher.

Mitleton-Kelly, E. 2003. Ten principles of complexity and enabling infrastructures, in E. Mitleton-Kelly (ed.) *Complex Systems and Evolutionary Perspectives on Organ-*

izations: *The Applications of Complexity Theory of Organizations* (pp. 23- 50). Oxford: Elsevier. Reprinted by permission of the publisher.

Narayanan, N. C. and Venot, J. P. 2009. Drivers of change in fragile environments: Challenges to governance in Indian wetlands, *Natural Resources Forum*, 33: 320-333. Reprinted by permission of the publisher.

Odeh, N. 2009. "Towards improved partnerships in the water sector in the Middle East: A case study of partnerships in Jordan's water sector." Dissertation, Department of Urban Studies and Planning, Massachusetts Institute of Technology. Reprinted by permission of the author.

Ostrom, K. 2011. Reflections on "Some Unsettled Problems of Irrigation," *American Economic Review*, 101: 49-63. Reprinted by permission of the publisher.

Pahl-Wostl, C., Craps, M., Dewulf, A., Mostert, E., Tabara, D., and Taillieu, T. 2007. Social learning and water resources management, *Ecology and Society*, 12 (2): 5. Reprinted by permission of the publisher.

Pollard, S., duToit, D., and Biggs, H. 2011. River management under transformation: The emergence of strategic adaptive management of river systems in the Kruger National Park, *Koedoe*, 53 (2). No permission required to reprint.

Radosevich, G. 2010. *Mekong River Basin*, *Agreement & Commission*. IUCN Water Program Negotiate Toolkit: Case Studies. Reprinted by permission of the publisher.

Rittel, H. W. and Webber, M. M. 1973. Dilemmas in a general theory of planning, *Policy Sciences*, 4: 155-169. Reprinted by permission of the publisher.

Saravanan, V. S. 2008. A systems approach to unravel complex water management institutions, *Ecological Complexity*, 5 (3): 202-215. Reprinted by permission of the publisher.

Sgobbi, A. and Carraro, C. 2011. A stochastic multiple players multi-issues bargaining model for the Piave river basin, *Strategic Behavior and the Environment*, 1 (2): 119-150. Reprinted by permission of the publisher.

Sivapalan, M., Thompson, S. E., Harman, C. J., Basu, N. B., and Kumar, P. 2011. Water cycle dynamics in a changing environment: Improving predictability through synthesis, *Water Resources Research*, 47. Reprinted by permission of the publisher.

Tapela, B. N. 2006. Stakeholder participation in the transboundary management of the Pungwe river basin, in A. Earle and D. Malzbender (eds.) *Stakeholder Participation in Transboundary Water Management* (pp. 10- 34), Cape Town:

致
谢

African Centre for Water Research. Reprinted by permission of the author.

Velázquez, E. 2007. Water trade in Andalusia, virtual water: An alternative way to manage water use, *Ecological Economics*, 63 (1): 201- 208. Reprinted by permission of the publisher.

Werick, B. 2007. Changing the rules for regulating Lake Ontario levels, *in Computer Aided Dispute Resolution*, *Proceedings from the CADRe Workshop* (pp. 119-128). Institute for Water Resources. Reprinted by permission of the publisher.

水
外
交
框
架

缩 略 语

ACF   阿巴拉契科拉–查特胡奇–弗林特河

BATNA   谈判协议最佳替代方案

CALFED   卡弗德海湾三角洲计划（加利福尼亚州和联邦达成的协议）

CAM   自适应协同管理

GWP   全球水伙伴

IWRM   水资源综合管理

JFF   联合实情调查

MRC   湄公河委员会

PON   哈佛大学法学院谈判课程

RCN   研究协调网络

USACE   美国陆军工程师兵团

WDN   水外交网络

WDF   水外交框架

WDW   水外交研讨会

ZOPA   可能达成协议的空间

1

水管理是一个永恒的话题

[与玛雅·玛祖达尔（Maia Majumder）合著]

几千年前，三个狩猎部落定居在印度不达米亚（Indopotamia①）流域。起初，该流域人口稀少，资源丰富，但随着人口的增长，这些部落逐渐意识到他们已无法完全依赖野生食物，并逐渐开始尝试种植水稻，然而，适合耕种的土地变得越来越少。于是，土地变成权力的象征，为了保护自身的利益和宣示主权，这些部落开始划定地理边界、组建政府，最终演变成以 α、β 和 γ 命名的现代国家。

转眼几个世纪过去了，α、β、γ 三个国家的关系始终处于紧张状态。α 国是三个国家中最大的，在经济和政治上占主导地位，长期垄断水资源，只有在满足自身用水需求后，β 国和 γ 国才被允许获得更多的水。然而，随着 α 国人口的持续增长和作物产量的增加，似乎从来就没有足够的水留给较小的上游国。鉴于 α 国长期霸占水资源，用于自身政治和经济发展，因此，α 国被认为自私自利、残酷无情和毫不妥协。

γ 国遭遇了周期性干旱和森林大火，由于缺乏水源储备，其无法应对这些困难，经济发展受到了阻碍。此外，γ 国地下水受到砷污染，只能依赖河水。β 国拥有大量的可耕地，但缺乏足够的劳动力，一直以来希望向对劳动力需求更低的能源驱动型农业转变。但 β 国无力购买所需的汽油或煤炭，除非进口廉价劳动力或利用水力发电，否则作物生产和经济增长无法持续。

走投无路的 β 国和 γ 国决定合作修建大坝，他们想通过地区贷款机构寻求资金，可除非他们与 α 国达成用水协议，否则不具备获得贷款和赠款的资格。

尽管 α 国对 β 国和 γ 国合作修建大坝的想法相当不满，但鉴于地区贷款机构只向睦邻友好的国家发放贷款，且 α 国也想获得贷款用于自身的发展，便签署了支持 β 国和 γ 国合作修建大坝的声明。可是，α 国通过间接的方式威胁 β 国和 γ 国，声称大坝建成后无法保证当地叛乱分子不对大坝进行破坏。这使得 α 国与 β

---

① 译者注：Indopotamia 是一个人造合成词，由 India（印度）和 Mesopotamia（美索不达米亚）两个表示地名的单词拼接而成。

国和 γ 国原本脆弱的关系进一步恶化。

α 国的声称是有缘由的,因为大坝建成后,该国将无法获得充足的水来灌溉稻田,而水稻是该国的口粮和经济支柱。近几十年来,随着冰川融化和海平面上升,海水入侵,水资源形势变得日益严峻。这导致 α 国沿海的稻田由于盐分太高而无法种植。以往 α 国可以种植任何所需的作物,不需要依赖任何一个邻国,因此与 β 国和 γ 国是否保持睦邻友好关系并不重要。可如今,随着沿海农田的日益减少,α 国开始寻求帮助,但是 α 国与 β 国和 γ 国的关系紧张,于是在过去几十年,α 国只能从河流抽取更多的水用于提高水稻产量,而 β 国和 γ 国也没有经济或者军事实力加以阻止。

人口最多的 μ 省位于 α 国干旱地区,需要额外的水浇灌农田。该省位于海拔较高的北海岸,是 α 国为数不多未受海水入侵影响的地区之一。虽然该省土地干旱却肥沃,可为水稻生长提供足够的养分。随着 α 国人口的持续增长,每年需要大量的灌溉用水。而在过去的几十年,由于 α 国的过度开采,β 国和 γ 国的湖泊、池塘和溪流几近干涸。

μ 省的居民认为 α 国政府大幅度削减他们的工资,以支付与日俱增的取水费用,对他们构成剥削,而且政府将一些住宅区域改造成农田。尽管 α 国政府向 μ 省的居民解释其目的是供养整个国家的人民。

但 μ 省的一股政治派别无法接受这些做法,正在策划一场叛乱,打算切断国家的水稻供应,并进行有组织的军事反抗。μ 省与 β 国接壤,与 β 国建立了秘密沟通渠道,提出向 β 国提供补充劳动力,以换取武装和军事支持。

在就修建大坝进行外交谈判期间,β 国和 μ 省之间的关系暴露,β 国和 γ 国之间的信任破裂,γ 国担心 α 国解决与 μ 省的争端时知道 β 国需要更多的劳动力,一旦 α 国意识到这一点时,或将向 β 国提供额外劳动力,从而不再支持大坝修建项目。由于地区贷款机构希望把贷款分给建坝的两个国家,如果 β 国放弃该项目,γ 国将无法完成大坝修建。

事实上,β 国无须通过修建大坝来解决难题,因为 β 国希望把稻田转变为用机械化生产的农田,其修建大坝的目的主要是水力发电,从长远来看,这将带来诸多经济效益。然而,如果 α 国能为 β 国提供更多的劳动力,并为这些劳动力支付薪水,则 β 国无须转向能源驱动型农业。可是,对于 γ 国而言,从河流取水是解决频繁干旱、森林大火等缺水问题的唯一出路,否则 γ 国的农业和社会经济将持续处于落后状态,与邻国的差距也会逐渐加大。

在理想状态下,α 国允许 β 国和 γ 国合作修建大坝,并防止叛军袭击,以此交换稻米。这将有助于 γ 国解决频繁干旱、森林大火等缺水问题;β 国也可继续向机械化农业转型。通过向 α 国出口稻米,β 国和 γ 国将取得外交影响力，创建三国之间更加强化的相互依存关系，从而持久抵御外部入侵。随着 μ 省无须负担为整个国家生产粮食的重任，α 国与 μ 省的关系也可得以修复，最终三个国家将迎来一片和平，这样地区贷款机构和其他国际组织可能会增加对三个国家的投资。

关键问题是 α 国能否放下身段，同意这个解决方案？γ 国是否信任 β 国，按照约定修建大坝？或者说，如果 α 国提供补充劳动力，β 国是否会背弃 γ 国？μ 省能否修复与中央政府的关系？是否会发生内战？

这些问题能否解决取决于三国将长期冲突转变成解决问题的契机，在这种情况下，水外交应运而生！

2

挑战水管理的传统思维

2.1 水资源管理的演变

在虚构的印度不达米亚世界里，祖先以狩猎为生，水不是稀缺资源，早期文明靠水而生且沿河发展。几千年来，从美索不达米亚城市到玛雅文明，再到现代美国的波士顿，人类通过调水的方式促进发展和提高生活质量。但是，我们都清楚地知道，淡水是有限的资源，其总供给量从恐龙时代就未曾改变。

几个世纪以来，充足的供水已成为水管理的焦点。波士顿于 1620 年建立（尽管有迹象表明，早在公元前 2500 年已有美洲原住民在此居住），在早期文明中，当地居民像其他地区的人一样，以蓄水池、水井和波士顿公园的喷泉为水源。随着城市的发展，水供应日显不足，且水质逐渐下降。1848 年，波士顿利用科奇图维特湖为城市供水，水从科奇图维特湖流入波士顿公园的青蛙池。1848 年 10 月 25 日，在青蛙池举行了盛大庆典仪式，在 100 门礼炮的鸣响声中拉开序幕，吸引了十多万人。1848 年，波士顿的人口仅为 12.7 万，而到 1900 年，波士顿人口增长了三倍多，超过了 55 万。为了推动波士顿未来 100 年的可持续发展，工程技术人员不得不努力提高可用水量，如今的大都市水资源管理局为波士顿周边 46 个城镇的 250 万用户供水。

从美索不达米亚城市供水厂到罗马人了不起的引水技术，再到大坝建设、污水处理及灌溉等现代化工程，我们在水资源管理领域积累了丰富的经验，但是以供水为中心的水管理发展史并非一帆风顺。波士顿供水系统的发展充分体现了自然与社会系统的相互作用，以及这种相互作用如何引发冲突和矛盾。1848 年，波士顿取水水源逐步向西推进，从城市转移到马萨诸塞州西部人口稀少的地区，那里的水源尚未受到污染。相比于早期的水利工程，20 世纪开始修建大型水库，如马萨诸塞州中部曾淹没了几个社区的阔宾（Quabbin）水库。时至今日，那些为满足波士顿日益增长的饮用水需求做出牺牲的当地居民依然对此耿耿于怀。

1848 年，科奇图维特湖渡槽每天从波士顿以西 19 英里①的地区输送 1000 万加仑②的水，这是一项了不起的工程。当时，人们还未明确考虑环境问题或社会影响。多年来，波士顿陆续启动了多个供水项目，以满足日益增长的城市需求。1946 年，距离波士顿以西约 50 英里的阔宾水库竣工，其蓄水量达 4120 亿加仑，是当时世界上最大的以供水为主的人工水库。为了修建阔宾水库，格林尼治、恩菲尔德、达纳和普雷斯科特 4 个城镇被淹没。这说明当水管理以供给侧为主导，应对竞争激烈和不断增长的水需求时，自然和社会系统必然会产生复杂的相互作用。

为了合理设计水政策、计划或项目，应综合分析与考虑供给侧和需求侧两方面的内容。供给侧投资以工程为导向，且以工程师和技术专家为主导建设工程；需求侧投资则取决于成本效益分析（cost-benefit analysis，CBA），且基于成本对项目优劣势进行量化分析。

从 19 世纪 40 年代波士顿管道输水和清洁水源工程取得成功的案例可以看到，人们不得不在满足供水需求和社区搬迁或被淹没之间做出权衡。供水项目以技术为主导，寻找水源以满足日益增长的需求，这种方法并非波士顿独创。从孟买到布宜诺斯艾利斯，世界许多城市和地区都采用类似的工程与项目。

然而，全球目前的人口已超过 60 亿，可用水量却与千百万年前一样保持不变。现在我们关心的问题主要是需求侧方面，如水是产权，还是人权？鱼比玉米更有权拥有水资源吗？经济效用最大化比环境可持续性更重要吗？我们如何权衡与水相互抵触的文化和宗教价值？人们需要的真实水量是多少？我们是否应该调整生活方式，减少用水需求总量？

我们逐渐意识到，历史上以供给侧为重心的做法已不能应对新时期面临的多重挑战。水资源开发的先辈以修建大坝、集中式废水处理厂和灌溉项目为傲，通过帮助人们减少饥饿及涉水疾病、预防毁灭性的洪水灾害而使地球上的大部分人口从中获益。然而，随着经济的持续发展，这种以建设为重心的做法逐渐显露出弊端，很多问题随之而来，如缺乏新的水源、开发成本高、人口增长压力大，以及城市化加快、贫穷、生态系统退化、生物多样性破坏及全球气候变化等。

2.2　水资源综合管理（IWRM）

20 世纪 70 年代以前，各国在制定水资源管理决策和解决水资源问题时，并

---

① 1 英里 = 1.609 344 千米。
② 1 加仑 = 3.785 43 升。

不考虑对环境（水量、水质、生态功能和服务）和社会体系（经济、文化、制度）的影响。1977 年，联合国水大会在阿根廷马德普拉塔召开，此次大会在水资源管理领域具有里程碑意义。会上，全球各界共同认识到以供给侧为导向的水资源管理存在弊端。

水资源管理部门达成共识，不能采取只侧重于单一部门或单一商品的方式，而应该更加平衡、以人为本。这种转变突出强调了水体是为多用户服务的系统，只有在多维度、多部门环境下考虑不同用水户的目标需求，才能实现更加公平和可持续管理，由此开启了水资源综合管理的时代。在过去的 40 年里，里约热内卢、都柏林、海牙、约翰内斯堡和东京等举办的国际水事活动都极力倡导水资源综合管理。大多数国际组织，包括联合国和世界银行，均以水资源综合管理为指导原则。

2000 年，水资源综合管理的定义被正式提出：为实现经济和社会效益的最大化，在不影响重要生态系统和环境可持续性的前提下，促进水资源、土地和相关资源统筹开发与管理（Global Water Partnership，2000）。此外，水资源综合管理必须遵循以下五项原则：①水是有限和脆弱的资源；②有必要采用参与式方法；③应当强调妇女的作用；④必须认识到水资源的社会经济价值；⑤必须优先考虑三项可持续性（经济效益、社会平等和生态系统可持续性）。

全球水伙伴（Global Water Partnership，GWP）对以上原则进行了说明，并利用水资源综合管理措施对一系列内涵（Saravanan et al.，2009）、不同的定义（Braga，2001；Thomas and Durham，2003；Jonker，2007）和方法（Mitchell，1990）进行了整合。然而，通过对水资源综合管理定义开展评价，比斯瓦斯（Biswas）认为水资源综合管理无法实施，因为尚未解决操作性问题，且难以确定评估标准和指标，同时提出应关注实施中存在的问题（"将发生什么"），并建议忽视常规性问题（"应该做什么"）和战略性问题（"可以做什么"）（Mitchell，2008）。

GWP 的水资源综合管理定义中有一个关键性假设，即社会上所有参与者都能通过探讨、协商和合作达成共识，并采取协调一致的行动。有人对此提出了不同的见解，并通过真实案例对"水资源综合管理为何无法实现及其原因"进行了佐证，认为综合协调是一个政治过程，要求对面临的形势进行切合实际的分析，同时也应全面掌握和搜集显性及隐性信息，以便提出可操作的方案。

事实上，许多涉水冲突都由个人、群体、企业、非政府组织、州和国家等行为主体维护其各自的经济与政治利益导致，因为这些利益相互冲突或相互矛盾。尽管这些利益冲突和矛盾的大小不同，可导致的结果往往是僵局。不仅如此，社会、政治、自然、生态以及生物地球化学等因素相互之间难以融合，使水资源综合管理变得更加错综复杂，因为科研技术人员需要依赖这些因素组成的边界去定义初始条件、开展精心安排的实验和检测结果。与此同时，政府机构基于不同原因设置地缘政治边界，导致政治或社会边界与自然或地理边界之间产生错位。存在边界冲突的情况下，人们对与工程直接挂钩的水资源综合管理是否是水资源管理的实用框架，展开了一场旷日持久的争论。

2.3　回顾公共资源管理规划中尚未解决的问题

早在 1911 年，凯瑟琳·科曼（Katharine Coman）在《美国经济评论》第一期中发表了《灌溉尚未解决的难题》一文，通过引用美国西经 100 度以西的灌溉工程，描述了集体行动产生的复杂矛盾。随后的近半个世纪，哈丁（Hardin）提出"公地悲剧"，以及与公共资源相关的理论和实践问题（Hardin 1968）。将荒漠变为农田的过程，如本案例中修建和运行灌溉系统，充分说明了实现公共利益所面临的严峻挑战。几乎所有依靠私营企业为生的定居者都生活得不错，而依靠公共集体支撑的定居者却无法支撑下去，原因是国会提出了长期定居的要求，这使得"那些资金少但有头脑、勇气和毅力的人无法长期定居，难以通过白手起家创办农场"。奥斯特罗姆（Ostrom）在对科曼的文章评论中写道：

> 通过分析得出的经验教训是，改变形式化的管理结构无法确保灌溉设施获得足够的投资，亦不足以确保农民保住财产和维持生计，构建知识和信任才是解决集体行动问题的关键。
>
> （Ostrom，2011）

另外，由李特尔（Rittel）和韦伯（Webber）于 1973 年前合作发表的一篇具有代表性的文章曾被引用了 3360 多次，该文指出：

> 为应对社会政策问题寻找科学依据注定会失败，因为这些问题的特性起到决定性作用，它们具有"抗解"特性，而科学只能解决"可解"问题。
>
> （Rittel and Webber，1973）

当前面临的许多水资源问题都属于"抗解"问题，除非硬性给出非客观的假设，否则我们无法找到最优方案或工程类型。可见，单纯依靠科学或技术进行主观判断不足以提高水资源管理的可信度。

2.4　水问题相当复杂

水问题分为三类：简单问题、复合问题和复杂问题。简单问题易掌握；复合

2

挑战水管理的传统思维

问题虽不单纯，但仍可掌握和预测；而复杂问题不仅难掌握，常常也不能预测。例如，"如何设计节水厕所"是一个简单问题；"如何将阔宾水库的水引到波士顿某公寓的16楼以供住户沐浴"则是一个复合问题。因为水的流向、管道的走向、水泵等控制装置的数量以及保持饮用水质所需的化学品的种类等都需要确定，这涉及大量的工程智慧与创造力。尽管如此，我们可以通过精确的分析来确定配水系统的每个组成部分及其控制方法。可见，复合系统也可以掌握、预测和控制。

如果修建阔宾水库，需要淹没四个城镇，还要考虑如何平衡野生动植物、渔业生产、农业和城市发展之间的用水需求，这时我们面临的就是一个复杂问题。

无论我们如何尽力分析复杂问题中涉及的自然或社会因素，都无法像简单问题或复合问题那样分析明确。复杂问题之所以难掌握，是因为存在太多的变数，且这些变数又以不可预测的方式相互作用。因此，复杂问题既不可测，也不可控。

水管理问题源自自然、社会以及政治过程和变量的相互作用，因此属于复杂问题。这个复杂问题不仅涉及大量对有限的公共资源构成竞争的利益群体，如农民、工业企业、城市建设和环保主义者等，还涉及自然、行为规范、司法等多个领域与范畴。几个世纪以来，我们一直致力于将自然进行拆解，并对其组成部分进行详细分析，如今我们已经意识到"还原论"分析过程已步入瓶颈。例如，目前最顶尖的有关水分子结构及属性的科学理论仍无法解释为什么分子集合在0℃以上为液态而在0℃以下为固态。

系统工程一直是水资源综合管理的核心。系统通常被定义为一系列相互关联的组件集合，为达成共同的目标，这些组件被组织在一个有界限的领域内。系统本身常常大于其组成部分之和。当系统有既成界限，且人们理解其因果动态时，系统工程能发挥极好的作用。无论是将"阿波罗号"送上月球，还是优化水资源分配，都是运用系统工程解决虽复合却有清晰边界科学问题的成功范例。然而，当系统边界无法界定，因果关系不清晰时，系统工程分析方法就很难发挥作用。

我们可以通过分解系统、分析其细节的方法来理解并优化简单系统及复合系统，但是我们不能通过"还原论"来理解和管理复杂系统。采用成本效益分析和最优化理论分析等现有工具对于解决复杂水问题是不太可能有帮助的（Ackoff，1979；Bennis et al.，2010；Stiglitz et al.，2010）。

如果我们更加了解和掌握自然、社会及政治系统各要素之间的相互作用及影响，就会更有效地开展水资源管理。若要体现大量相互关联的要素间的功能关系，网络分析是最有效的工具之一。一个网络（或图形）是节点（顶点）和节点间链接（边线）的集合，且这些链接可以是定向的或非定向的、加权的或未加权的。水网络被视作代表自然、社会和政治变量的节点间相互关联的集合。这些节点之间信息流动状态实时更新，水网络也随之动态变化，我们所面对的挑战是识别决定节点之间信息流动的机制。

基于网络，我们提出一种新的水管理方法，称为水外交框架（water diplomacy framework，WDF）。该方法来自复杂性理论及非零和博弈理论，旨在构建科学客观性与相互认知之间的纽带关系。为了更有效地管理复杂水问题，根据水外交框架，将水看作一种灵活资源，并提出水网络的三个关键性假设：①水网络是开放的，在自然、社会和政治影响下不断改变；②水网络的特点和管理工作具有不确定性、非线性和反馈作用；③水网络管理应当具有适应性，并采用非零和方式进行协商。

2.5 水是灵活的资源

长久以来，水资源被当作稀有资源进行管理，水资源一旦为一方占有，就不能为另一方所用，但这种观念有待进一步审视。事实上，水资源正在成为一种可扩展的资源。目前，知识和科技共享正带来持续性和根本性变化，同一资源可以多种形式为多方所用。当人们将水看作有限资源时，水分配会导致冲突；而随着知识的发展和更新，人们开始将水看作可扩展资源，其原因及资源扩展方式如下：①世界某些地区（如美国）采用新科技和新做法帮助其他地区（如非洲撒哈拉以南）将水生产力提高4倍（Kijne et al.，2003）；②在资源竞争过程中，蓝水资源（如湖泊、河流和蓄水层）与绿水资源（土壤中的水分）的区分可从根本上改变可用水总量（Falkenmark and Rockstrom，2006）；③世界各地正在利用嵌入水或虚拟水（服务与生产过程中所使用的水）改善水短缺状况。换言之，我们可以采用更加灵活的理念，通过共享水来化解矛盾。为了实现上述转变，我们需要掌握更多的信息，既包含显性信息（科学的客观存在），又包含隐性信息（上下关联），这种综合法是水外交的核心。

2.6 对水网络而不是系统的思考

许多水管理问题产生的根本原因是将水看作"自然对象"，或者是将水看作"社会问题"甚至是"政治问题"，这是一种割裂问题或者陷入条条框框的思维模式。如果将水资源管理涉及的问题集合起来可形成种类繁多的模式，用"还原论"或传统的系统工程方法论不可能解决水管理冲突和矛盾。

为了理清水管理问题的复杂性，我们以美国东南部三州交界的阿巴拉契科拉–查特胡奇–弗林特河（Apalachicola-Chattahoochee-Flint，ACF）流域（图2.1）为例。该流域覆盖佐治亚州（Georgia，GA）西部、佛罗里达州（Florida，FL）北部及亚拉巴马州（Alabama，AL）东部，共计 19 800 平方英里的区域。该流域为近 260 万人供水。20 世纪 60 ~ 70 年代，该流域交替发生了洪水和干旱。过去，该流域主要用水是供水和灌溉，水需求量较小，且涉及的利益相关者较少，美国陆军工程师兵团（The U. S. Army Corps of Engineers，USACE）将水资源管理得很好（Leitman，2005）。然而，随着利益相关者竞争和需求增加，冲突也随之增多（图2.1）。除了当地社会经济与环境发生变化，国家也随之颁布新法律（如《国家环境政策法案》和《濒危物种法案》）。水管理背景变化使佛罗里达州、美国鱼类及野生动植物管理局（The U. S. Fish and Wildlife Services，USFWS）和非政府组织开始对美国陆军工程师兵团的决策提出异议。国家层面的政府部门职责不清和各自为政，导致与州、当地政府部门相互竞争，形成敌对状态（Clemons，2004；Leitman，2005；Feldman，2008）

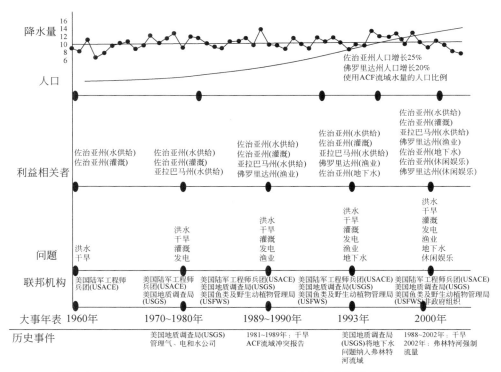

图 2.1　阿巴拉契科拉–查特胡奇–弗林特河（ACF）流域水问题演变情况

1989 年，ACF 流域首次爆发了跨州水冲突。为了满足佐治亚州日益增长的水资源需求，美国陆军工程师兵团提出将用于发电的拉尼尔湖水重新分配为城市用水。这引起亚拉巴马州的警觉，因为取水量增加会妨碍位于两州之间的查特胡奇沿岸的经济发展。于是，亚拉巴马州政府于次年起诉了美国陆军工程师兵团。佛罗里达州也声称，流量减少会破坏沿岸环境，尤其会影响位于阿巴拉契科拉的牡蛎养殖业。尽管经过了 13 年的磋商和审议，各州在如何分水问题上仍未达成一致。同时由于耗时过长，此案被移交至地方法院（Leitman，2005）。2009 年 7 月，地方法院裁定如下：美国陆军工程师兵团将拉尼尔湖的水分配给亚特兰大用于城市开发，给佐治亚州的水量过多，且重新进行水分配的行为违法。

ACF 流域水分配事件反映出人们通常依赖科学数据和从社会经济的角度考虑问题（Clemons，2004；Leitman，2005；Feldman，2008）。第一，ACF 流域的水资源研究主要针对流量，即河道最小水流需求与下游生态系统的自然流量恢复之间的矛盾，其研究范围具有一定的局限性。第二，对于需要采集的数据与如何预测未来的需求存在争议。第三，对于适当的分配公式存在根本性分歧。尽管各州对采用的模型工具达成了一致，但对于产生的结果如何进行分析存在分歧。

在没有采用统一分配公式或者统一标准的情况下，各州决定按照各自倾向的标准对提议的方案进行评估。由于联邦及州政府选举，各州的谈判负责人在事件过程中也进行了更换。上述情况说明，政治因素的融入与悬而未决的科学问题将使水分配变得尤为困难和棘手。

ACF 流域案例以及本书开篇提及的印度不达米亚 α 国、β 国和 γ 国之间的冲突，充分说明自然、社会和政治变量之间的相互联系、作用与影响给界定及解决复杂水问题造成了极大的难度。

2.7 了解水网络的复杂性

许多水管理问题源于竞争与相互关联性，以及政治领域内的自然和社会过程（natural and societal processes within a political domain，NSPD）间的反馈（图 2.2）。自然领域中有三个重要变量：水量（Q）、水质（P）以及生态系统（E），三者相互作用可导致冲突。社会领域中，社会价值观与文化观念（V）、经济和人力资源资产（C）及管辖机构（G）之间同样存在复杂的相互依赖和影响（Islam et al.，2010；Islam and Susskind，2011）。

观察发现，自然和社会领域相互关联但不构成网络，这些领域之间存在明显界线，且会妨碍解决复杂水管理问题。目前，对于这些领域如何相互作用以及如何管理这些变量之间的相互作用尚未达成公认的框架体系，我们主要是致力于创

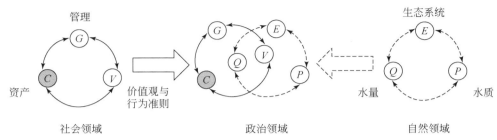

图 2.2　政治领域内的自然和社会过程（NSPD）的相互作用

建一种更好的方式，描述（第 3 章）和管理（第 4 章）复杂水问题。

2.8　在自然、社会和政治领域形成综合体

　　水领域的许多专家与学者认为有必要将自然、社会和政治领域结合起来加以考虑（Biswas，2004；Lankford and Cour，2005；Pahl-Wostl et al.，2007）。我们想要补充的一点是：不确定性、反馈和复杂性必须认真对待。每个水管理问题对于其所处的特定环境都非常敏感，我们了解到，自然、社会和政治领域的相互作用与当地情况及背景息息相关，在某个流域采用的管理手段在其他地方并不一定适用。

　　因此，建立理论基础面临的首要挑战是如何将自然和社会领域掌握的知识纳入分析体系，帮助水利专家解决特定地区复杂水管理问题？确切地说就是为何某些管理措施在此处适用，在别处则不适用？通过研究水库运行规则等特定措施在不同流域所产生的作用，可以得到哪些启示和经验？

　　我们提出假设的原则是：社会形态、自然环境和政治环境的差别使相同的水管理措施在不同的环境下产生不同的效果。为了做出有针对性的决定，我们必须对相互影响的变量与过程进行定性（图 2.2）；主要围绕自然（E、P 和 Q）与社会（C、G 和 V）领域最突出的变量进行研究。这些存在或者缺失的单个及多个变量有助于区别不同形式和大小的水管理问题与冲突。例如，某项管理政策在某个流域实施并取得成功得益于当地的治理体系，但同样的管理政策在其他流域可能无法取得成功。这可能是因为其他流域的 C、G 和 Q 相互影响较弱，缺乏一定的激励措施（C），导致水分配计划（Q）执行不利（G）。

　　在自然、社会和政治领域，很难确定变量与反馈的优先等级，尤其是在对变量定性的方法尚不存在的情况下。水量可以采用标准实验报告来精确地测量和描述，但对于管理结构的作用进行测量和定性难度相当大。在理解尚不深入的情况下，人们往往会采用不恰当的数据或过分简单的假设，且这些数据和假设无法校准和验证

（Scruggs，2007）。同时，我们还发现，采用定性的方法会埋没个例的特殊性，使现成的理念及理论无法得到利用（Goldthorpe，1997），这表明没有哪个方法可以无差别对待。尽管在过去我们没有很好地利用那些描述自然、社会和政治领域关系的方法，但我们不应放弃，应开发和改进这些测量方法，因为或许将来集合互补分析的方法会成为解决复杂水问题的最佳方案（Gray et al.，2007）。

我们关注的焦点是对自然、社会和政治领域变量与过程间的相互作用进行定性，通过恰当的分析使解决跨界水纠纷变得更容易，特别是在数据的尺度和层面不一致而使数据很难采集且不易比较的情况下，我们需要大量的背景知识，才能研究和掌握水网络运行的复杂性。

2.9　水外交框架：三个命题

在上述相互作用条件下，基于复杂性理论、非零和博弈理论，我们提出全新的水外交框架。表 2.1 展示了水外交框架的关键要素。

表 2.1　水外交框架关键要素及其与传统的冲突解决理论的区别

要素	水外交框架	传统的冲突解决理论（适用于水及其他公共资源）
领域和尺度	水跨越多领域（自然、社会、政治）以及不同尺度（空间、时间、管辖、制度）	分水岭或流域限定在有限领域内
水的可用量	虚拟水或嵌入水，蓝水和绿水，以技术共享和谈判法解决问题的方式允许其再利用，对于有竞争需求的水就可以创造灵活性	水是一种稀缺资源，竞争需求量超过固定可用量将导致冲突的出现
水系统	水网络由跨越界限的社会和自然元素组成，在政治背景下以不可预知的方式不断变化	水系统拥有自然边界，其因果关系是已知的，且易于建模
水管理	所有利益相关者需要参与每一个决策步骤，包括问题框架；加大对实验和监控的投入是适应性管理的关键；协同解决问题需要专业辅助	决策通常是由专家制定的；利益相关者参与科学分析；远程计划指导短期决策；目标通常是考虑竞争的政治需要而进行的优化
主要分析工具	利益相关者评估、联合实情调查、情境规划和解决问题的调解是关键工具	系统工程、优化理论、博弈论和谈判支持系统最为重要
谈判理论	互惠法（the mutual gains approach，MGA）创造价值；多方谈判是行动导向的关键；作为非正式解决问题途径，调解对于有效的非零和博弈至关重要	根据囚徒困境式的博弈论进行艰难谈判；委托代理理论；决策分析（帕累托最优）；双层博弈论

在水外交框架应用过程中，三个核心命题至关重要。

2.9.1　水网络是开放的和不断变化的

我们的首个命题是水管理问题具有复杂性，因为这些问题是在自然、社会和政治的相互作用之下产生的。水管理问题在相互作用下，其边界呈动态状且相互渗透。这种复杂性使传统的工程措施及优化组合无法发挥作用。如果从系统工程思维的角度来处理问题，则需要将相互连接的成分及其动态关系以数学的方式呈现。如上所述，这样的方法在系统界线清晰、相对稳定、因果关系易于理解的系统内应用效果较好。当上述条件成立时，人们可以准确地对客观应变量（即变量间的关系）进行预测。但是，在耦合的水网络环境下，变量的界线变得不清晰，目标函数更近似于偏好而非科学制定（如将持续性最大化而非经济效用最大化的偏好），此时无差别系统工程或优化理论应用无法提供清晰的解决方案。

针对自然、社会和政治领域背景下的变量，我们需要以一种不同的方式来展示复杂网络的相互作用。复杂性理论在这种背景下可有效地描述和管理上述关系，研究复杂网络得出的最为深刻的体会是，这种关系往往被不可预测的因素控制，最小的起因可能产生极大的影响，当干扰或新信息依次出现时，通常认为关键因素可能不产生任何作用。因此，制定水网络规划时，应将这些网络及节点间的相互作用视作不可预测。复杂水系统的有效管理需要一种方法可以去利用这些不可预测因素，并以适应性学习为导向。为此，我们应在复杂性理论和依赖适应性方法的基础上，审视我们应完成的水管理任务（Barabasi，2003；Bar-Yam，2004；Liu et al.，2011）。

为构建这种替代框架，我们先假设大多数复杂水管理问题为政治背景下自然和社会变量相互竞争、影响、连接的产物（图2.2）。鉴于自然、社会和政治三个领域可渗透、耦合和相互作用，可将其视作水管理掌控之外的作用力，否则我们将不能解释、更不能预测水管理在这些领域内的行为表现。在错综复杂的自然、社会和政治变量背景下，构建水管理挑战或冲突的框架，可清楚地了解无确定界线以及以不确定方式变化的原因。例如，一个渠系既有输水功能，也是上下游用水户构建关系的载体。这些用水户之间建立的关系和渠系管理的关联，与渠系本身的自然及工程特性之间的关联同等重要。如果将渠系的这两种关联独立起来，即不将其视作整体且不可预测网络的组成部分，将导致管理上出现问题。

专业人士不仅需要对水网络的变量和相互作用过程有全面理解，而且需要一种产生特定背景下的见解的方法。对当地和背景的更多了解在于从各方获取经验，而获得背景信息的最好方式是包含所有相关机构和团体的代表。确定和确保合乎需要的利益相关者与网络代表的方法将在后几个章节详细讨论。

2.9.2 水网络管理必须考虑相互作用、非线性和反馈

目前，水管理领域正在探讨"历史统计数据对将来未知的水系统设计能否发挥作用"（Milly et al.，2008；Stakhiv，2011）。实际工作中，我们采用的普遍做法是基于历史数据对事件的概率做出准确估算。换言之，分析师必须确信，根据过往的情形（或充分考虑以前的情况）可准确预测未来的前景或趋势。一旦预测成功，将得出未来可能出现的情景，并可找出实现既定目标的最有效方式。然而，水管理复杂多变，存在太多的不确定性，如气候变化已改变水文循环周期，这体现在风暴频率和降雨强度以及冰雪融化时间的改变。目前，还无法预测气候变化对水网络的确切影响，但是水管理机构应立即采取行动应对气候变化带来的风险。

在不确定的条件下，我们依然拥有管理水资源的方法和手段。这些与以往的建模及预测完全不同，因为这些方法和手段认为水储量与流量可通过建模准确地预测。例如，情景规划可以模拟未来的不同情景，利用"组合方法"得出"无遗憾"行动方案，为未来指明方向（Wright and Cairns，2011）。预测模型固然重要，但必须研究出新的方法，具体来说，应专注于一系列未来的潜在结果，而不是专注于限制了"预测和选择"的描述过去使用情况的范例。

2.9.3 水网络管理必须以适应性为前提并以非零和博弈方式进行

水管理的一个重要假设是公共资源（对于水资源、生态系统等公共产品的另一种称呼）总是非赢即输的局面。较强的利益相关者"赢"得资源的控制权，而较弱的一方则"输"掉资源的控制权，只有更强的国家、集团、水持有者或其他主体才能掌控这些资源。在过去的几十年里，非零和或互惠谈判理论的出现，对非赢即输的逻辑框架发起了挑战，也为目标相互冲突的群体提供了一个"价值创造"选项，可使各自的目标同时实现（Raiffa，1985；Lewicki et al.，2010；Mnookin，2010）。互惠谈判方法基于以下假设：共同开展事实调查、连锁交易、集体承诺和采用适应性方法处理不确定性，这样将实现"联合收益最大化"。"全惠"（all-gain）谈判通常需要一个中立推动方或调节人帮助处理和解决问题（Susskind and Cruikshank，1987）。

总结：水冲突是自然、社会和政治力量相互作用的结果，且这些相互作用形成了我们通常讲的水管理网络。随着人口增长、经济发展及气候变化，水资源压力不断增加，在关键节点进行干预和构建网络连接变得越来越重要。科学本身并不足以解决网络中存在的问题和纠纷，但是忽视科学的决策未必能提出可持续的解决方案。相反，通过采取协商和共同解决问题的方式，将科学、政策和政治因

素统筹加以考虑，更有可能充分认知（第 3 章）和解决（第 4 章）复杂水问题。

2.10 文献选读及相关评论

2.10.1 《灌溉尚未解决的难题》（Coman，1911）

2.10.1.1 导言

这篇文章发表在 1911 年第一期《美国经济评论》，重点阐述了美国西部平原地区的灌溉问题，描述了私有和共有制度产生的不同效果，即联邦政府运营的很多灌溉项目遭遇失败，而私人企业项目运行得很成功。通过对公共土地灌溉采用的两种不同方法进行利弊分析，作者发现政府往往更关注立法细节而忽略许多与灌溉相关的问题，这时常导致意想不到的灾难性后果。作者还强调了另一个问题，即美国西部水权体系存在严重缺陷。

我们选择这篇文章的原因是科曼在一个多世纪前发现的问题直到今天也没能得到解决。在生态系统和地区（西部）保持不变的前提下，她描述的管理目标相同，可不同的制度和治理结构将产生不同的结果。她描述了人类如何试图"征服"自然来获得社会效益，如将沙漠变成花园，这些却由于自然、社会和政治系统复杂因素的耦合，产生集体行动难题。

2.10.1.2 我们致力于征服自然来获得社会效益（第 36 页）

地质学家谢勒（Shaler）将科迪勒拉地区称作"大陆的诅咒"，该地区在西经 100 度子午线以西，占美国西部面积的 1/3，除少数地区外，大部分地区降水不足，无法满足农业或森林生长的需求，只有春天和初夏时节才能进行短暂放牧。从落基山脉的阶地和丘陵到内华达山脉的西部斜坡都属于干旱或半干旱气候，年均降水量从西南部荒漠的 2 英寸①到大平原的 20 英寸不等，除北太平洋海岸外，没有其他地方能为农民提供水源。在山脉的西坡，来自太平洋富含水汽的风上升到温度较低的高海拔地区，使这里降水充沛。秋季和冬季的降水储存在广袤的冰床或雪床下，5～6 月骄阳将冰雪融化，开始形成径流，泉水和急流冲到低洼地，河水漫过堤岸将山谷淹没。如何将这些水储存起来以满足夏季种植作物的需要，是美国干旱地区面临的首要难题。

---

① 1 英寸＝2.54 厘米。

第一批试图在荒漠开荒种地的是美国摩门移民。布莱曼·杨（Brigham Young）和跟随他穿过沃萨奇山脉到大盐湖的台地上的新锡安山的 140 个忠诚的信徒对灌溉一无所知，但农业在远离文明的地区是安居的必要条件。他们抵达两小时后，就开始拓荒种地。劳伦佐·斯诺（Lorenzo Snow）写道："我们发现土地太干旱无法耕种，就连用来尝试耕种的犁都折断了。因此，我们不得不在地上先洒水再耕种。"

2.10.1.3　我们无法识别"繁荣和逆转"（第 37~38 页）

当时的水权像空气一样完全免费，农场主可根据需要将冬季降水在洼地形成的径流引到田里灌溉。普韦布洛、圣何塞和洛杉矶在当地政府的指导下，通过建设大坝和开垦沟渠等公共设施进行供水。淘金者的到来使内华达地区水需求负担加重，因为水是淘金环节的必要条件。采矿业支撑的新市场极大地促进了农业开发，使水权首次成为必须认真考虑的问题。水闸和淘金槽运营需要的水必须用水槽引至矿区，这意味着必须投入大量的人力和资金。采矿业有个约定俗成的规矩，即"先到先得"，这在当时已由加利福尼亚州立法机关纳入法律的范畴。据此规定，一份张贴在水槽引水处且标明发布日期和取水量的通知，即构成一份持有特定矿井水权的声明。法律要求，该声明在张贴 60 天内由郡级官员注册，法院后来规定申请水权者必须证明，声明发出后立即开始持续建设沟渠、运河或水槽，且取水得到了有效使用。尽管采取了预防措施，但把矿工的习俗（"先到先得"）应用到农业区仍引发了冲突，对工业开发也产生了阻挠。当时的情况是，没有持续的供水，土地几乎没有耕种的价值。由于那些可为农场主利用的径流很快就被垄断，农场主需要更多的资金建设引水坝、主渠道和取水泵站，以灌溉成千上万亩良田。内华达和海岸山脉之间的大峡谷地区，在西班牙管辖期间尚未开发。为刺激当地发展，州立法机关于 1862 年通过了一项法案，批准运河公司合并，并规定修建的运河，必须"为输送乘客和货物，或以灌溉和水电为目的，或以采矿或生产为目的的输水，或为以上这些所有的目的"。根据该项法案，几个灌溉公司宣告成立，并掌控了圣华金河及其支流的支配权。

加利福尼亚州各法院早期采用普通法来规定河岸权，该法则适用于当时的情况。该做法不仅赋予土地所有者利用河水的权利，还可以将已有引水多余的部分卖给其他用户。这给先行者利用宝贵的自然资源提供了方便，而随后者如果想将牧场和麦田变为果园与菜园，只能利用剩下的资源或者利用武力从别人手中得到。到法院上诉意味着漫长的过程、昂贵的开销以及未知的结果，这是因为当新的索权人出现、旧案被恢复或延长时，审判的过程必须从头再来。当时，加利福尼亚州的农业企业一直被不确定的水权及沉重的诉讼费困扰，一条河流的沿岸有几十个甚至上百个占有者，他们中的任何一个都可能通过诉讼来扩大自己的占有份额，而法律无法解决以往发生的纠纷。普通农民负担不起这些诉讼费，富有的大农场主或资本充足的公司通常在对方不到庭的情况下获得胜诉。即使经历了近50年的法庭诉讼，河岸权的裁定仍无法适用，人们不得不依赖相互承认附属权力的私人协议行事。加利福尼亚州从未对份额占有正式承认过，尽管这是适用于干旱农业地区的唯一准则，公众对高山降水和州所有的湖泊与河流等水源的优先权也无法兑现，因为这些水源还有待联邦政府日后开发。

直到1875年，科迪勒拉山地区的所有易灌溉土地都被占完后当地的人们才发现，曾在密西西比河流域发挥极大作用的《宅地法》完全不适用于此干旱地区移民所面临的情况。1877年颁布的《荒漠土地法》旨在通过提供奖励引导人们对公共土地进行灌溉，一片旱地的面积是公地优先购买面积或《宅地法》允许面积的4倍，且从登记时开始以每英亩①25美分的价格即可购得，同时通过灌溉收回此费用。这样持续三年，最后交付每英亩一美元的费用。另外，法律也未规定人必须住在当地。制定《荒漠土地法》的国会议员并不了解西部的情况，他们以为这片土地上到处都是水，并且将水引到田里并非难事，但实际上，只有少量地区可达到上述条件。要想灌溉数万亩农田，必须从远处的山上引水或者用水泵提取地下水，这意味着需要花更多的钱，且当时农场主并没有掌握这些工程技术，由此灌溉公司应运而生。在水利工程仍是新技术、建设技术不成熟、水权不确定和可用水量被夸大的情况下，这些工程计划的发起人认为定居者没有水就寸步难行，在与定居者签订合同时，并未按照供水量，而是按照每英亩面积确定统一费率。从合同上看可以灌溉更多的土地，实际上这只是一个诱惑，很多定居者因此而破产。然而，他们很快发现这样做实际上是杀鸡取卵，因为没有用水对象意味着没有收入。

2.10.1.4 法律和财务问题之间的冲突与《凯里法》（1894年） （第41~43页）

尽管灌溉涉及的法律问题在某种程度上得以解决，但是财务问题依然存在。私人垄断的供水设施对于城市用水不成问题，但涉及农业用水时往往会出现问题，如供水不足和费用过高。西班牙南部曾盛行以拍卖的形式取得水资源，可是，旱季的高水价抑制了购买力，在多雨的季节农民不需要人工设施供水，导致水价降低，这使得供水公司无法获得足够的收入抵消运营成本。1862年，加利福尼亚州通过法律授权供水公司"制定、收集和收取水费、水资源租金或服务

---

① 1英亩=0.404 685 6公顷。

费，且接受县级监事会的监督管理，但不允许监管者将水价降得太低，应确保股东的月收入为实际投入资金的 1.5%"。供应商或消费用户对上述费用调整的方式都不太满意。在早期，作为实际投入资金的资产净现值，18% 的回报率属于很普通的利润率，虽然这在资金充沛的今天属于不错的回报。在供应商不能满足水需求的情况下，不会获得任何补偿。由于水渠需要经过很多县，监事会在确定"公平价格"时往往争议不断。最终法院裁定，公司与用水户之间协商的合约，不能根据公职人员的声明而撤销，并说服农民接受"外包"条款，导致监管者的仲裁无效。然而，好的服务才是获得收入的保障，费用必须按照农民能负担得起这一原则来收取，不能靠垄断逼迫。而且在许多地区，自来水厂归农民所有，水价也由农民自己制定。

另外，灌溉公司的财务状况不稳定。灌溉工程通常是收取费用之前修建，只有消费者用水数量达到供水容量后才能产生收益，且这些收益还必须足以支付建设费用所产生的利息。即使在条件有利、水源充足、工程建设充分、土壤和气候适宜的情况下，供水公司的发起人也时常被"捷足先登者"占了便宜，购占土地的人在新项目即将确定时先发表声明占有土地。这些人利用《宅地法》的漏洞，想方设法占有渠道设计位置的土地。他们并不打算开发土地，也不打算引水灌溉，只是等到土地升值后待价而沽，这极大地阻碍了资源的合理转移。一个两全其美的方法是土地和供水同属一家公司，为此，圣华金河谷克罗克（Crocker）的土地以 5 英亩、10 英亩、20 英亩为单位被拍卖给真正需要的人，并且销售契约保证充足的灌溉水量，水费以每年每英亩一美元的统一费率收取。米勒和勒克斯（Miller & Lux）灌溉项目及加利福尼亚州一些已被划分成水果农场的大型小麦农场，也达成了相同的条款。这是一种值得称赞的做法，不但确保了水源供给，而且价格合理且保持不变，为工程投资者带来了足够的投资回报。

面对长期困扰着灌溉项目的复杂问题，怀俄明州参议员凯里（Carey）向国会提出立法要求，最终在合理的基础上实施了公共土地上的私人灌溉。依据 1894年《凯里法》，联邦政府为每个符合规定的干旱州提供 100 万英亩的公共用地，或提供相同比例的经过调查证实能进行灌溉的土地，允许其开荒种地。州土地委员会负责项目的实施，且在土地销售和进行广告宣传之前，公布水权、工程以及工程公司的财务状况等信息，所有的技术参数都要包括在书面合同内。州政府官员将这些土地以 20~160 英亩为单位进行出售，价格由各州针对各自的定居者情况来确定。个人申报这些土地必须提供至少已居住 30 天的证明和 1/8 面积的种植证明，只有这样才能获得明确所有权。此外，他们必须与供水公司签署一份同意以特定价格购买水权的合同。购买水权的付款期限是 10 年，一旦持有权被出售，此债务可被提前偿还或与权力一起转让。定居者购买的不仅仅是水，还包括灌溉工程。根据工程施工的紧要程度，价格为每英亩 25～50 美元。此价格根据以下假设进行估算，即所有土地都被占用，收益可覆盖工程成本以及投资的合理利润。资金收回后，公司会开始新的投资，定居者成为工程的所有者。水权转换为股份的同时，成立用水户协会，农民所持有的股份与其拥有的土地面积比例相一致。这种合作公司像灌区一样，负责渠道的维护、水分配以及必要的维修工作。

2.10.1.5 以同样目的设计的两个灌溉试点得出截然不同的结果（第 45～46 页）

根据国会颁布的两项法律，灌溉得到了广泛的普及，在此基础上，我们可以利用新建农业试验田的方式总结和归纳由此引发的经济问题。显而易见，可灌溉的农场已不是贫困者能牵扯的事情。荒漠变绿洲的过程看上去像"前期与后期的照片"般的戏法，但实际上是个缓慢、费力且昂贵的过程。在此过程中，土地是花费最少的部分，水权购买价格每英亩为 10～90 美元，每年维护渠道的费用为 1～3 美元，而提高土壤肥力、建设支渠和斗渠需要大量的额外支出。按照垦务局的估算，在最初的 1～2 年时间里，灌溉项目的业主要花费 2000 美元用于建筑物、股份和生活开支等，与此同时，还要对土地进行清理和分级，以便为种植农作物做好准备。通常，需要几年的时间才能确定各类型的土地和气候适宜种植的作物，以及哪些作物能在市场上获取利润。在几个政府实施的项目中，农业部负责实验站的维护工作。可是，对于农民来说，能够取得经济效益的重要因素是获得水利工程师的指导和服务。因为工程施工结束后，水利工程师的工作将由其他人替代，这个人必须拥有解决土壤和气候问题的经验，承担管水的义务，并了解哪些谷物、水果和蔬菜可以种植。此外，这个人还必须具备与人打交道的能力，能够对经验不丰富的灌溉者进行耐心讲解，以及妥善处理可能发生的错误。政府为此派出了最优秀的培训人员指导开垦试验田的工作。

在斯内克河（蛇河），我们对联邦政府公共土地上实施的两种灌溉方式的优缺点进行了研究，其中有一个 100 万英亩的区域正在进行灌溉试验，一半由私营企业按照《凯里法》负责运营，另一半是政府执行的两个项目。双子瀑布土地（Twin Falls Land）和自来水公司服务的定居者大多数拥有财产，并可以在有限范围内保证特许权，在持续按照每英亩 25 美元交付水费的情况下，定居者可以不断扩大其土地份额，发展成为小农场主。依照《凯里法》，当获得宅基地所有权后，农民可以抵押土地的方式获得资金，并对土地进行持续改进；如果气候和环境不适宜，也可以销售，将水合同和未支付的分期付款转给购买者。几乎所有双子瀑布的定居者都认可这种做法，没有出现过不交年费或因欠费而被没收的情况。

通过米尼多卡（Minidoka）项目，将政府运营与私人公司进行了比较，以此来阐述政府实施项目的利弊。尽管政府的供水设施质量好、价格低，但《垦荒法》的"长期居住"规定限制了那些想创业的人，因为这比国有土地每英亩收取50美分的费用影响更大，因此，有支付能力的人都被双子瀑布土地吸引了。米尼多卡项目的永久性用水权价格为每英亩22~30美元，这由建设和维修灌溉工程的成本决定。根据《凯里法》，农民对水利设施没有所有权，这看似不公平，但管理这些设施的确存在一定的难度和风险。通过垦务局，用水户协会必须支付渠道维护和水分配的费用，但是大坝和水库的产权归国家所有，并且垦务局要负责它们的完整性，对于由政府修建的用于水电的大坝项目也是如此。目前这些项目为土地所有者提供了一些优惠条件，对私人照明的收费为0.5美分/（千瓦·时）。用水户只需负责有效用水和公平分水，垦务局承担这些昂贵设施的折旧费用，这是其有利的一面。

2.10.1.6 一项与灌溉无关的法规导致的后果（第47~48页）

有经验的项目工程人员认为，政府项目中农民遇到的主要困难是缺乏资金。根据《垦荒法》，农民必须住满5年才可拥有土地的所有权。《宅地法》规定特许权可以获得政府每英亩1.25美元的补助，但在1902年这项条款被废除了。这导致定居者在控股的最初几年最需要资金时无法获得借贷。特卡森的工程师米恩斯（Means）对项目卷宗中544个拥有宅地的人的财产转让进行了研究。取消和放弃的数量为238个，几乎占总申请量的一半。在失败案例中，有180人，即67%的人出于投机买卖提出申请，并没有打算建立家园，而是希望随后出售给其他人。对于这些定居者而言，是不可能付出努力修建灌溉工程的。在327个真实定居者中，88人放弃控股，96人破产，仅有143人（占44%）取得成功。在寻找失败原因时，米恩斯发现，有4人归结于缺乏经验；23人归结于不利条件，如沙地或盐碱地不能及时为作物提供水分等；34人归结于缺少资金；35人归结于缺乏信心。由此可以看出，似乎失败的人中有71%是由于长期居住条件的限制。在米恩斯未发表的论文中，他允许我们引用了这句话："居住条款是最大的绊脚石。定居者需要在他备案后6个月之内将其家人一同移居到宅基地，他的家人不得不在没有树荫和青草的沙漠上忍受风吹日晒，这通常会导致他的家人沮丧和气馁。如果他可以在改善条件的同时让其家人居住在城里或东部的老家，就可以做更多的事情和少遭些罪。我们应该验证的是条件是否会改善，而不是是否在此居住"。他重申道："如果定居者可以依据某项法律更快地获得土地和贷款，他本可以做成事而不至于像现在这样。在垦荒项目中，政府想要保留其第一次抵押权直到水权费用支付完毕，但是第二次抵押的业主在支付完费用以后可以随时移除政府的第一次抵押权。"《垦荒法》规定实际的与持续的居住期需满 5 年，此举是为了防止虚假申请、投机倒把、积累大面积地产，为农民真正地保留最后和最富有的公共土地。但这些困扰大庄园的事情在灌溉土地上不那么值得担忧，因为这里不像单纯的谷物种植和养畜地区，采用集约化经营本身就可获利，国会制定的在这里长期居住的要求完全不必要。如果《宅地法》允许交换，农民可按照土地的法定价格支付，这样农民的地位就等同于《凯里法》中定居者的地位。但米恩斯提议的方法更为有效，他认为，当土地得到一定程度的改进后，居住要求应被降低或者被取消，并赋予确权。只有这样才能使那些资金少，却聪慧、不怕困难和有勇气的人通过自己勤劳的双手获得农场，就像他们在潮湿的密苏里河东部居住的祖先那样。

2.10.1.7　评论

本文以西部平原干旱地区修建灌溉工程促进社会发展的事实为例，总结了有效地组织和落实水资源管理措施面临的挑战。该地区降水量为 2～20 英寸，很难发展高效农业。然而经过尝试，1880～1890 年该地区的灌溉空前繁荣和发展。人们对湖泊、溪流和其他可用水资源量估计不足，使得投机倒把现象泛滥，股票和债券未经合法评估与财务可行性分析就被出售。大多数项目以失败告终，项目发起人和投资人极力想搞清楚"繁荣和逆转"之间到底发生了什么。正如我们回过头来思考"2000 年互联网繁荣和萧条"或者 2007 年"抵押担保"事件的灾难性财务后果一样。本文给出的启示是：时代变了，但是人类适应这些变化的过程非常缓慢。

Coman（1911）指出 19 世纪末和 20 世纪初农民面临的两个关键问题。第一，政府机构在缺乏相关背景了解的情况下，依靠法律采取自上而下的干预手段往往会导致意外和不可预料的后果。第二，西部各州的水权分配体系不适合各州的自然水状况。例如，当可用水量受到自然条件约束时（如西部平原缺水），妥善制定水权体系可提供更加有效的法律基础，鼓励灌溉发展。通过对比私人和政府实施《凯里法》项目的情况，Coman（1911）阐述了"实际和持续居住"的政策要求是公共灌溉项目失败的根本原因，而私人项目却没有发生这种情况。

2.10.2　《从"灌溉尚未解决的难题"所获得的启示》（Ostrom，2011）

2.10.2.1　导言

针对 Coman（1911）描述的案例，Ostrom（2011）对美国西部在 19 世纪末和 20 世纪初进行的灌溉实践及集体行动案例进行了详细分析。Ostrom（2011）

采用社会生态系统（social-ecological systems，SES）的构架对上述案例进行分析，针对集体行动存在的问题提出新的见解和经验。她在分析中指出，最主要的教训是即使改变政府的管理体制也不足以保证灌溉项目的有效实施。因此，Ostrom（2011）强调，掌握知识和建立信任对于解决集体行动的问题至关重要。

我们之所以选择这篇文章，是因为水外交框架把掌握知识和建立信任作为解决新出现的水问题的首要因素。特别是水外交框架的前两项命题恰恰阐述了需要掌握哪些知识来搭建和构架复杂水问题。同时，第三项命题提出了在创造和运用知识时建立信任的方法，主要用于有效管理像水这样的公共资源。

2.10.2.2 集体行动面临的挑战和困难（第49~51页）

在科曼提出棘手的集体行动问题50年后，Olson（1965）和Hardin（1968）提出了很多团体面临的挑战性理论问题。当需要集体合作达成一项目标时（如修建并运行灌溉工程），参与者很大程度上表现出不合作或不想为集体做出贡献的趋势。不合作表现在无论本身有没有付出或者别人是否做出贡献，都会获得效益。但是如果大部分人都采用这样的策略，就不会产生集体利益。很多研究理论的专家认为，涉及共同经营的问题（也称为社会困境），应交由政府加以解决（第49页）。

科曼指出了两个一直困扰农民并导致失败的根本问题。第一个问题是政府官员缺乏对实际情况的了解，只关注法律细节，没有考虑法律之外可能出现的创新型解决方案，该问题直到现在仍存在。第二个问题涉及西部很多地区采用的水权体系。河岸水权的法律原则明确指出：所有毗邻水源的居民拥有"所有水量"的水权，这些条款最初出现在英国普通法律体系中，并已在美国东部成功实施，因为这里与英国的气候条件类似。自19世纪以来，该原则成为主流法理，被许多西部州的立法机构采用，来制定与水资源相关的官方法律。可是，随着水资源的减少，资源经济学家提出了专属水权，即水权的分配根据用水户的历史使用情况来确定，这对于灌溉工程来说是一种更为适用的法律，许多西部州通过立法的方式对上述问题进行了纠正。加利福尼亚州等地的供水商还必须通过司法体系加以明确，以解决河岸水权衍生的问题（Blomquist，1992；Blomquist and Ostrom，2008）。

本文列举的很多失败案例，主要是由水资源短缺和不可预测的情况导致。但科曼也列举了一些成功案例，如摩门移民在大盐湖台地的沙漠地区开荒种地；600名定居者在爱达荷州的斯内克河修建了90英里的渠道。这篇文章发表在第一期《美国经济评论》上，文章很有意思，描述了参与者如何尝试克服集体行动带来的难题。从现有大量存在的案例可以看出，除科曼描述的例子外（Berkes，

2007；Chhatre and Agrawal，2008；McCay and Acheson，1987；National Research Council，1986），参与者面临集体行动问题时也会取得成功，并非像问题模型预期的那样。我们知道大量失败的案例（Myers and Worm，2003），且知道失败的部分原因在于为了促使参与者执行法律，政府必须从外部进行干预，如采取激励措施和帮助他们实现生产目标。

科曼的文章阐述了解决集体行动问题最典型的方法——把问题交给政府——不是一个万能之计。她报道的失败案例是美国国家和地方政府为新移民修建灌溉工程，以便他们可以开始种植作物，并在美国西部恶劣环境中得以生存的故事。在治理和管控复杂的水资源系统时，有很多因素共同影响着失败和成功，可她的分析专注于西部平原一种类型的生态资源，通过对生态属性和在不同制度下所得成果进行描述，大幅度降低分析的复杂性。然而，她的文章多描述细节，并没有解释为什么在有些情况下取得了成功，而有些情况下却没有（第50~51页）。

2.10.2.3 集体行动问题理论的新进展（第51页）

当代学者面临的核心问题是更新集体行动的理论体系，以此来解释科曼及其他历史记录中提到的不同结果的多样性。找出是什么原因使某些组别在别人失败的情况下可以解决棘手的集体行动问题？随着时间的推移，我们对更多的影响因素加深了理解，尤其是与自然资源有关的难点问题（Poteete et al.，2010）。在解释社会困境中的行为和结果时，应采用两大策略：①以解释个体行动行为的方式来分析参与者是否能获得基本的信任，这种信任表现为确信其他参与者值得信任并愿意对此信任进行报答；②制定更加完善的社会生态系统工作框架，公民和官员可依托这个框架有效地开发资源。

2.10.2.4 应用社会生态系统框架解决灌溉问题（第52页）

为了掌握科曼探讨的疑难问题，我们利用社会生态系统框架将其提到的变量所组成的复杂网络组织起来。首先讨论科曼提到的三种集体行动情景：建设灌溉工程、保养维护、农民可在经济上维持生存。然后讨论案例中提到的资源体系、资源单元和参与者。我们将在第三节（原文）对科曼讨论的治理系统的四项内容进行更加深入的分析，这些系统与社会生态系统框架的其他核心变量相互作用。

（1）三种集体行动情景

科曼文中提到，在受到更广范围变量影响时，三种集体行动情景产生的相互作用和结果，见原文图1。她讨论的第一个问题是在毗邻农民的居住地最早修建的灌溉工程，其中一些工程由国家一级政府机构建设，其他由当地民营企业或由州政府组建的地方政府灌区建设。这些工程建设的速度和可靠性差异很大。但是，无论是政府还是私人公司负责施工，都不是影响工程建设速度和可靠性的主要因素。影响结果的首要因素是参与者的积极性，而积极性来自管理机构为特定的项目制定的特殊规则，还来自这些激励机制提高还是降低参与者的信任程度，即完成自己本身任务的同时也对他人取得的成效给予认可。

科曼讨论的第二个问题是在集体行动情况下如何对灌溉工程进行持久的保养和维护。"如果不对灌溉工程进行维护，其破坏速度比任何设施都快；沟渠很快就会被沙子或淤泥填满，水槽经过日晒发生变形，水泥堤坝在冷热交替中发生崩裂"（Coman，1911）。在灌溉工程已建好并按时为农民供水的情况下，农民愿意接管其所有权和自行维护，或者向使用者收取费用；但在工程完工后，无人对其进行维护的情况下，灌溉设施很快就会老化而无法使用。

科曼讨论的第三个问题是农民可在经济上维持生存，因为这些农民是为了改善他们的经济状况才来到西部的。有人可能认为这不会构成集体行动问题，但农场家庭的生存依赖水，依赖土地变成耕地之前需要的时间和投资，以及与此有关的规定，依赖设立的项目在家庭遇到特殊困难时能否给予支持和值得信任的程度。

（2）美国西部平原的资源体系、资源单元和参与者

在科曼开展研究的时代，西部平原被看作"大陆的诅咒"（Coman，1911，第1页），因为那里环境条件艰苦，很难变成高产的农业区。因此，科曼在论述过程中将重点放在各类型的资源体系、一系列相关的资源单元和一批灌溉的参与者。她列出了所有变量的属性，如平原的资源体系和资源单元会强化生物与自然问题，她认为这些问题发生在不同的治理系统中并形成相对稳定的"环境"，在此可研究多元治理系统对参与者之间信任程度的影响，以及对农民与官员行为的影响。一个重要的共同点是大部分农民都是初到此地，对西部没有多少了解。在不同的治理体系下，资源体系的类型、资源单元和参与者都没有变化。因此，当分析治理系统如何影响行为和结果时，核心变量的一般属性都需要加以考虑。

2.10.2.5 从 Coman（1911）和社会生态系统框架总结的经验教训（第60~61页）

科曼将文章命名为《灌溉尚未解决的难题》很英明。虽然许多灌溉工程已经成功地在美国东部建立，但解决美国西部平原资源体系和资源单元所带来的困难具有很大的挑战。科曼用了相当篇幅来描述失败案例，但也描述了一些成功案例。利用行为学分析和社会生态系统框架是否可以解释人类行为及得到一些经验总结呢？回答是肯定的，但这不同于解决集体行动问题的常规做法，即把资源托付给政府或将其私有化。换句话说，改变既定治理体系不足以解决棘

手的集体行动问题。

2.10.2.6 掌握知识和建立信任对解决集体行动问题必不可少
（第 62 页）

科曼的案例分析中最值得学习的两点是掌握知识和建立信任，这两个属性与个人决策紧密相关，可在近代分析中往往没有涉及。通常情况下，一个人对要做的事情有充分的了解时才会做决策，这可以理解为他已经知道如何利用资源、利用技术手段管理资源以及得到参与人的信任。这个假设在简单的场景下是合理的，即参与者掌握工程等相关知识并与其他人员有长期交往。但在美国西部开荒的年代，农民和政府工作人员对流域的特殊情况并不了解，甚至连流域的边界位置在哪里都不清楚。设计解决复杂问题的机构需要建立相应的机制，具体来讲，是确保参与者能对相关体系有一定认识或有快速学习的能力。正如科曼所说，那些定居在有农业推广服务地区的农民可以从农场中获得更高的回报，且面临破产的风险较小。

未来的理论研究还要强调以下内容：治理体系创建的行为情景结构是否能强化参与者提高自身信任的能力（Walker and Ostrom，2009）。Arrow（1974）早年就提出，信任是主导交易的最有效机制，可是这个开创性的提法没有得到重视。在对治理系统进行分析以便更有效地解决问题时，我们应知道未来的规定是否有利于建立信任和朝着互惠的方向发展（Bowles，2008；Frey，1994，1997）。当时，科曼惊讶地发现，垦务局的工程师居然动员了 600 人承担修建数英里渠道的艰苦工作。工程师之所以能将这些人组织起来，是因为这让农民找到了互相信任的基础，即通过共同努力取得大家想要的结果。因此，从科曼的研究中获得了一项重要经验，即我们应主动地了解和发掘解决集体行动问题的方案是否建立在参与者足够的信任和知识水平上。简单地提出解决方案，如财产归政府所有还是归私人所有，在实际中很难奏效，只有在掌握知识和建立信任的基础上，管理体系才会永久地运行下去。

2.10.2.7 评论

本文通过对科曼提出的几个灌溉试点进行分析和回顾，总结了集体行动存在的挑战。Ostrom（2011）指出，集体行动理论面临的最大绊脚石是，如何在概括性框架内解释科曼和许多其他历史记录描述的案例的多样性。换言之，是否可以确认一系列解释性变量，以此说明为什么有些群体通过集体行动取得了想要的成果，而另一些群体却失败了？要知道个人面临集体行动问题不足以预测他们的可能的行为。在特定问题的背景下，了解个体的相互作用和反馈对于决定集体行动的失败与成功至关重要。本文采用社会生态系统框架提出了一种方法，以此系统分析和解释为什么在有些特定条件下集体行动可获得成功，而在其他情景下却失败了。在确定个人合作可能性方面，我们认为有 12 个以上的微观制度变量在发挥作用。科曼选择美国西部作为生态单元，使得社会生态系统框架内的分析变得较为简单，因为资源体系和资源单元中的变量并非控制性变量。我们注意到，尽管许多灌溉项目在美国东部成功地实施，但从自然和社会的角度来看，美国西部面临的挑战远远超过东部。因此，在研究分析案例时，要充分认识既定框架的适用性和局限性，避免盲目地把在其他地区、特定领域和特殊情况下得出的经验广泛地加以应用。

2.10.3　《规划理论的困境》（Rittel and Webber，1973）

2.10.3.1　导言

1973 年，瑞特尔（Rittel）和韦伯（Webber）合写了一篇文章，这篇文章没有引用任何资料，可截至 2012 年，这篇文章已被引用 3300 多次。作者在文中指出，有一类社会规划问题无法用传统线性分析解决，与"可解"问题相对应，他们将这类问题称为"抗解"问题。一年后，Ackoff（1974）提出了类似的概念，并将其命名为"社会混乱"或"非结构化社会"，寄希望于今天的我们更加明智些，别再轻易相信复杂水规划和管理问题可以通过线性方式（即传统的系统工程）来解决。这对于区别"抗解"和"可解"水问题具有指导意义。瑞特尔和韦伯提出一个关于"抗解"社会问题的重要论点，政策问题不能被确切地描述，因为在一个多元化的社会中，公共利益和权益没有一个客观的定义，因此，我们在解决一般性社会问题（此处即水问题）时，不能客观地将政策归类为正确还是错误，也不可能找到解决复杂水问题的"最佳方案"，除非设置严格的限定条件。

我们之所以选这篇文章，是因为要搞清楚所面临的水管理问题属于哪种类型，是简单类型、复合类型还是复杂类型。通过评估，我们发现许多水管理问题属于复杂类型和"抗解"类型，不仅是因为它们跨越多个领域，还因为它们涉及不同的利益相关者，共同对有限的公共资源构成竞争。因此，我们很难找到一个既能囊括多个目标，又能满足竞争需要的可行性解决方案。

2.10.3.2　从"易解"问题到"抗解"问题（第 156 页）

一直以来，专业化工作被视为解决各种各样问题的首选，专家通过对问题进行界定、了解和妥善解决，受雇化解那些被确定为不宜解决的难题；由于他们处

2

挑战水管理的传统思维

理问题方法得力、效果显著，确实得到了各界对其专业实力的认可。他们的成效体现在铺设的街道和道路已通往各地、修建的房屋能为人们遮风挡雨、铲除了重大疾病、将干净的水通过管道输送到各大建筑、下水道将废水排走、社区布满了学校和医院。在过去的100多年里，尽管有些人的期望值并未完全实现，但我们在上述方面取得了惊人的成就。如今，解决这些问题已经比较容易，且我们已经把注意力转移到解决其他相对较难的问题。曾经很实用的评价成就的效率测试，正面临因重新关注公平所产生的后果而带来的挑战。以往可以用来解决分配问题的一致意见或共识，随着公众的分化，正在被国家多元化和价值观分化取代。那些在20世纪前叶，基于牛顿机械物理学原理逐步细化的专业认知和职业特点，已不再适应当代相互作用的开放式系统和当代公平的关注。通过这种系统性网络引起的冲击和这些影响的价值后果产生高度的敏感性，人们对已有的价值观进行了重新审视，并对国家的目标进行了新的探索。人们逐渐意识到，专家创建的系统中存在一个致命缺陷，即在目标制定、问题定义和权益问题交织在一起时无法发挥作用，而本书的研究目的正是要解决这些问题。

2.10.3.3 目标制定（第156~158页）

20世纪60年代以来，人们开始探索明确的目标。1960年，查尔斯·希契（Charles J. Hitch）在美国兰德（RAND）公司出版的图书中呼吁："我们必须学会如何以批判和专业的态度看待我们的目标，且在结构设置和进行投入时都应如此考虑。"这个建议在后来的系统分析工作中得到了验证。在较为广泛的领域，我们如何妥善处理系统，是否应该用动词而不是名词重新进行定义，这引申出了一系列问题，如"什么是系统？"而不是"他们是由什么组成的？"然后会问到我们最难以回答的问题，即"这些系统应该做什么？"（第156–157页）。

在美国乐观主义思潮的驱使下，人们开展了不同种类的研究，以提出具有导向性的意见。与此同时，美国人笃信的进步已成必然等传统观念逐渐淡化，如社会秩序本身具有先天的善意和固有的仁爱。崇尚一切现实都是自然安排，是完全协调的，因而尽善尽美的"老实人"已不复存在，"老实人"的地位被舍弃历史主义、重新认识未来历史的人取代，美国人试图找出可发挥人类聪明才智和创造力的方式。

这种信念出自两个相互矛盾的观点：一是相信"创造能力"或无限制延展性，通过规划精英人才规划未来，如进行推理、理性推论和文明谈判；二是支持"感性方式"的观点，如以慈悲的方式做事和采取突发行动，甚至采取神秘主义复兴的方式，目的是克服系统本身作为苦难和万恶之源的本性。

20世纪后期，这种启示朝着完全成熟或趋于灭亡的态势发展。许多美国人似乎相信，我们可以完善未来的历史，为符合我们的愿望刻意塑造未来的发展结果，而且将不会有未来的历史。有些人产生了强烈的悲观情绪，而有些人选择了顺从。对他们而言，缺少自由和公平的社会系统规划已被证明无法实施。因此，规划的最终结果应该是无政府状态，因为其目标是消除政府凌驾于他人之上。另外有些人认为，现代社会无法给予的自由和平等是奢侈品，应当以"控制可行"价值观取而代之。

专业化被视为追求完美的主要手段之一，专家成为传统美国式乐观主义的代表。基于现代科学，每个专业都被看作科学知识应用的媒介。实际上，每个行业都被看作工程体系的一员，规划和新兴政策科学是这些专业中最为乐观的，他们相信改进规划完全可行，但是对过去和现在的规划模式存在疑虑。他们未对通过优化变得更加完美的方式寄予希望，这个观点正是我们要研究和探讨的，我们的目的就是要弄清楚社会专业机构和人才是否已经具备应有的能力。

2.10.3.4　问题的定义（第 159 页）

近年来，我们看待规划任务的方式发生了很大变化。我们正在学着问是否做了正确的事，也就是说，我们已经开始尝试提出有关行动后果的问题，并以价值为基础陈述问题观点。我们一直在学习如何将社会发展与开放式系统和相互连接的网络系统的发展联系起来，在这个系统中，某个人的行动后果会成为他人的前因。在这种结构框架体系中，问题的核心变得不再那么明显，我们对在何处和如何进行干预不是那么清晰地了解，即使我们知道目标所在。我们认识到，任何一个环节采取行动解决问题都会带来一连串的重大影响，在某些节点发生极为严重的问题也不会惊奇。我们已被迫将处理系统问题的界限进行扩大，并试图将这些延伸的领域与内部衔接。

这项工作曾经是系统分析师的专业领域，他们通常被视为解决问题的鼻祖。早期的系统分析师口出狂言，宣布自己可以解决任何洞察到的问题、发现问题隐藏的细节、曝光其真实本性并巧妙地从源头加以解决。20 多年的实践经验磨掉了这些人的自负，他们逐渐发现这种解决问题的方式并非一定有效，往往跟客户一样面临同样的判断困难。

如今，我们开始认识到最棘手的难点是如何界定问题，即知道把客观情况从预想的情况中区分出来，以及定位问题，即在复杂因果关系中发现真正的问题。同样棘手的是如何确定行动，有效地缩小问题的范畴和差距。我们在追求价值成果的同时致力于提高行动的有效性，这使得系统的边界拉长，面临更为复杂的开放社会体系和更加复杂的工作状况，这使得规划理念的落实变得更加困难。

现在，许多人对理想化的规划系统如何运行进行了设想，将其视为持续的、控制论的管理过程，融合了不断寻找目标的系统程序、发现问题、预测无法控制的环境变化、开发替代战略和战术及分析行动的时间序列、刺激新型和合理的行动集、评估预测结果、统计监测公众条件和恰当的系统、反馈信息的模拟和决策等步骤，以上所有内容都在管理过程中同时进行，以便使错误得以纠正。这些步骤为我们所熟知，因为其代表了现代的经典模型和规划。然而，我们都知道这样的规划体系很难实现，即便寻求到了更为近似的体系，这样的规划体系是否理想也是一个未知数。

2.10.3.5 "可解"和"抗解"问题（第160页）

规划部门在处理有关社会问题时，与科学家和工程师的处理方式有本质的区别，规划问题从本质上属于"抗解"。

自然科学问题可以进行自定义、相互分离，并可以较容易地找到解决方案。与自然科学问题不同的是，政府规划特别是社会和政策规划是很难确定的，往往依靠政治判断加以明确，而不是真正的解决方案，因为社会问题永远无法解决，充其量是问题不断出现后，一次又一次地得到解决。以下我们用漫画的形式对这些差异进行说明。

科学家和工程师关注的问题通常属于"可解"问题或"抗解"问题。举一个例子，数学家求解方程或有机化学家分析一些未知化合物的结构，又或棋手试图在五步内打败对手，这里的每一项任务都非常明确，同时，问题是否已经解决也是一目了然。相反，棘手的问题往往不具有这些明确的特征，这包括所有的公共政策问题，如高速公路的位置、税率的调整、学校课程的修改、如何对抗犯罪。

规划型问题的属性至少包含10个特点，如"邪恶"（指抗解）的属性，对于这一点规划部门应格外警惕，同时，我们也会对此加以评述。我们之所以称其为"邪恶"并非由于其不遵守道德。我们使用"良性"的反义词"恶性"当作"邪恶"的近似词，或者"恶意"（如圆滑），或者"刁钻"（如传说中的妖魔），或者"具有攻击性"（如与温顺的羔羊相对应的狮子）等其他形容词。我们并非通过暗示其"恶性"将社会制度的属性拟人化，但是如果规划部门在处理"恶性"问题时，将其看作平淡的问题，或者以平淡的方式处理"恶性"问题，或者拒绝承认社会问题固有的"邪恶"本性，可能在道义上令人反感。

2.10.3.6 计划如何解决"抗解"问题（第168～169页）

公众群体政治上追求的目标不同，庞大的社会体系如何以规划的方式处理存在的"抗解"问题？**在如此多样化的评估基础上目标如何设置？**显然仅为"公共福利”的单一概念是过时的。

我们还没有一个理论可以说明什么才是最好的社会，也没有理论可以阐述怎样分配社会产品是最佳方案，这些产出是否以货币收入、信息收入、文化机遇或其他方式加以体现。我们已经认识到社会产品概念的意义并非那么重要，如果一项措施属于客观和非党派，那么对于高度多元化的社会福利而言可能没有这个统筹的措施。社会科学根本无法揭示社会福利的作用，这说明决策将有助于形成最好的社会。然而，我们不得不依靠政治和经济理论基础的个人主义公理来推导，即实际上较大的公益性来自个性化选择的总和。但是，我们知道情况未必如此，因为我们目前在空气污染方面的经验已经被夸大。

我们深知社会进步具有零和博弈的特点。随着人口日益多元化，群体间的差异会反映团体间的零和博弈。如果事实如此，创造正面的非零和发展战略的前景将会变得越来越渺茫。

或许我们可以说明这一点。几年前，美国存在一个普遍的共识，即把充分就业、高生产率、耐用消费品作为实现自我价值的发展战略，而如今这种认识正在受到质疑。政府将工资的替代品发放给贫困者、大学生、退休人员以及更传统的非工资性收入人群，这使得“就业”和“充分就业”的经济理念必须加以修正。当人们意识到用于经济发展的初始原料将导致空气和河流污染时，很多人开始对制造业生产扩大持谨慎态度。当信奉宗教的新兴中产阶级撇开财产，倾向于非实物性质的“公共商品”时，这对以消费为导向的社会产生了挑战。令人奇怪的是，这些人正是依托消费获得财富。

那些曾经是确凿无疑、拥有接近真理地位的双赢战略，现在却成了制造争议的源头。

2.10.3.7 评论

本文总结了涉及“抗解”问题的挑战和难点，特别是在社会政策制定的背景下。作者对“可解”和“抗解”问题进行了区分，并指出在制定有效的政策方案时，考虑这些区分和差异至关重要。在水管理范畴，一个“可解”问题有一个相对明确的和稳定的问题陈述，以及可以进行客观评价的解决方案。

而“抗解”问题截然不同，其定义不明确、模棱两可，且与强烈的道德感、政治和专业价值相关。复杂水管理问题就属于“抗解”问题，解决方案的确定性和共识程度存在巨大差异。事实上，在“问题是什么”方面，往往很难达成共识，更不用说如何解决问题。不仅如此，由于自然、社会和政治力量之间复杂的相互作用，“抗解”问题正在不断演变。

参 考 文 献

Ackoff, R. L. 1974. *Redesigning the Future*. New York: John Wiley & Sons.

Ackoff, R. L. 1979. The future of operational research is past, *Journal of the Operational Research Society*, 30 (2): 93-104.

Allan, T. 2006. IWRM: The new sanctioned discourse, in P. P. Mollinga, A. Dicit, and K. Athukorala (eds) *Intergrated Water Resources Management: Global Theory, Emerging Practices and Local Needs* (pp. 38-63). New Delhi: Sage Publications.

Arrow, K. J. 1974. *The Limits of Organization*. New York: W. W. Norton.

Barabasi, A. L. 2003. *Linked: How Everything is Connected to Everything Else and What it Means for Business, Science, and Everyday Life*. New York: Plume Publisher.

Bar-Yam, Y. 2004. Multiscale variety in complex systems, *Complexity*, 9: 37-45.

Bennis, W. M., Medin, D. L., and Bartels, D M. 2010. The cost and benefits of calculation and moral rules, *Perspectives on Psychological Science*, 5 (2): 187-202.

Berkes, F. 2007. Community based conservation in a globalized world, *Proceedings of the National Academy of Sciences*, 104 (39): 15188-15193.

Biswas, A. K. 2004. Integrated water resources management: A reassessment, *Water International*, 29 (2): 248-256.

Blomquist, W. 1992. *Dividing the Waters: Governing Groundwater in Southern California*. San Francisco: Institute for Contemporary Studies Press.

Blomquist, W. and Ostrom, E. 2008. Deliberation, learning, and institutional change: The evolution of institutions in judicial settings, *Constitutional Political Economy*, 19 (3): 180-202.

Bowles, S. 2008. Policies designed for self interested citizens may undermine the moral sentiments: Evidence from economic experiments, *Science*, 320 (5883): 1605-1609.

Braga, B. P. F. 2001. Integrated urban water resources management: A challenge into the 21st century, *Water Resources Development*, 17: 581-599.

Chhatre, A. and Agrawal, A. 2008. Forest commons and local enforcement, *Proceedings of the National Academy of sciences*, 105 (36): 13286-13291.

Clark, C. W. 2006. *The Worldwide Crisis in fisheries: Economic Models and Human Behavior*. New York: Cambridge University Press.

Clemons, J. 2004. Interstate water disputes: A road map for states, *Southeastern Environmental Law Journal*, 12: 2.

Coman, K. 1911. Some Unsettled Problems of Irrigation, *American Economic Review* 1 (1): 1-19. [Reprinted in *American Economic Review*, 101 (February 2011: 36-48)].

Falkenmark, M. and Rockstrom, J. 2006. The new blue and green water paradigm: Breaking new ground for water resources planning and management, *Journal of Water Resources Planning and Management*, (May/June 2006), 129-134.

Feldman, D. L. 2008. Barriers to adaptive management: Lessons from the Apalachicola-Chattahoochee-Flint Compact, *Society & Natural Resources*, 21 (6), 512-525.

Frey, B. S. 1994. How intrinsic motivation is crowded out and in, *Rationality and Society* 6 (3): 334-352.

Frey, B. S. 1997. A constitution for knaves crowds out civic virtues, *Economic Journal* 107 (443): 1043-1053.

Global Water Partnership (GWP). 2000. "Integrated Water Resources Management," Global Water Partnership Technical Advisory Committee, Background Paper no. 4.

Goldthorpe, J. H. 1997. Current issues in comparative macrosociology: A debate on methodological issues, *Comparative Social Research*, 16, 1-26.

Gray, P., Williamson, J., Karp, D., and Dalphin. J. 2007. *The Research Imagination: An Introduction to Qualitative and Quantitative Methods.* New York: Cambridge University Press.

Habermas J. 1984. *The Theory of Communicative Action: Reason and the Rationalization of Society - volume 1*, Boston: Beacon Press.

Hardin, G. 1968. The tragedy of the commons, *Science*, 162 (3859): 1243-1248.

Heathcote, I. S. 2009. *Integrated Watershed Management: Principles and Practice.* New Jersey: John Wiley & Sons.

Hitch, C. J. 1960. *On the Choice of objectives in Systems Studies*, Santa Monica, CA: The RAND Corporation.

Ingram, H. 2011. Beyond Universal Remedies for Good Water Governance: A Political and Contextual Approach, in A. Garrido and H. Ingram (eds) *Water for Food in a Changing World.* New York: Routledge.

Islam, S. et al. 2009. AquaPedia: Building Capacity to Resolve Water Conflicts. 5th World Water Forum, March 16-22, Istanbul, Turkey.

Islam, S., Gao, Y., and Akanda, A. 2010. Water 2100: A synthesis of natural and societal domains to create actionable knowledge through AquaPedia and water diplomacy, *Hydrocomplexity: New tools for solving wicked water problems*, *International Association of Hydrological Science Publication* 338.

Islam, S. and Susskind, L. 2011. Water Diplomacy: Managing the science, policy, and politics of water networks through negotiation; Presented at the European Geophysical Union, Vienna, Austria.

Jonker, L., 2007. Integrated water resources management: The theory-praxis-nexus-A South African perspective. *Physics and Chemistry of the Earth*, 32: 1257-1263.

Kijne, J. W., Barker, R., and Molden, D. 2003. Water productivity in agriculture: *Limits and opportunities for improvement*, *Comprehensive assessment of water management in agriculture series*, 1, CABI Pub.

Lankford, B. A. & Cour J. 2005. From integrated to adaptive: A new framework for water resources management of river basins, in *The Proceedings of the East Africa River Basin Management Conference*, *Morogoro*, Tanzania, 7-9 March.

2

挑战水管理的传统思维

Lawford, R. et al. 2003. *Water: Science, Policy, and Management*. Water Resources Monograph, American Geophysical Union, USA.

Lee, T. 1992. Water management since the adoption of the Mar del Plata Action Plan: Lessons for the 1990s, *Natural Resources Forum*, 16 (3): 202-211.

Leitman, S. 2005. Apalachicola-Chattahoochee-Flint Basin: Tri-state Negotiations of a Water Allocation Formula, in J. T. Scholz and B. Stiftel (eds.) *Adaptive Governance and Water Conflict: New Institutions for Collaborative Planning* (pp. 74-88) Washington D. C. : Resources for the Future.

Lewicki, R. J. , Barry, B. , and Saunders, D. M. 2010. *Essentials of Negotiation*, 5th Edition, New York: McGraw Hill Higher Education.

Liu, J. et al. 2007: Complexity of coupled human and natural systems, *Science*, 317: 1513-1518.

Liu, Y. , Slotine J. , and Barabasi, A. L. 2011. Controllability of complex networks, *Nature*, 473: 167-173.

McCay, B. J and Acheson, J. M. eds. 1987. *The Question of the Commons: The Culture and Ecology of Communal Resources*, Tucson, AZ: University of Arizona Press.

Milly, P. C. D. , Betancourt, J. , Falkenmark, M. , Hirsch, R. M. , Kundzewicz, Z. W. , Lettenmaier, D. P. , et al. 2008. Climate change: Stationarity is dead: Whither water management? *Science*, 319 (5863), 573-574.

Mitchell, B. (ed.), 1990. *Integrated Water Management: International Experiences and Perspectives*. London: Belhaven Press.

Mitchell, B. 2008. Resource and environmental management: Connecting the academy with practice, *Canadian Geographer*, 52: 131-145.

Mnookin, R. 2010. *Bargaining with the Devil: When to Negotiate, When to Fight*. New York: Simon & Schuster.

Mollinga, P. , Meinzen-Dick, R. S. , and Merrey, J. D. 2007. Politics, plurality and problemsheds: A strategic approach for reform of agricultural water resources management. *Development Policy Review*, 25: 699-719.

Morehouse, B. J. 2000. "Boundaries in climate science: water resource discourse," Presented at the Symposium on Climate, Water, and Transboundary Challenges in the Americas, University of California, Santa Barbara, Santa Barbara, CA, 16-19 July.

Myers, R. and Worm, B. 2003. Rapid Worldwide Depletion of Predatory Fish Communities, *Nature*, 423 (5): 280-283.

National Research Council. 1986. *Panel on Common Property Resource Management*. Proceedings of the Conference on Common Property Resource Management, April 21-26, 1985, Washington DC: National Academy Press.

Olson, M. 1965. *The Logic of Collective Action: Public Goods and the Theory of Groups* (Revised edition). Cambridge, MA: Harvard University Press.

Ostrom, K. 2011. Reflections on "Some Unsettled Problems of Irrigation," *American Economic Review*, 101: 49-63.

Pahl-Wostl, C., Craps, M., Dewulf, A., Mostert, E., Tabara, D., and Taillieu, T. 2007. Social learning and water resources management. *Ecology and Society*, 12 (2): 5.

Poteete, A. R., Janssen, M. A., and Ostrom E. 2010. *Working Together: Collective Action, the Commons and Multiple Methods in Practice*. Princeton, NJ: Princeton University Press.

Raiffa, H. 1985. *The Art and science of Negotiation. Cambridge*, MA: Belknap Press.

Rittel, H. W. J., & Webber, M. M. 1973. Dilemmas in a general theory of planning. *Policy Sciences*, 4 (2): 155-169.

Saravanan, V. S., McDonald, G. T., and Mollinga, P. P. 2009. Critical review of Integrated Water Resources Management: Moving beyond polarized discourse. *Natural Resources Forum*, 33: 76-86.

Scruggs, Lyle. 2007. What's Multiple Regression Got to Do with It? *Comparative Social Research* 24: 309-323.

Stakhiv, E. Z. 2011. Pragmatic approaches for water management under climate change uncertainty. *Journal of the American Water Resources Association*, 47 (6): 1183-1196.

Stiglitz, J. E., Sen, A., and Fitoussi, J.-P. 2010. *Mismeasuring Our Lives: Why GDP Doesn't Add Up*. New York: New Press.

Susskind, L. and Cruikshank, J. 1987. *Breaking the Impasse: Consensual Approaches to Resolve Public Disputes*. New York, NY: Basic Books Inc.

Thomas, J. S. and Durham, B. 2003. Integrated water resources management: Looking at the whole picture, *Desalination*, 156: 21-28.

Varady, R. G. and Morehouse B. J. 2003. Moving borders from the periphery to the center: River basins, political boundaries, and water management policy, in R. Lawford, D. Fort, H. Hartman, and S. Eden, *Water: Science, Policy, and Management*, Water Resources Monograph, 16.

Walker, J. and Ostrom E. 2009. Trust and Reciprocity as Foundations for Corporations, in K. S. Cook, M. Levi, and R. Hardin (eds) *Whom Can We Trust?: How Groups, Networks, and Institutions Make Trust Possible* (pp. 91-124). New York: Russell Sage Foundation.

Wright, G. and Cairns, G. 2011. *Scenario Thinking: Practical Approaches to the Future*. New York: Palgrave/McMillan.

2 挑战水管理的传统思维

掌握复杂水管理问题的特性

"人类与老鼠基因数量相同、序列类似，而且喜欢同样的食物，那为什么老鼠不像人类？"（Gunter and Dhand，2005）答案恐怕是基因组合和管理的方式有所不同。

自从笛卡儿（Descartes）开始研究以来，所有的科学巨人都试图用最简单的方法解释我们观察到的现象。从根本上说，"还原论"是通过研究系统的组成部分来理解系统的一种方式，对系统组成部分之间的关系很少关注。例如，一个水分子，它由氢原子和氧原子组成，一旦确定了原子的位置，即可确定它们之间的关系。同样一旦确定了人类或老鼠基因的相对位置，这些基因之间的关系也就确定了。纯粹的"还原论"并不注重关系，仅仅确定系统由哪些部分组成。我们认识到，这种"还原论"具有一定的局限性。

我们同样认识到，系统本身常常大于其组成部分之和，只有当系统存在边界、因果动态明晰时，系统工程才能发挥作用。我们观察到的许多现象，特别是自然和社会交叉领域的现象，对还原主义和系统工程方法构成了巨大挑战。例如，气候变化的复杂性和减贫问题的动态变化都过于复杂，在我们所知甚少的情况下无法进行建模和解释。正如巴巴西（Barbasi）写道：

> 我们知道自然并非巧妙设计的拼图，只有一种方法能将其拼凑完整。在综合性系统中，其组成部分可能通过多种不同方式进行组合，我们可能要花上几十亿年的时间才能一探究竟。

（Barabasi，2003）

当相对简单的成分构成非常复杂的行为时，如尽管基因数量相似，人类与老鼠却表现出许多不同之处；或者，个体的微小行为会形成不可预料的宏观尺度的经济；又或者，由于自然和社会进程中的细微环境差异，在同一区域的三个湿地可能以完全不同的方式进化，这时我们需要采取不同的方法来理解和管理这种复杂现象。关于人类–自然耦合系统的新兴研究尤为清晰地说明了这一点（Liu et al.，2007；Narayanan and Venot，2009）。

复杂系统对了解系统的组成部分就能了解整个系统这种观点提出了颠覆性挑战。借用米勒（Miller）和佩奇（Page）的话就是："一加一很可能就是二，但要真正理解二，我们不但要理解一的本质，还要理解加的含义。"（Miller and Page，2007）只有了解所有不同组成部分的本质（即一的本质）和它们持续演变的关系（即加的含义），我们才能了解或掌握整个系统。

水问题具有复杂性，因为这些问题由自然、社会和政治力量相互作用衍生而来。水资源管理之所以复杂，是因为存在诸多利益相关者，他们在不同层次和范围内相互影响，且他们的需求之间存在相互竞争。利益相关者之间的竞争引发了各种各样的冲突，且这种竞争使得水体的获取和分配方式产生争议。

许多水管理难题起源于我们片面狭隘的观点，我们将水视为"自然物体"，又视为"社会问题"或"政治概念"。水资源管理构件拥有多种不同的组合方式，因此，使用还原主义或传统的系统工程方法无法解决复杂的水管理问题。

我们需要不同的方法来解决这些复杂问题。根据我们的观点，如果认为管理系统存在界限，且其组成成分以可预见的方式相互作用，还不如从复杂的水网络层面加以考虑会更有益处。

3.1 复杂系统和水网络的属性

3.1.1 复杂的集体行为与突现现象

水系统包含相互关联的大型网络，在自然、社会和政治等不同领域内同时运转，也在空间、时间、管辖和制度等多个尺度及本地、区域和全球等不同层面运转。对于给定领域、尺度或层面水管理问题的理解，我们不宜简单地转换到另一领域、尺度或层面，因为大量相互作用成分的集体效应会引发水系统的复杂反应。事实上，复杂系统的不同部分以完全随机的方式相互作用，而这些相互作用改变了系统本身的反应。例如，一个特定的流域管理计划是否成功，可能取决于主要利益相关者的支持。相同的政策或方法可能无法在另一个流域应用，尽管该流域利益相关者参与了决策，但经济资产（C）、治理结构（G）和水量（Q）的相互作用较为薄弱。在第一个流域取得成功的激励机制（C），未必能以相同的方式在第二个流域的水分配（Q）中奏效。

在复杂性理论中，复杂系统的此类属性被称为突现现象。突现现象可解释为何采取修建大坝这项具体措施实现水力发电特定目标，会对水管理产生意想不到的结果，尽管这项具体措施在其他领域应用取得了理想的效果。通过在地方开展详细案例研究，我们进一步了解了水管理的突现现象，案例表明，整体层面的应对措施会产生随机结果。突现现象对于我们的认知偏见，即期望相同的措施产生相同的结果，构成了挑战。突现现象对于我们如何管理复杂的水网络提出了一个严肃的问题，即我们不能假定一个流域在整体层面的应对措施将会在其他流域产生相同的结果，除非我们了解地区和环境的细微差异及当地的相互作用与差异可能产生的影响。

3.1.2 复杂系统以不可预见的方式运行

过去几十年，我们对复杂系统研究得到的最重要启示是：复杂系统特征无法预测，"预期"这个概念在复杂系统中毫无意义。由于非线性和不同种类的反馈循环，水系统中非常小的扰动可能产生巨大反应。换句话说，由于系统对初始条件的敏感性，我们甚至无法准确地预测最为简单和研究最为广泛的确定性系统的演变，如带有一个参数、受出生率和死亡率影响的变量非线性单峰映射。在混沌理论中，这通常被称为蝴蝶效应：非线性系统某一点的微小变化会在后期带来巨大的变化。理论上说，中国的一只蝴蝶扇动翅膀，会影响数千英里以外纽约市的天气状况。就复杂的水网络而言，小的扰动可通过诱发和加剧事态而产生无法预料甚至极端的后果。

3.1.3 水系统跨界普遍存在且以开放的形式存在

导致水系统复杂性的另一个原因是水的跨界属性。例如，当一滴水从海洋蒸发后它就成了公共财产；它穿越大气层时依然属于公共财产和共有资源，随后它变成雨水降落到阔宾水库，通过一系列管道和水泵被送达波士顿的一个住所后，便成了私有财产；水使用后从住所排出，进入波士顿港后再次成为公共财产。在这趟旅程中，水滴跨越了多个尺度、领域和边界。这样的跨界在所有水网络中都非常普遍。其复杂性体现在不同层面和尺度上的过程、人员和机构之间产生的相互作用。

这些相互作用产生和使用的物质、能量及信息同时来自外部与内部环境，这意味着水网络对于外部影响通常属于"开放"状态。一个封闭的系统不会与任何外部事物交换物质、能量或信息，像一个密封的瓶子。真正的封闭系统非常罕见，然而，大多数基础物理理论都是基于封闭系统概念。为了使"物理学之锤"适用于现实世界的"钉子"，我们经常采用外部效应理论，即非计划中的溢出效应。在复杂系统中，外部效应与系统本身共同变化，我们无法轻易地区分内部和外部，因此，我们必须把复杂水网络视为"开放体系"。

3.1.4 在水网络共同演化是内在固有的

复杂水网络拥有各自所处的环境，同时也是环境的一部分。随着环境的变化，水网络为了持续生存而进化和发展。由于水网络是环境的一部分，当其进化发展时，也随之改变了所处的环境，这个演化过程是动态且持续的。对于如此复杂且不断变化的情况，了解每一个变化对于理解和影响水网络的演变都十分重要。例如，掌握和了解 α 国、β 国、γ 国在狩猎和采集食物时期，以及后来学会种植水稻后如何在印度不达米亚管理水资源，对于有效制定 21 世纪水资源管理战略并无多大帮助。因为情况已经发生改变，关键变量之间的相互作用也已发生变化。在过去的 100 多年里，α 国垄断了水源，坚称只有在其需要得到满足后，β 国和 γ 国才可获得更多的河水。走投无路的 β 国和 γ 国决定合作修建大坝，α 国对此颇为不满。在过去几十年中，冰川融化和与之相伴的海平面上升造成海水倒灌，影响了水稻种植。我们在某种程度上一直都在谈论相同的环境，但在今天，由于自然、社会和政治变量的相互作用，与几百年前存在的模式相比，印度不达米亚环境已发生根本性的变化。

Narayanan 和 Venot（2009）研究的三个湿地都经历了人口增长、水产养殖及农业之间构成竞争、政治利益和当地利益之间产生冲突，以及全球保护计划与当地计划脱节的问题。尽管研究的三个湿地有着相同的地理和气候特征，但每个湿地的变量、流程及驱动因素却完全不同。当开放的水资源环境独立于环境且不断变化时，需要采用不同的方式来思考及反映自然、社会和政治领域这种复杂的联系。

3.1.5　水网络

尽管耦合的自然–社会–政治系统以一种不可预知的方式运行，但仍然存在可运行的模式。我们从水网络的层面来定义这些复杂和不可预测的相互联系。网络是一个节点的集合，其中的某些配对通过链接结合。这些跨越多个尺度的链接和相互作用使得网络对于研究复杂水系很有帮助。

对于大量跨域多个边界和尺度的相互连接的组件，网络分析是表现其功能关系最有效的方法之一。一个网络（或图形）是节点（顶点）和节点间链接（线条）的集合，且这些链接可以是定向的或非定向的，加权的或未加权的。我们可以将水网络描述为一个相互连接的节点集，代表自然、社会和政治领域的变量，这些变量链接在一起的信息流使节点的状态得以更新并具有动态性。但面临的问题是，如何确定定义和改善节点间信息流的机制。因此，我们以网络为基础，提出了新型水管理方法——水外交框架。水外交框架是从复杂性理论与非零和博弈观点衍生而来的，这些理论将科学知识与对环境的理解相结合，在政治背景下管理复杂水问题。

水网络的特点体现在不同尺度和层面上连接变量与流程之间的多种关系，

网络表示法可使我们追踪变量、流程和尺度间的信息流。当我们讨论复杂水网络的"连通性"时，需要思考两个相关事物：一个是结构连通性，即谁（什么）与谁（什么）连通；另一个是行动连通性，即某个行动（如建设发电站）影响系统的当前状态和未来的演变。由于水网络结构与生俱来的复杂性，不同行动在不同尺度和层面的耦合行为也会非常复杂。因此，我们在管理水网络时必须时常反思和采取战略性思维方式，认真研究水网络的结构特点及其相互作用，获得我们希望的结果。为理解和描述这些结构特点，我们需要对领域、尺度和层面等加以定义。

水外交框架

3.2 领域、尺度和层面

如上所述，水管理具有相当的难度，因为水网络跨越领域（自然、社会和政治）、尺度（空间、时间、管辖、制度、知识等）和层面（区域，如从某个局部地区到全球；知识，如从具体情况到普遍原则）。根据 Gibson 等（2000）和 Cash 等（2006）的研究，我们将空间、时间、数量作为尺度，用测量和研究所有现象作为分析的维度，将层面定义为位于每个尺度不同位置的分析单位（如在时间尺度层面指秒、天、季节、几十年等）。

如第 2 章和图 2.2 所示，许多水管理问题属于我们所描述的 NSPD 之间的竞争、相互联系与反馈。每项水管理行动的起因和结果都需要在不同的层面及多个尺度上加以衡量。尽管自然科学早已认识到尺度的重要性，但思考和衡量社会科学中不同尺度与层面情况的方法却变得不甚明确且具有多变性（Gibson et al.，2000）。自然、社会和政治领域跨界的需求日益强烈，这要求我们在探讨复杂水管理网络及重新设计和修正问题时，使用尺度和层面等通用的语言。

3.2.1 尺度和层面

尽管尺度和层面在管理复杂水网络时变得日益重要，但决策者多数表现为对此习以为常。通过尺度和层面定义水管理问题，在尺度和层面解决问题，具有引发争议的可能；将问题定义为本地、地区、国家或全球性问题注定会带来影响。某地区制定的水政策将对其他尺度和层面带来影响，并受到其他尺度和层面的政策影响。此外，适合地区层面的政策并不一定适合本地或全球层面。通常，处于水管理纠纷的当事人在考虑问题和关注点时也会关注不同且相互矛盾的尺度与层面。

将自然领域中的尺度和层面问题（如当地洪水预报或用于灌溉的季节性水量）与防洪或为干旱储存粮食等社会领域问题建立联系，对于改进当前的水管理非常重要。目前，有关自然领域的理论与实践都更加注重与水量、水质、生态系统功能和服务有关的适应性行为及时空方面的数据。而在社会领域，水管理在机构行为和时空问题方面更注重行为层面与尺度。政治的现实性要求通过跨尺度和层面的相互作用从而实现有效的水管理。一般来说，社会领域（如水治理尺度）和自然领域（如每个尺度的水分配）不相称，会给水管理带来严重的问题（Cash et al.，2006；Young，2006）。

3.2.2　尺度问题及水网络面临的挑战

通过对文献进行回顾和审视证明，尺度和层面等术语可交替使用，与尺度相关的概念在不同的学科有着截然不同的定义。为了便于说明，我们采用 Gibson 等（2000）的定义。他们所指的尺度是用于衡量和研究对象、变量及流程的空间、时间、数量或分析维度。同时，层面是指某个尺度中的不同位置。许多尺度都具有层级特征，也就是说，它们要么相互排斥，要么相互嵌套。层级的形式之一，即许多复杂系统的特征，是一种嵌套或结构性层级。在这种结构中，一个层面可以结合并影响另一个层面，并在该过程中创造新的功能、服务和自然形成的特性。在复杂性方面，较大单位的组成层级和特点并不等同于较小单位属性的简单组合，而是受到背景环境和当地变量的影响，从而产生新的和常常出乎预料的结果。本章末尾的文献选读及相关评论有术语的详细描述和定义。

传统意义上的时间和空间尺度在水利工程与水文学中有较多的阐释。如图 3.1 所示，水文过程可跨越多个空间层面（从少于一公里到全球范围）和时间尺度（从秒到数十亿年）。全球系统的所有组成部分（大气、海洋和陆地）水平衡（固体、液体、气体）的主要时空特性可跨越多个过程尺度（National Research Council，1991）。

我们通常在较短的时间尺度内观察和模拟水文过程，同时，需要非常长的时间尺度进行估算（如一座水坝的生命周期）。图 3.2［改编自 Bloschl 和 Sivapalan（1995）］提供了从洪水预警到大坝设计的范例，其中对不同类型的水文模型进行了预估。相关时间尺度从几分钟到数百年不等，与其类似的情况是，在小空间实验室中研发的渗透与径流模型和理论，可在流域大尺度范围发挥作用。相反，有时大尺度模型成果也可用于降尺度的流域。这势必涉及信息的传输（升尺度，从小层面到大层面；或者降尺度，在时间或空间中从大层面到小层面），且在水科学术语中，将其称为"尺度转换"，将与之相关的问题称为"尺度问题"。例如，掌握特定层面详细的水过程（如山地斜坡水渗透或暴雨的形成）可能无法为不同层面（如大坝设计）的水管理提供相关信息。在这个例子中，我们仅考虑了某个领域（自然）在两个尺度（空间和时间）中跨层面的单一变量（水

全球
10 000km
1 000km
100km
10km
1km
本地
空间
全球天气系统
全球CO_2变化
主要江河流域的开发
成土过程
径流循环
中尺度天气系统(洪水)
排水网格形成
中尺度土壤水分变化
土壤侵蚀
浅层地下水循环
养分循环
雷雨
时间
日志部分
2
4
6
8
10
12
14
16
秒
分
天
年
世纪
100万年
10亿年

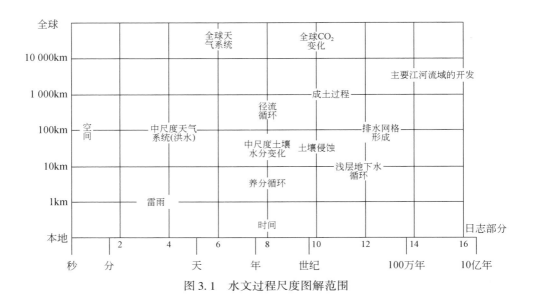

图 3.1　水文过程尺度图解范围

资料来源：改编自 1991 年 NRC 的图 2.9

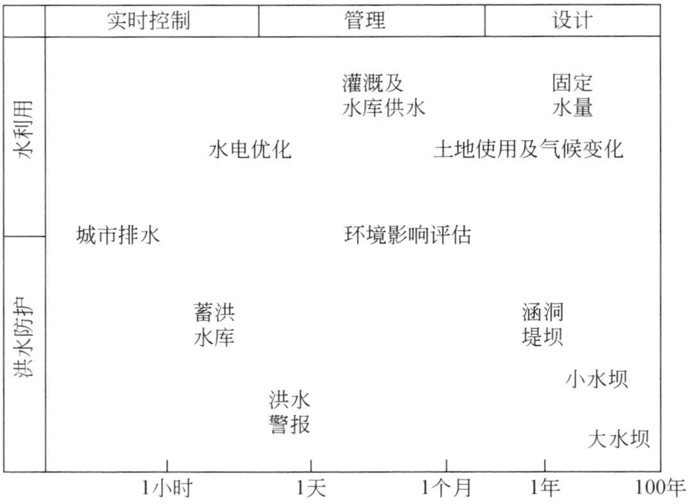

实时控制
管理
设计
水利用
洪水防护
灌溉及水库供水
固定水量
水电优化
土地使用及气候变化
城市排水
环境影响评估
蓄洪水库
涵洞堤坝
小水坝
洪水警报
大水坝
1小时
1天
1个月
1年
100年

图 3.2　对不同时间层面水资源设计的实时控制

资料来源：改编自 Bloschl 和 Sivapalan（1995）的图 1

量)。尽管这属于复合性问题，但可以利用充足的数据、建模、校准和论证来解决。

对地理学科而言，空间尺度是研究最多的尺度。与空间尺度密切相关的是管辖尺度，这是许多治理研究的重点。在水网络管理中，还有其他尺度（如制度、管理、网络、知识）值得研究（Cash et al.，2006）。由 Cash 等（2006）改编的图 3.3 展示了几个尺度及与之相关的层面。交互作用将发生在尺度和层面的内部或交叉点，导致水网络管理相当复杂。在一定尺度内（洪水预报和水管理）跨层面交互作用，与在不同尺度内（空间和管辖尺度）跨尺度或多层面和多尺度交互作用（图 3.4），会导致水网络运行方式的差异，即使这些水网络有类似的结构属性。水网络运行方式的差异可能产生于这些交互作用或其他变量。

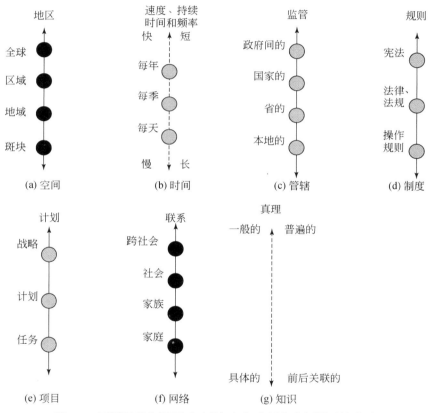

图 3.3　不同尺度和层面对于理解与解决复杂水问题至关重要

资料来源：Cash 等（2006）

　　例如，在某些时段，政府权力分散可促使高层国家机构及地方政府间产生较强的相互作用，然后形成趋于温和与稳定的相互作用（Young，2006）。

　　根据 Gibson 等（2000）的研究，我们将与尺度相关的主要问题分成与自然、社会和政治领域相关的四个方面：①不同尺度的范围和划分如何影响模式的鉴

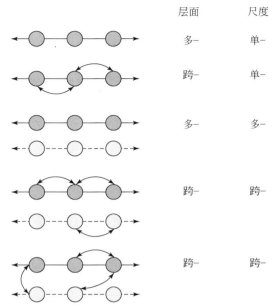

	层面	尺度
	多-	单-
	跨-	单-
	多-	多-
	跨-	跨-
	跨-	跨-

图 3.4　水问题跨层面、跨尺度、多层面和多尺度的交互作用

资料来源：Cash 等（2006）

别；②在自然领域（在时间尺度不同层面的天气与气候）或社会领域（个体的微观行为和经济的宏观反应），同一尺度的不同层面如何对观测现象的解释产生影响；③从空间、时间或数量化尺度的某个层面衍生的哪些理论可说明另一个层面的一般性潜能（如即使详细掌握溪流中水滴的流动状况，也未必能预测恒河的水流状况）；④在特定尺度下如何优化过程，设计出有效的水管理策略。

我们将"尺度挑战"定义为如下情形，即在此情形下，跨尺度和跨层面的相互作用导致混乱产生，且降低了水网络管理的有效性。这些挑战包括：①在一个给定的水网络，未能认识到重要的尺度和层面考量；②在观察、模拟、干预和执行过程中，层面和尺度之间不匹配的持续性；③未能认识到不同的参与者在感知和评价尺度的方式上的差异，甚至在同一层面也是如此。Cash 等（2006）认为这些挑战呈现出"未知""不匹配"和"多元性"。我们将在下一章讨论它们与水网络管理的相关性。以下讨论的是流域（一个普遍接受的水资源治理单元）、问题域和政策域之间的不匹配层面，以及这些不匹配层面给水管理带来的挑战。

3.3　流域与问题域和政策域的脱节

一个流域是一个水文单元，湖泊、河流或海洋等常见水体流入的区域，有时被称为"流域"或"集水区"。本书将"流域"这个术语作为水文单元。美国本土拥有 2110 个流域，它们或者跨县、跨州，或者跨越国境线。例如，密西西比河流域是北美最大的流域，支流众多，流经 31 个州的全部或部分地区，最终汇入墨西哥湾。地理学家约翰·鲍威尔（John Powell）给出的定义与将流域作为水文单元的定义形成了鲜明的对比，他将其称为："划定水文系统边界的一片土地，其中所有的生物因为处于相同水道而息息相关，如同人类定居者一样，正因如此它们需要成为群体的一部分。"（Powell，1875）在鲍威尔的定义中，自然领域（一个有界的水文系统）与社会领域（生物息息相关且成为共同体的一部分）相互关联。在过去的一万年，生活在密西西比河流域的美国原住民，大多数还是狩猎者或牧民，有些原住民与我们虚构的印度不达米亚流域的居民类似，形成了多产的农业社会。16 世纪欧洲人到来后，改变了密西西比河流域的水网络结构。过去几十年里的厄尔尼诺或拉尼娜现象，使全球水循环受到太平洋海水变暖或变冷的影响，随着这些科学知识的增多，我们现在知道密西西比河流域并非有界的水文系统，从自然领域来看也是如此。流域受到全球的影响，如厄尔尼诺和拉尼娜现象。因此，流域常被用作分析自然领域和社会领域的单元，如流域用水者协会就是一个治理单元。

Cohen 和 Davidson（2011）认为，以流域为单元进行水资源管理至少面临五个挑战：边界选择难题、责任划分、公众参与、与问题域的不对称及政策域的不对称。第一，尽管从水文角度划定边界清晰可见，但从治理的角度选择边界却比较困难。流域边界选择既是一个科学决策，也是一个政治决策（Blomquist and Schlager，2005）。事实上，流域的嵌套性质（溪流顺序、子流域和支流）使其拥有诸多不同的边界。决定使用哪一个水文边界进行治理或管理通常基于自然、社会和政治的综合考量。第二，流域通常与选举区或管辖区界限不一致。因此，确保责任划分的通常做法不一定适用。流域管理机构可能不对在流域内部生活和工作的人负责或做出响应（Blomquist and Schlager，2005）。第三，以流域为单元表现为既有从当地层级逐级向上的特性，也有从国家或州一级逐级向下的特性，但从流域层面开展工作的情况看，很大程度上采用自下而上的方式（Kemper et al.，2007），这种情形的原因尚不清晰，关于尺度变换似乎并无任何固有的参与性或授权性（Cohen and Davidson，2011）。第四，问题域和流域之间不对称，这对水网络管理构成挑战。问题域的定义是"一块地理区域，大到足以涵盖管理问题，小到足以实行解决方案"（Griffin，1999）。流域经常影响边界以外的因素，并受到它们的影响。因此，当我们划分水网络管理责任时，确定合适的层面非常重要（如选择问题域比选择流域更恰当）。第五，流域边界和传统行政尺度（即政策域）之间的不对称。由此而引发的系列挑战将因不同政策域间的政策差异与重叠而加重（Cohen and Davidson，2011）。

这些挑战和不对称带来的难题，使数据采集、监控和评估政策干预变得错综复杂。第2章中讨论的美国三个州共享流域 ACF 案例足以说明这一问题。该流域不仅面临本地不断变化的社会经济和环境问题，还面临《国家环境政策法案》和《濒危物种法案》等国家法律对 ACF 流域环境带来的变化。这些法律为佛罗里达、美国鱼类及野生动植物管理局和非政府组织，对美国陆军工程师兵团的水分配方案提出意见和建议奠定了法律基础（Clemons，2004；Leitman，2005）。

上述与流域方法有关的问题为有效开展水资源管理构成重大障碍，为了解决这些问题，每个涉及职责划分和公众参与的水管理问题提出后，都需要进行边界调整。这并不意味着流域不可以成为行之有效的边界，在某些情况下，流域可发挥重大作用，可问题在于如何及何时采用流域边界，以及流域如何与问题域和政策域相关联。例如，在流域层面制定哪些决策（干预），以及在其他层面制定哪些决策（干预）？在下一章，我们将探讨如何利用协商的方式管理复杂水网络。

3.4　文献选读及相关评论

3.4.1　《人类和自然耦合系统的复杂性》(Liu et al.，2007)

3.4.1.1　导言

这篇文章集合了6个案例，说明人类和自然系统相互作用跨越空间、时间和制度层面而发生变化。这些案例研究选择不同的生态、社会经济、政治和文化背景，强调自然和人类耦合系统的关键属性，主要展示以下几个方面：①不同的组合形成的反馈；②非线性相互作用和临界值（交替状态之间的过渡点）；③政策干预产生的出乎意料的结果；④之前干预的遗留效应，持续时间从几十年到几个世纪不等；⑤取决于环境和人类干预类型的不同程度的适应力；⑥跨越一定尺度和层面的异质性。这些案例为研究耦合自然和社会领域的复杂性提供了视角，并强调了跨越多个领域、尺度和层面开展长期努力协作的重要性。

3.4.1.2　耦合的自然和社会系统的复杂作用和反馈循环（第1531页）

耦合的人类和自然系统是一个集成系统，在这个系统中，人类与自然相互作用。尽管许多研究都探讨了人类与自然的相互作用，但是我们对耦合系统的复杂性知之甚少、进展甚微。主要是由于生态与社会科学在传统上被相互分离。虽然有些学者将耦合系统作为复杂适应性系统来研究，但之前的大部分研究均属于理论性而非经验性。如今，越来越多的跨学科项目将生态和社会科学相结合，研究人类和自然耦合系统（如社会生态系统和人类环境系统）。这里我们集合6个案例，用来说明研究使用的方法和结果。

研究案例遍及世界各地：非洲肯尼亚高地（肯尼亚）、中国卧龙大熊猫自然保护区（卧龙）、美国华盛顿普吉特海湾（普吉特海湾）和威斯康星州北部高原湖区（威斯康星州）、巴西帕拉州阿尔塔米拉附近区域（阿尔塔米拉）和瑞典克里斯蒂安斯塔德·瓦滕里凯特（Vattenriket）。这些地区包含城市、近郊和农村地区，并在发达国家和发展中国家均有分布。这些研究领域针对不同的生态、社会经济、政治、人口和文化背景，并且包含多种生态系统服务和环境问题。

这些研究具有四个共性：第一，详细说明了人类与自然之间复杂的相互作用和反馈。这些研究与传统的排除人类影响的生态研究，或通常忽视生态影响的社会研究不同，同时考虑生态和人类以及相互之间的联系。因此，不仅衡量了生态变量（如地貌特征、野生动物栖息地和生物多样性）和人类变量（如社会经济过程、社会网络、代理和多层次管理的结构），也衡量了自然与人类相互关联的变量（如生态系统服务的薪柴收集和使用）。第二，每个研究小组均为跨学科组合，既有生态学家的参与又有社会科学家的参与，围绕共同的问题加以研究。第三，这些研究融合了生态和社会科学以及其他学科的各种方法与技术，如用于数据收集、管理、分析、建模、集成的遥感和地理信息科学。第四，研究既基于特定环境又考虑足够长的时间跨度，可说明时间动态过程。因此，这些研究提供了有关复杂性的独特跨学科视角，无法单独从生态或社会研究中获得。

3.4.1.3 非线性和临界值（第1514页）

耦合系统中的许多关系属于非线性。例如，当每公里海岸线住房密度超过7所时，威斯康星州的湖泊和溪流中为鱼类提供重要栖息地的倒覆树木数量会大幅度下降；当在建有独栋住房和残存原始森林的普吉特海湾景观中的鸟类丰富度，会随着森林覆盖并且当山峰50%~60%的土地被森林覆盖时山峰非线性增加。

临界值（交替状态之间的过渡点）是常见的非线性形式。在瑞典克里斯蒂安斯塔德，自发参与过程将利益相关者动员起来，使传统的管理方式向适应性合作管理方式转变。注重文化价值和环境促使当地利益相关者不断积累新的知识，制定新的愿景和目标，并开创新的社会网络。这些社区活动取得的崭新成果为该地区开展地貌适应性合作管理创建了更加适合的治理体系。

随着时间（时间临界值）的推移和空间（空间临界值）的变化，系统行为实现了从一种状态向另一种状态的转变。

3.4.1.4　意外结果（第 1514~1515 页）

当复杂性尚未得到充分了解时，人类-自然耦合的结果会给我们制造很多意外。例如，香鱼（胡瓜鱼）最初作为白斑鱼（大眼狮鲈）等猎捕鱼的被捕食鱼种引入威斯康星州，但香鱼捕食白斑鱼幼鱼，导致白斑鱼数量减少。在普吉特海湾，管理人口增长的政策加大了城市增长边界内的人口密度，这导致人口增长蔓延到城市增长边界之外。保护政策也可能产生意想不到的反作用，如在中国卧龙，该地区被设立为保护区之后，高质量大熊猫栖息地的退化速度竟比以往加快。为了防止进一步退化，2001 年该地区开始实施天然林保护工程，对当地居民的非法砍伐实行监控。意想不到的是，2001 年出现了大批新建的房屋，原因是许多家庭为了获得工程提供的住房补贴（平均家庭收入的 20%~25%），将原来的一户家庭进行了拆分。住房数量的增加和家庭规模的缩小（家庭中的人口数），增加了对柴火和住房建设用地的需求。

有些生态系统只能通过人类管理方可维持稳定，而许多保护措施却排除了这种人类干预。例如，瑞典克里斯蒂安斯塔德作为受《湿地公约》保护的地区不得放牧，但禁止放牧后湿地杂草丛生，这种意想不到的结果使人们认识到放牧对维持湿地系统还是十分必要的。

3.4.1.5　不同案例研究的主要发现（第 1516 页）

以上评论得出的结果主要得益于将生态和社会科学加以融合，并使其融合更加紧密。案例使用的方法和研究结果可在地方、国家和全球层面广泛应用。例如，在过去的 30 年中，卧龙房屋数量增速快于人口增速，让我们进一步发现这种趋势具有全球性，在 76 个生物多样性热点地区所在的国家普遍存在。在威斯康星州，"湖泊未来项目"可作为样板为设计千年生态系统评估情景提供方法和手段。

对案例研究进行比较为我们了解多种复杂特征提供了重要视角，这在单一研究中是无法获得的。尽管这些研究产生的意外结果都源自人类与自然系统的相互作用，但类型各不相同。6 个案例都呈现出遗留问题，且影响持续的时间从几十年到几个世纪不等。这些案例具有独立的特性，某项研究获得的信息，其他研究不一定具备，且信息无法相互转换。为了提高案例研究的普遍性和适用性，未来耦合系统的研究不仅应包括某个专门地区的研究，还应包括多种地区、协同和可作长期比较的项目，从而全面了解和掌握变量。此外，本节提到的研究侧重于系统内的相互作用，而非不同耦合系统间的相互作用。随着全球化日益加深，即使相隔遥远和跨越层级的系统之间的相互作用会更多。因此，耦合系统的研究不应局限于现有的方法，应设计更加综合的方案，为本地、地区、国家和全球层面的跨学科研究建立一个国际网络。

3.4.1.6 评论

本文总结了涉及描述和管理耦合的自然和人类系统的一些难点问题，通过生态学家和社会学家共同参与解决共性问题，试图对耦合进行全面理解。这些案例研究整合了若干学科已有的技术和方法，开展了特定问题和长时间跨度分析，并阐述了时间动态的重要性。在耦合系统中，人类与自然相互作用，并产生复杂的反馈。理解这些反馈循环和它们对耦合系统共同演化的影响，对实施有效的管理策略至关重要。当复杂性无法预料时，政策干预可能带来意外的结果。这些案例汲取的经验教训与水管理关系紧密，如瑞典克里斯蒂安斯塔德湿地在划为保护区后不得放牧，随后变得杂草丛生。这种意想不到的结果在耦合的自然和社会系统中很常见。从该研究中我们得出的经验是，从耦合的自然与人类系统的角度理解和描述水管理问题非常重要。通过认真分析相互影响和反馈循环、非线性和临界值、意想不到的结果、遗留效应和时间滞后、恢复力和异质性等，我们就会做出判断，知晓如何妥善处理问题的复杂性。

3.4.2 《什么是复杂性科学？知识边界的知识》（Allen，2001）

3.4.2.1 导言

本文对复杂性科学的主要观点加以总结，认为复杂系统必须处理系统中不同元素相互作用所产生的持续变化结果。这样的结果通常不可预测，除非假设减少系统元素的自由度。本文还强调应提高理解知识边界的能力，知晓在什么情况下知识可跨域领域、尺度和层面转移，而不是专注于解决问题。

3.4.2.2 与将复杂性降低为简单性相关的假设和影响（第 24~27 页）

Allen（2000）系统地介绍了情景建模中的基本假设。我们的初衷是将现实世界的复杂性转化为一些简约化表示的简单性。复杂性的减少产生于下列假设：①相关"系统"边界（排除相关性较低的边界）；②全异质性减少到一个元素类型（中介可能是分子、个体或团体等）；③平均类型的个体；④以平均速度运行的过程。如果所有四种假设都成立，可以通过一组确定的微分方程（系统动力学）来描述我们的情形，微分方程可做出清晰的预测并进行"优化"。如果做出前三种假设，那么我们的随机微分方程可进行自我组织，因为系统可以在不同吸引域间转换，反映不同模式的动态行为。在只有假设 1 和假设 2 的情况下，我们的情形变成了一种适应性进化变异，在这种变异中可能的吸引域模式将发生变化，并且一个系统可能演化出新中介、新行为和新问题。在这种情况下，我们自然无法预测系统对采取的特定行动会做出何种创意性反应，同时使我们对新设计或新行动在未来"表现"的评估也非常不确定（Allen，1988，1990，1994a，1994b）。总之，此前发表的文章（Allen，2000）已表明，复杂系统科学可以通过一个有关我们知识边界的表格来表示。我们可以将某个情形想了解的知识按照以下条件进行编号：①正在研究的类型、情形或对象（分类：相似性的"预测"）；②由何"构成"，如何发挥"作用"；③"历史"沿革和发展过程；④可能的表现（预测）；⑤如何和怎样改变其行为方式（干预和预测）。

随后，我们可以绘制图表（表3.1），以便提供有关复杂性科学更为聚焦的视角。"建模"本身不是为了真实表达"现实"，相反，它提供了一种因果"推测"方法，可与现实相比较并进行测试。当模拟与现实相符时，我们暂且接受；当模拟与现实不符时，应着手研究为何产生这种差异。模型是我们意义构建和知识搭建的"解释框架"，随着经验的积累，模型会随时间而变化。开发模型的目的是回答开发人员或潜在用水对象感兴趣的问题，模型和问题都会随着时间而变化。所解决的问题将影响研究中选择的变量、预计连接这些变量的机制、需考虑的系统边界和探索方案与事件类型。但是，该模型并非现实，仅仅是建模者的发明创造，用来反映研究的兴趣点；涉及的过程并非要告诉我们模型是真是假，而是模型是否可以发挥作用。如果起作用，那将有助于回答问题。如果不起作用，我们应重新思考解释框架，并开始新的假设。

表 3.1 与系统知识边界相关的系统知识

假设	2	3	4	5
模型类型	演变	自发组织	非线性动力学（包括混乱）	平衡
系统的类型	结构上可以改变	可以改变其配置和连接	固定	固定
构成	性质上可以改变	可产生新的意外属性	是	是
历史	在描述的所有层面中都重要	在系统层面中是重要的	不相关	不相关
预测	非常有限、固有的、不确定性	概率性的	是	是
干预和预测	非常有限、固有的、不确定性	概率性的	是	是

资料来源：Allen（2000）

有用性可归结到建模者或使用者感兴趣的时空尺度问题。例如，如果我们将演变情形与一个流动模糊、无可辨识形式甚至短时间内不具备稳定性的情形相比较，我们可以得知，演变模型之所以存在是因为至少某些时候存在半稳定的情形。与结构性变化中通常发生的事件相比，如果只是对短时间内发生的事件感兴趣，那么将结构形式认为是固定的则完全合理。这并不意味着它们真的固定，只是可以预计短时间内会发生什么，且不用担心形式将如何演变。当然，我们应认识到形式和机制在较长时期内将发生变化，而行动可能加速这一过程，尽管如此，这依然可以说明一些自我组织的动态性仍有益处。

同样，如果可以合理地假设系统结构不仅稳定，而且在平均值左右的波动很小，我们会发现使用动态方程预测可提供有用的信息。如果波动较为微弱，这意味着将系统带入一个新的状态/吸引域的大型波动非常罕见，这使我们了解到这种情况在给定时间内发生的概率。因此，模型可以预测系统行为、相关可能性和发生不寻常波动并改变状态的风险。天气预报中的十年一遇事件和百年一遇事件可说明以上观点。在天气预报中，我们使用历史性数据表示重要波动的频率。当然，这基于系统整体"稳定"，且没有发生气候变化等过程的假设。显然，当百年一遇事件频繁发生时，我们认为系统并非稳定，且气候变化正在发生。然而，这是"事后"，而非"事前"。

以上是不同模型发挥作用的案例，以及模型可以提供哪些知识，这些并非完美无缺，且并非绝对真实，但有些仍有帮助。因此，系统知识在绝对层面并不一定成立，但只要我们遵循"减少复杂性"的假设，系统知识在某些时段和某些情形下仍可适用。与其简单地声称"所有一切都在变化和神秘莫测"，不如承认这在相当长的时间里都是如此，谁又会猜想宇宙是为了什么？然而，在某些时间段和某些情形下，我们可以掌握未来如何发展的相关知识，这些知识可以通过模型模拟情形发展的过程，以及持续运用学习过程不断地进行更新。

3.4.2.3 复杂性：多重客观性和主观性相互交融与反馈（第27~29页）

复杂系统的本质是它们代表多个主观性的"结合点"，即多尺度相互作用、相互重叠，但并非完全相同的尺度。从传统的系统动力学观点来看，一张流程图代表一系列由管道连接的水库，水在水库之间单向流动。通常，一些简单法则可表示水库之间的流量，可能是一个水位的函数。可是，我们发现现实世界由相互连接的实体组成，这些实体有其各自看法、内在世界和采取不同行动的可能性。将一张金钱或水流程图与影响力流程图对比发现，这些组成之间相互作用、相互影响。

流过图 3.5（a）的水流与相比较的系统图 3.5（b）遵守的责任规则完全不

同，图3.5（b）展示了公司、产品和潜在客户之间如何相互作用。首先简要分析图3.5（b）的三个"简单"箭头。

1）潜在客户影响公司设计一种可能会成功的产品。然而这要求公司"寻找"潜在客户的信息，并思考寻找信息的方式。掌握潜在客户属于哪一类和潜在客户需要什么等"知识"或"概念"。这主要是基于一系列"推测"，了解环境中不同主观的特性。总之，公司必须"孤注一掷"，推测其潜在客户以及潜在客户的愿望和要求，从而让足够多的潜在客户购买产品。

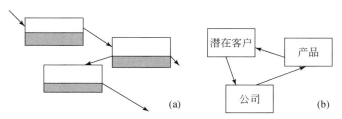

图3.5　简单与复杂系统之间的对比
资料来源：Allen（2000）

2）该公司生产某种产品。该结果源自公司"确信"有潜在客户，并愿意以合适的价格支付符合他们期望质量的产品。因此，这个箭头包含的意思是公司营销人员可影响设计人员和新产品的开发流程，尝试"生产出合适价格的正确产品"。其次意味着设计师知道如何将组件组合在一起，从而提供给客户希望得到的产品或服务。

3）产品可吸引或未能吸引潜在客户。该过程需要潜在客户来"查看"产品，看产品什么价格、能为他们做什么。客户必须能利用产品或服务来满足某种需求或愿望。公司必须促成"设计"产品与客户间的互动，使产品与客户发生连接。因此，地点和时间必须适应潜在目标客户的行动，吸引他们的注意。

4）最后的箭头从客户到公司指当潜在客户变成实际客户时产生的资金流。这部分内容真实存在，可存储在数据库中。然而，该结果是通过一系列不可感知的流程、推测、特征提炼和信息分析得出的，其中大部分都无法直接对应。

重要的是，图中的每个方框内部都可能有多种行为。其根本原因是内部微观多样性的存在，令每个方框都可能产生一系列的回应。这些行为经过试验，结果可能强化也可能弱化使用效果。因此每个方框所代表的对象都试图理解其所在的环境，包括其他方框和它们的表现。

真正的问题是，标记为公司和潜在客户的方框实际上代表的是不同的世界。这些方框中的尺度、目标、目的和所拥有的经验都大相径庭。最重要的是，每个方框都包含所有可能的行为和理念，并且存在于其"内部"的对象可能具有"内部"机制，可帮助它们寻找在环境中起作用的行为和理念。这其中的含义将在下一节内容中进行解释。因此，当方框相互作用时，虽然变现为一些表示影响力的简单箭头，但我们真正看到的是两个包含不同尺度的不同世界间的相互交流。然而，为成功地连接两个不同方框，来完成一些需要相互合作的任务，我们通过人工干预将存在于一个空间的意义转化为另一个空间的语言和意义。

因此，表示相互关系的简单箭头代表的并不是"简单的联系"，而可能需要一个在不同方框中都具有话语权且在两个世界都可能具有相关经验的人。这也解释了需要进行跨学科研究的核心原因。每个学科研究某种情形的视角都是特定且带有局部性的，这种研究视角可增强分析性和专业性，但可能会牺牲整体性、综合性和全面性。在管理领域中，如果我们想在处理现实世界的问题时获得实效，就必须采取跨学科的综合性方法。对于管理和政策而言，复杂系统科学十分重要，因为只有采用集成的多尺度方法，提出的建议方可与现实情形相联系。事实上，这可能触碰到了知识的极限，从而帮助我们脱离迷人但具有误导性的预测幻象。

3.4.2.4 复杂系统科学：知识的边界和适应性学习的过程（第39～41页）

在复杂系统科学中，系统的内部结构不可简化为一个机械系统，尤其涉及相关联的复杂系统时，普通类型和中等相互作用的假设并不适用，因此不采用这一假设。复杂系统与环境共同演化，对能量、物质和信息跨越我们选定的边界间的流动保持"开放"。这些流动不遵循简单固定的规则，而是产生于内部的"意义构建"，我们用经验、推测和实验来更改内部的解释框架。

正因如此，与每个系统共同演化的其他系统行为必定是不确定且具有创造性的，一些可预计的固定轨迹并不能最佳地呈现系统行为。这需要采用后现代主义的某些观点。但正如 Cilliers（1998）所指出的，后现代主义的初始定义（Lyotard，1984）将我们引入的并非全部都是主观性且无法做出任何假设的情形，而是将我们引入不断变化的复杂系统领域，后者正是本文讨论的内容。

我们面对的并不是结构固定的吸引子，系统的运行也绝非限于某一个吸引子的自身结构。相反，我们面对的是一个不断变化的系统，它在潜在吸引子的结构变换中不停地运转。我们假设多样性可能是存在的，那么创造力和噪声（假设它们是不同的）便会持续探索其他的可能性。我们的简单模型只假设了20种可能会出现的行为，但在现实环境中，会远远超过这个数目。因此，在应对环境变化的过程中，我们发现了"过度多样化原理"。根据该原理，系统长期存在潜在多样性，其数量比任何时候维持系统存在所必需的多样性数量都要多。在这些可能出现的行为中，某些行为可能会破坏系统，并改变系统属性的特征，导致新的吸引子和新的行为出现。此时，系统将随之开始向这种形式发展，但却永远无法完全达到这种形式，因为新的变化会不断出现。因此，上述系统的真正变革并非来自新古典主义平衡观，而是会表现出一种不断适应和变化的非静态特征，包含周期吸引子和混沌吸引子的非线性动力学反对这种新古典主义平衡观。我们现在所处的情形正如 Stacey 等（2000）的"转型目的论"中描述的那样，即潜在的未来状态（吸引子和路径的模式）目前正在不断被改变。我们当前要考虑的吸引子结构实际上并不会指引前进的方向，因为当前的经验会导致吸引子自身不断发生改变。

复杂系统自发产生的宏观结构会限制个人的选择并改变他们的经验。行为受知识的影响，而知识的多寡则决定于个人的学习经验。每个行为主体都要与由其他所有人的行为或知识（无知）导致的系统结构进行相互演化。其他人的行为或知识（无知）还会导致意外和不确定性的发生。选择过程不仅取决于不同行为的成功或失败，还取决于正在进行的以竞争与合作为特点的动态博弈使用的策略。

然而，在选择过程中，不存在单一的最佳策略，而是要面临如何处理结构吸引子、行为生态学、信念和策略方面的问题。这些要素以一种相互一致的方式混合出现，并伴有竞争与合作的关系。这种结构上的嵌套层次是系统演化的结果，但无论如何都很难达到最优效果，因为主观和意图是多样化存在的，而这种多样化的形成，则是因为存在大量不完美的信息和各种各样的解释框架。从微观层面来看，人类系统的行为体现了个人的不同信念，而信念又以个人的过往经验为基础。创造未来的正是这些行为之间的相互作用。如此一来，行为主体的许多预期往往难以实现，导致他们要么改变自己理解（或误解）世界的方式，要么只好对世界继续充满迷惑。因此，人类系统的演化是一种持续的、不完美的学习过程，其驱动力来自期望和经验之间的差距，但这个过程很难提供可供个人进行透彻理解的足够信息。

尽管听起来很悲惨，但实际上这却是我们的救赎。因为正是这种无知或多种误解才产生了微观多样性，并由此促使我们进行探索和学习（不完美的）。相应地，这种学习对外所表现出来的行为变化会导致系统行为产生新的不确定性，而人们对这种新的不确定性又会产生新的不解（Allen，1993）。知识一旦得到实际运用，便开始失去其自身价值。这更加真实地反映了真实世界内发生复杂博弈的特征，而这些特征可以通过我们的模型加以量化和探索。

在一个不断变化的世界中（即存在性的真实体现），我们需要的是学习过程方面的知识。从不断演化的复杂系统的角度出发，我们找到了一些模型，这些模型不仅有助于解释适应性和学习机制，还可帮助我们猜想与探索"适应性"和"反应"存在哪些可能途径。这些模型与许多领域实际使用的模型在目标方面颇为不同。这些领域使用的模型更关注可能出现的未来及其定性性质，而非着眼于详细描述现有系统。此外，它们还更关注产生此类系统的机制，并且有能力逐步探索、评估和改革这些机制。它们解决的是"可能是什么"，而不是"是什么"或者"将会是什么"的问题。这种改变为普利高津（Prigogine）提出的哲学革命的社会科学打开了大门。普利高津大约于25年前在物理学中提出哲学革命的概念。这也反映了我们在思维上的转变，即"从存在到转化"。这种改变体现在研究内容的变化上，即从使用可重复的客观实验对现有实际对象进行研究，转变为采用相关方法对可能发生的未来进行猜想，并尝试理解如何对这种可能发生的未来进行猜想。这种改变还包括由纷杂繁复的主观经验导致的系统变革，以及伴生的多样化解释、赋予意义的框架。

现实不断发生改变，经验也随之不停变化。但除此之外，人们使用的解释框架或模型也发生了改变，人们从不断变化的经验中学到的内容也在经历改变。因此，了解这些新的"知识限制"不会让我们失去信心。相反，我们会认识到，这就是生活有趣的原因，这就是生活现在的、一直以来的和未来将持续下去的本质。

3.4.2.5 评论

艾伦（Allen）向人们展示了复杂系统理论是以一种怎样的方式帮助人们理解构建系统知识所存在的局限。艾伦认为复杂理论研究的是，当对问题的描述出现"混乱或难以解决"的情况时，系统知识存在局限。在水资源领域，我们将此类问题称为"混乱"问题或"抗解"问题。艾伦阐释了出现这种混乱性的两种可能原因：问题描述包含大量相互影响的因素，或者是系统要素之间的非线性相互作用导致多种未来状态和非常规/意外反应的出现。这种观点与牛顿的观点差别甚巨。牛顿认为，互动规律使我们有能力以实现预期结果为目标而进行预测和干预。随着我们对非线性、耦合系统的日益了解，"可预测的未来"这种令人感到安心的简单观点正不断受到挑战，因为这种系统的可预见性不足并且以出现"突现"为特征。为了理解和管理此类系统，艾伦简述道（Allen，2000）："答案既不是'完全可预测的'，也不是'完全不可预测的'；既不是'完全可控的'，也不是'完全不可控的'。正如多数人曾暗自怀疑的那样，答案就在中间的某一点上。如今，科学也给出了同样的结论。"我们理解和应对复杂水管理问题的方法同样受到了该研究的启发，即利用复杂性理论以及非零和博弈中的观点来寻求答案。

3.4.3 《复杂性的十项原理和赋能基础结构》(Mitleton-Kelly, 2003)

3.4.3.1 导言

本文概述了与人类组织复杂性有关的观点。在这个背景下，复杂性理论为理解社会（人类）系统的行为提供了一种框架。文章共讨论了复杂性的四项原理——突现、联系、相互依赖性和反馈作用，并且强调了它们之间的相互关联性。文章指出，将一种原理或特征（如突现）单独抽离并对其专门加以研究而不考虑其他要素是难以达成预期目标的。密特尔顿–凯丽（Mitleton-Kelly）认为应该加深对有助于预测和解释社会生态相互作用的复杂系统的理解。她还研究了针对自然系统提出的复杂性原理与社会系统的匹配度。文章强调"复杂性理论提供了一种概念框架、一种思维方法以及一种观察世界的方法"。

3.4.3.2 社会系统复杂性理论的原理（第2~4页）

尽管过去六七年涌现出了大批关于复杂性理论及其管理应用的著作（Maguire 和 McKelvey 在 1999 年对此类文献进行了大量综述工作），但与自然科学相比，有关建立"复杂社会系统理论"方面的著作却少之又少。这方面值得关注的少数几部著作包括卢曼（Luhman）关于自创生理论的著作、亚瑟（Auther）在经济学领域的著作以及 Lane 和 Maxfield（1997）、Parker 和 Stacey（1994）及 Stacey（1995，1996，2000，2001）有关战略方面的著作。这种背景下形成的理论被解读为一种解释性框架，它有助于我们理解复杂社会（人类）系统的行为(此乃作者在著作中的关注点，因此该节的重点也落在了人类组织上面。其他研究主要关注非人类社会系统，如蜜蜂、蚂蚁、黄蜂等）。这种理论为认识"组织"提供了一种不同的思维方法，并能改变战略思维，为我们提供创造新组织形式的方法，即组织在结构、文化和技术方面的基础结构。它还会以一种更加温和的方式在一个有限环境中（如企业的一个部门），促进不同组织方法的形成。本文结尾部分的案例介绍的是一家国际银行纽约办事处的信息技术部是如何部署不同的组织方法的。

本文将依次讨论社会系统复杂性理论的各项原理，提供一些科学背景并阐述各项原理以何种方式才能对人类系统产生相关性并适合人类系统。图 3.6 左侧列出的五个研究领域中，耗散结构中的"远离平衡态"和"历史性"原理被详细讨论，其他原理主要以复杂适应性系统研究为理论基础。本文还广泛讨论了考夫曼（Kauffman）的理论。虽然本章未对自创生理论进行讨论，但该理论对当前工作的基础性思考具有重要作用［与自创生理论的影响和应用相关的内容参见 Mingers（1995）]。本文单独有一部分内容对混沌理论进行讨论，但涉及的内容不多。本文还在"路径依赖"原理下探讨了亚瑟（Arthur）对收益递增的研究。

在图 3.6 中，突现、联系、相互依赖性和反馈作用这四个原理被归为一组，这些原理与系统理论中的相关原理颇为相似。复杂性依赖并可丰富系统理论，因为它不仅可以精确阐述复杂系统的其他属性，还会强调它们的相互关联和相互依赖性。将一种原理或特征（如突现）单独抽离并对其专门加以研究而不考虑其他要素是难以达成预期目标的。本文采取的方法是，观察复杂系统的若干特征并描绘复杂社会系统包含的多种关联结构，从而加深对复杂系统的认识。正是在这种深入认识的帮助下，战略家才能制定更好的战略，组织设计者才能加快创造组织形式，使之持续适应不断变化的环境。

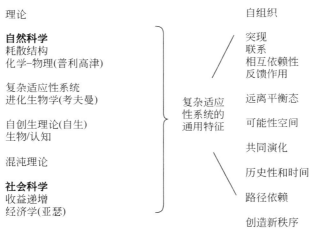

图 3.6　复杂适应性系统的五个理论研究领域和通用特征

资料来源：Mitleton-Kelly（2003）

文章以通用原理为讨论基础，让这些原理或特征能够适用于所有自然复杂系统。研究复杂人类系统的一个方法是，调查自然复杂系统的通用特征，并研究它们与社会系统是否存有相关性，或是否能适应社会系统。然而，这种方法存在局限性，即我们必须清楚，这种调查仅仅是一种初步手段，达不到全面定位的作用，此外，我们还要认识到对社会系统的研究需从其本质出发。

需要重视上述局限性的原因有两方面：①尽管我们可以接受某一领域的解释与另一领域的解释相一致，且这些解释都符合一致性原则（Hodgson，2001），但是，如果不对适应性和相关性进行考察，那么特征和行为便无法在两个领域间直接进行映射。这不仅因为分析单位之间可能存在较大差异，还因为科学和社会领域也会存在的基本差异，而这些差异的存在可能导致无法有效地直接映射特征和行为。举例来说，人类有能力在可供选择的行动路径面前思考并主动进行选择和决定。这种能力使人类行为明显区别于其他生物、物理或化学实体的行为。②当复杂性理论的原理应用于人类系统时，很多研究人员仅仅将其视为一种比喻或类比。比喻或类比是具有限制性的，且其本身也是受限的，对我们理解被研究系统的本质特征没有帮助。这并不是说比喻或类比皆不可用，而是我们始终将它们当作"过渡性客体"使用，当出现新的或难以理解的观点或概念时，它们将帮助我们转变思维方式。我们强调的是，在一个组织环境中或者更大的社会环境下，比喻或类比并非我们理解所在环境复杂性的能使用的唯一途径。从本质上来说，组织属于复杂进化系统，因此对其加以研究时就需要根据其本质，将它们视作复杂系统。

Nicolis 和 Prigogine（1989）提出了另一种研究复杂性的方法——"复杂行为的说法比复杂系统更为自然，或者说至少相对明确一些。对这种行为的研究可揭示不同层面的系统所具有的共同特征，并使我们能够正确理解复杂性"。该方法在运用一致性原则的同时避免了比喻法的争议问题。然而，这种方法引起了部分社会学家的担忧，因为他们未找到令人信服的"科学论据"。但是这就误解了尼古拉斯（Nicolis）和普利高津（Prigogine）的初衷，他们当时把重点放在了所有复杂系统的行为或特征上。尼古拉斯和普利高津不是行为学家，他们研究复杂系统行为的目的是理解其更加深层的基本性质。

这为我们提供了研究复杂性的根本原因。它阐释并以此帮助我们理解我们所生活的世界和组织的本质。"复杂性"一词用于指代复杂性理论[在文献著作中，为了便于参考，往往将复数形式的"theories"（理论）写作单数形式，这里也将采取这种做法]，而"复杂行为"则是指复杂系统各特征或原理之间进行相互作用时表现出的行为。

> 复杂性不是一种方法论或一套工具（尽管它提供了方法论也提供了工具），也绝不是一种"管理风潮"。复杂性理论提供了一种概念框架、一种思维方法及一种观察世界的方法。

3.4.3.3 复杂性理论的各项原理：对管理的影响（第26～27页）

本文将根据所有复杂系统的通用特征介绍复杂性理论的某些原理。此外，本文还将以复杂性原理的逻辑思维为基础，倡导管理组织的一种不同方法，即确定、开发和使用赋能基础结构，这种结构包括可促进组织日常运行或创造新组织形式的文化、社会和技术条件。

赋能条件是根据复杂性理论提出的。复杂系统在"设计"方面不够精细。

它们由相互作用的个体组成，个体之间的相互作用会产生突现属性、质量和行为形态。每个个体的动作及这些动作的极度多样性都在不断影响和创造突现的宏观形态或结构。相应地，复杂生态系统的宏观结构反过来又会影响每个实体，并且演化过程总是存在于微观行为和突现结构之间，两者会相互影响、相互再造。

复杂性管理方法能够加强和创造赋能条件，并能认识到过分控制和干预只能取得相反效果。如果赋能条件允许某个组织探索其可能性空间，那么该组织就会自冒风险尝试新的方法。一般来说，冒风险有助于找出新的行事方案和替代方法，从而在通过已有联系保持不断演化的同时建立新的联系方式（Mitleton-Kelly，2000）。

这种方法意味着涉及的所有个体都要为其代表所在组织做出的决策和采取的行动负责。如果对可能性的探索未能取得成果，那么他们就不需要冒不必要的风险，也不该受到指责。探索行为自身的性质就决定了某些解决方案能奏效，而某些则不能。

因此，赋能基础结构就是提供空间，包括比喻性质的想象空间和实际空间。一位优秀的领导人不仅会给他人的学习提供心理空间，还会给他人提供实现学习的实际空间和资源。个人和团队学习是组织进行适应性调整的先决条件，因此需要为学习和知识分享创造条件。

复杂性理论的显著优势在于，它打破了自然和社会科学中相关分支领域的界限。未来，该理论定会为我们提供一种能够将这些分支领域联系起来的统一方案。这是因为了解其他学科的复杂系统行为有助于人们更加深入地理解所在领域的相关现象。目前，复杂性理论已在众多领域得到大量应用，从人类学和心理学到经济学与组织学。未来，这些应用必将改变我们对组织的研究方式，帮助我们理解其作为复杂系统的本质，并最终改变我们管理组织的方式。

3.4.3.4 评论

本文利用自然系统中的复杂性理论提出一种与众不同的组织管理方法，即确定、开发和使用赋能基础结构，这种结构包括可促进组织日常运行或创造新组织形式的文化、社会和技术条件。为了生存和发展，组织实体需要探索其可能性空间并形成多样化格局。复杂性理论还指出，单独寻找一种最优的策略既行不通也不合适。任何策略都必须置于具体的条件之下方能获得最优结果，并且当这些条件改变时，这些策略可能会变得不再完美。为了存活下去，组织需要具备灵活性和适应性，实现灵活性、适应性还需要建立新的联系，采用新的看待事物的方式。

复杂性理论的一个重要发现是，未来是不可预知的。Stacey（2007）总结了这一发现对规划和管理的影响：①分析不再占据最重要地位；②偶然性（原因和结果）失去了意义；③长期规划几乎难以实现；④统计关系不再可靠。从这种不可预知的未来及其相关影响中，我们可以领悟到重要一点，需要随着情况的变化进行持续学习并开展适应性管理。一些管理专家，尽管他们所在领域差别很大，也得出了类似结论。遗憾的是，目前鲜有正式有效的证据能够证明以复杂性理论为根据的管理方法能够产生预期效果（如某组织能够长期存在下去）。但是，由于概念上具有吸引力，即使存在上述问题，我们仍看到复杂性理论（主要针对自然系统建立）正在成为一个新兴领域，其中发现的某些有趣结果已引发科学家关于社会系统的有趣猜想。但未能随之而来的是，这些发现适用于管理耦合的自然和社会系统。

3.4.4 《脆弱环境发生变化的驱动因素：印度湿地治理挑战》（Narayanan and Venot，2009）

3.4.4.1 导言

这篇文章以多中心治理为分析框架，研究了印度三个湿地的管理问题。文章重点阐述了自然和社会耦合过程对治理模式的影响，且在总结时强调，在自然资源治理过程中，需要对权力和政治因素加以考量，方能形成有效的决策方案。

3.4.4.2 印度三个湿地：环境退化和社会变化的综合驱动因素（第321页）

环境退化和社会变化是相互交织的过程。这两种变化同时产生于治理模式，并对其产生重要影响。了解这些变化的动态及其驱动因素对认识民主和多中心治理机制的范围及其影响具有重要意义。该研究将《拉姆萨公约》（即《湿地公约》）提及的印度三个具有国际影响力的湿地列为研究对象，即吉尔卡（Chilika）湖、戈莱鲁（Kolleru）湖和文伯纳德（Vembanad）湖。研究结果的得出基于全面的文献综述，以及自2003年以来的多次实地考察和对农民、渔民与公务员进行的访谈。

虽然三个湿地代表了发展轨迹各不相同的社会与自然环境，但《拉姆萨公约》根据三个湿地在资源利用方面表现出的公平和可持续特点，仍将其列入"良好实践"范畴。这篇文章以多中心治理为分析框架，旨在了解湿地的实际使用情况，并寻找出现问题的社会和环境动因。这三个湿地都存在环境退化和社会变化问题，其发展轨迹共同之处包括圈占公共资源及随之而来的资源资本化和社会边缘化问题、利益冲突和紧张的地方政治局势、全球范围内关于保护的讨论与本地利益之间的脱节、制度安排薄弱以及整体经济力量。虽然三个湿地受这些动因的影响方式不相同，但在设计治理机制和评估其环境管理可持续水平时，对这些过程加以研究将具有重要意义。

3.4.4.3　印度三个湿地案例：尺度问题和复杂性（第331~332页）

印度三个湿地都是列入《拉姆萨公约》名录和具有国际影响力的地区，该案例研究阐述了印度实行多中心治理机制管理自然资源时遇到的挑战。环境和社会方面呈现的双重变化过程推动了对三个湿地的调查，而这种双重变化则反映了获得、使用和管理湿地的自然资源方面的政治主张。

在问题研究过程中，多中心治理是一种公认的实用分析工具。这三个湿地存在的问题具有各自的独特性，同时，在发展轨迹方面又存在相同之处：圈占公共资源及随之而来的资源资本化和社会边缘化问题、利益冲突和紧张的地方政治局势、全球范围内关于保护的讨论与本地利益之间的脱节、制度安排薄弱以及整体经济力量。

然而，我们主要关注的是探索备受推崇的多中心治理机制的可行性。多中心治理机制旨在找出湿地的多种利用方式和价值以及人口的多种需求，从而对自然资源实行综合管理。多中心治理的定义为"一种拥有众多特定制度属性的机制，这些制度属性能够在该机制下为人们提供和生产必要的公共商品与服务，同时还能够在不同治理结构中提供其他选择的机制"（Andersson and Ostrom，2008）。正如多中心治理下的租户所承认的那样，这三个案例研究发现，多中心治理模式本质上仍是一个理论结构（Andersson and Ostrom，2008）。找出多方面的资源要求并调和利益相关者的价值观和目标并非易事。价值观、目标和利益的不同以及行为主体间的相关冲突始终困扰着这三个湿地，即使是在已形成一致行动协议的情况下依然如此（Wollenberg et al.，2001）。某些层面上的激励措施还可能存在不兼容的问题，因为产品的生产和服务的提供皆来自不同层面（Andersson and Ostrom，2008）。多中心治理方案提醒我们，对这些差异多加关注对设计自然资源可持续管理制度是有帮助的。

但是，当涉及资源管理问题时，要求建立中间层面的协调机构的呼声就变得普遍起来。在我们研究的案例中，这种制度安排（如CDA）主要受技术专家的影响，被地方精英把控，且对直接依靠自然资源生存的社区需求反应迟钝。其所解决的问题大都属于全局性问题（环境保护、经济发展），且很不切实际，地方参与度依然很低。然而，相关的两个研究案例（吉尔卡湖和文伯纳德湖）指出，通过政治动员可以将边缘群体转变为积极参与者。尽管成功率不稳定，但此类集体活动的覆盖范围说明了对治理体系中间层面产生影响的可能性，这些中间层面现在主要以官僚机构的形式运行。为此，需要开展更多工作来理解多重连接的费用分布和长期收益。此外，如何处理网络内部的权力差异，以及如何处理组织内不同层面的团体拥有的不同权力，是一个具有普遍意义的重要问题（Berkes，2007）。

3.4.4.4　评论

这篇文章重点关注印度三个湿地案例研究中在处理竞争性利益和多种需求方面存在的相关挑战。作者认为，尽管在公共资源管理中存在通常无法调和的多重利益，但不同行为主体的政治主张以及利益竞争并未被很好地理解。作者利用多元主义的概念提出多中心治理，强调自然资源管理中多重需求矛盾的存在。该方法的一个关键特征是，承认需要开展多层面分析以说明不同层面的行为主体存在的相互作用以及对彼此决策过程的影响。

3.4.5　《关于规模的概念和全球变化的人文因素调查》（Gibson et al.，2000）

3.4.5.1　导言

这篇文章详细说明了尺度的普遍属性，以及尺度在理解和管理公共资源中的重要性。作者明确定义了尺度和层面，这种对词汇的定义有助于加强不同领域研究者和实践者之间的交流与互动。

3.4.5.2　尺度和层面（第218~220页）

显然，层面和尺度等术语经常交替使用，且与尺度相关的许多关键概念在不同学科和学者之间用法不同。因此，在阅读参考书目中的相关文献时尽力消除同一个词的不同用法（第218页）所带来的困惑后，我们在表3.2中列出了关键术语的定义。

表3.2　与尺度概念相关的关键术语定义

术语	定义
尺度	用于测量和研究任何现象的空间、时间、数量或分析维度
程度	某尺度的空间、时间、数量或分析维度的大小
分辨率（颗粒）	**测量的精密度**

术语	定义
包容性层次	层次中位置较低的对象或流程分组包含在系统中位置较高的次分组中（如现代系统分类——界、门、亚门、纲、目、科、属、种）
排他性层次	层次中位置较低的对象或流程分组不包含在系统中位置较高的次分组中（如军事层次系统——将军、上尉、中尉、军士、下士、列兵）
组成性层次	对象或流程分组在保持其自身功能和特性的情况下，并入新的单位后再并入其他新的单位
层面	尺度中处于同一位置的分析单位。许多概念性的尺度包含按层次排序的层面，但分级系统中并非所有的层面都是相互连接的
绝对尺度	使用主观校准的测量设备测量的距离、时间或数量
相对尺度	绝对尺度向描述对象或流程之间功能关系的尺度的转变（如基于有机体在其间移动所需时间的两个地点间的相对距离）

资料来源：Turner（1989a）；Mayr（1982）；Allen 和 Hoekstra（1992）；Gibson 等（2000）

我们用尺度这一术语来表示科学家用于测量、研究物体和流程的空间、时间、数量或分析维度（表3.2），而层面指尺度中的不同位置。层面通常指测量尺度中的一个地区。微观、中观和宏观层面广义上指空间尺度的地区，分别指代小规模、中等规模和大规模的现象。例如，与时间有关的层面可能涉及短期、中期和长期等不同的持续时间。缩放问题可能与尺度或层面相关。所有尺度都有程度和分辨率，尽管这些可能没有在特定研究中明确指出。程度指测量现象时所用尺度的量级。在时间层面，程度可能是一天、一个星期、一年、十年、一个世纪、一千年或几千年。在空间层面，程度可能从一平方米到几百万平方米甚至更多。在数量层面，观察者考虑的社会关系中的个体数可能从两人到几十亿人，社会科学家感兴趣的商品和其他实体的数量也是如此（第219页）。

许多尺度都与层次的概念密切相关。层次是分析尺度中给现象分组的系统，这一系统在概念上相关或随机相关。对于政治科学家而言，层次的概念通常限于一个人员层次系统，这一系统根据个人在层次中的正式职位对其权力进行定义。将军命令上尉，上尉命令中尉，一直到任何上级都可命令的列兵。这是一个排他性层次的例子，即在这一层次中更高一级的对象并不包含更低一级的对象，也就是说这些对象是非嵌套的。

排他性层次的许多其他例子中不存在命令和控制的概念。其中一个例子是食物链中排列的有机体，即顶层食肉动物捕食其他食肉动物，其他食肉动物捕食食草动物，食草动物吃植物（Allen and Hoekstra，1992）。

相比之下，存在两种类型的嵌套层次：包容性层次和组成性层次。包容性层次涉及排序，任何一个层次组合的现象都包含在用于描述更高层次的范畴中，但

3

掌握复杂水管理问题的特性

在每一个层次无特定的组织。分析性分类系统通常为包容性层次。其中最著名的例子是分类范畴中的林奈（Linnaen）层次系统。大部分包容性层次是分类工具而非解释性工具：低层次的单位（如属中的种）在构形上并不相互作用，无法产生新的更高层次的突现特征。

第二种类型的嵌套层次是组成性层次，复杂系统是最为典型的例子。在组成性层次中，更低的层次并入具有新组织、新功能和突现特征的新单位中（Mayr，1982）。组成性层次中的所有生物体和最复杂的非生物系统都是相互联系的，如分子包含在细胞中，细胞包含在组织中，组织包含在生物体中，生物体包含在种群中。这些层次是基于功能关系的概念尺度，而非空间或时间尺度。

突现的概念在理解组成性层次时非常重要。在复杂的组成性层次中，大单位的特征并不是小单位特征的简单组合，而是可以体现出新的集体性行为。Baas 和 Emmeche（1997）认为，突现属性的重要例子包括一个客户和一个服务器的一般状况（服务器提供交互式帮助，客户可执行他们无法单独执行的任务），以及意识（不是单个神经元的属性，而是神经系统中神经元交互作用的自然突现属性）（Baas and Emmeche，1997；Baas，1996）。

许多与全球变化相关的现象通过组成性层次相互联系。个人包含在家庭中，家庭包含在社区中，社区包含在村庄或城市中，村庄或城市包含在地区中，地区包含在国家中，国家包含在国际组织中。在这种系统中，不存在供研究的单一"正确"层次。发生在任何一个层次的现象都受到同一层次、更高层次或更低层次机制的影响（第220页）。

3.4.5.3　与尺度相关的四个问题（第221页）

与尺度相关的最重要的问题可以划分到下述四个理论领域，其中每个领域对于所有科学的解释性任务都具有基础性意义：①尺度、程度和分辨率如何影响模式的识别；②一个尺度上的多样化层面如何影响社会现象的解释；③针对空间、时间或数量尺度上某一层面的现象所提出的理论命题如何推广到另一个层面（更小或更大、更高或更低）；④如何在某一尺度特定的点或区域上优化流程。

3.4.5.4　自然和社会领域的尺度问题（第236页）

越来越多的数据表明，小型和大型生态现象中都存在人类的"印迹"，因此将社会科学纳入全球变化研究议程的呼声也越来越高。尽管许多特定生态结果的原因只笼统地包含"人类行动"这个大的方面，但自然科学和社会科学之间的联系非同小可。

在本文中，我们研究了对于这一联系最重要的概念性挑战——尺度。我们认为，不存在对于尺度的一般性定义，甚至在学科内部，尤其是对于社会科学而言更是如此。因为社会科学关注社会现象，其中包含了许多尺度和层面，一些社会科学家对于尺度重要性的理解往往是不充分的。相比之下，随着统一结构学理论的发展，自然科学中与尺度相关的一些基本问题已经得到解决，如小物体自由落体的加速度及大行星的轨道等问题。

另外，许多社会科学家的研究增进了我们对社会现象尺度的理解。在对实质性领域进行探索时，地理学家、城市分析师、社会学家、经济学家和政治学家已经开始认真对待尺度问题。社会科学家和哲学家（Popper，1968；Giddens，1984；Bueno de Mesquita，1985）对于提出一个"能够解释社会活动不同尺度政治行为"的统一理论的兴趣与日俱增（Clark，1996）。

3.4.5.5 评论

Gibson 等（2000）强调，尺度和层面等术语可以交互使用，与尺度相关的关键概念在不同学科具有不同定义。自然科学家对于尺度的使用带有层面意识（主要是在时间尺度——秒、分钟、天等，以及空间尺度——毫米、厘米、千米等），而社会科学家在使用尺度时用得不是很精确，因此创建通用的词汇表非常重要。我们采用通用的词汇进行定义，来促进自然、社会和政治领域反思型实践者之间的互动与交流。

3.4.6 《关于水文建模尺度问题的综述》（Bloschl and Sivapalan，1995）

3.4.6.1 导言

这篇综述性文章介绍了尺度和尺度转换问题，侧重于水文学和水资源管理，同时区分了水文学中使用的三种尺度：过程尺度、观察尺度和建模尺度。

3.4.6.2 水文学中的尺度问题概述（第 251~252 页）

本文为水文学中的尺度转换和尺度问题提供了框架。第一部分给出了一些基本定义。由于研究人员似乎还未就尺度或升尺度等概念的意义达成共识，因此基本定义的明确非常重要。过程尺度、观察尺度和建模（工作）尺度需要不同的定义。第二部分讨论了流域的异质性和可变性，涉及不可测性和组织对尺度转换的影响。第三部分从建模的角度解决了跨尺度的连接问题，并表明升尺度通常包括两个步骤，即分配和聚合。相反，降尺度涉及解聚和单列。此外，还讨论了跨尺度连接状态变量、参数、输入和概念化的不同方法。这一节还探讨了分布参数模型，该模型是跨尺度构思的方法。第四部分从整体的视角探讨了不同尺度间的连接问题，涉及维度分析和相似性概念。维度分析和相似性概念与模拟视角的主要差异是，它们用更简单的方式处理复杂流程。还给出了流域水文学中的量纲分析、相似性分析和功能正常化的例子。这一节简要讨论了量化跨尺度间变量的流行工具分形学。第五部分专注于整体视角的某一特定方面，讨论了水系网络分析。最后提出了关键问题，并指出了未来研究的方向。

本文关注水文模型中的尺度问题，重点是流域水文学。水文模型既可以是预测性的（获得一个特定问题的特定回答），也可以是调查性的（提升我们对水文过程的理解）（O'Connell，1991；Grayson et al.，1992）。通常情况下，调查性模型需要更多数据，在结构上更复杂，且预测的精确度较低，但可以更多地了解系统行为。两类模型的开发一直遵循一套模式（Mackay and Riley，1991；O'Connell，1991），涉及以下步骤：①收集和分析数据；②开发一个概念模型（在研究者的思维中）描述重要的流域水文特征；③将概念模型转换成一个数学模型；④通过调整不同的系数，校正数学模型，以适应一部分历史数据；⑤用剩余历史数据集验证模型。如果验证结果不令人满意，需要重复前面的一个或多个步骤（Gutknecht，1991a）。如果结果与观察到的实际情况足够接近，该模型被认为可在预测模式中使用。当预测的条件与校准/验证数据集的条件相似时，这是一种安全策略（Bergstrom，1991）。不幸的是，这两个条件经常相差甚远，由此产生了一系列的问题，这就是开展本研究的意义所在。

空间或时间尺度的条件通常是不同的。尺度这一术语指一个流程、观察或模型所需的特定时间（或长度）。具体而言，通常在较短的时间内观察和模拟流程，但很长的时间尺度（如一座大坝的生命周期）需要使用预估。较小空间尺度开发的模型和得出的理论可在大型流域尺度内使用。反过来，有时大尺度的模型和数据也被用于小尺度的预测。这必然涉及某种推断或跨尺度的等价信息传输。这种信息传输称为尺度转换，与之相关的问题称为尺度问题。

在过去的几年里，水文学的尺度问题变得愈加重要，其部分原因是环保意识的增强。然而，仍然有无数悬而未决的难题。事实上，"……还未充分解决不同尺度构想的连接和集成问题，这仍是地表过程领域最突出的挑战之一"（National Research Council，1991）。

尺度问题不是水文学特有的，对一系列学科都非常重要，如气象学和气候学（Haltiner and Williams，1980；Avissar，1995；Raupach and Finnigan，1995）、地貌学（de Boer，1992）、海洋学（Stommel，1963）、海岸水力学（de Vriend，1991）、土壤学（Hillel and Elrick，1990）、生物学（Haury et al.，1977）、社会科学（Dovers，1995）。只有少数论文试图评述水文学的尺度问题。最相关的论文

有 Dooge（1982，1986）、Klemes（1983）、Wood 等（1990）、Beven（1991）以及 Mackay 和 Riley（1991）。Rodriguez-Iturbe 和 Gupta（1983）与 Gupta 等（1986）撰写了一系列与尺度问题相关的论文，Dozier（1992）研究了数据方面的问题。

3.4.6.3 评论

这篇综述性文章强调了尺度转换和尺度问题对一系列自然科学的重要性。然而，这篇综述性文章并未讨论水资源管理中值得考虑的其他尺度类型（如制度、管理、网络、知识）。

3.4.7 《尺度和跨尺度动力学：一个多层面世界的管理与信息》（Cash et al.，2006）

3.4.7.1 导言

这篇文章详细讨论了管理与信息方面跨尺度和层面的相互作用。作者确定了三大问题：①未能识别重要尺度和层面的相互作用；②尺度和层面间的持续不匹配；③对于异质性缺乏认识，未能认识到尺度是由不同的参与者感知和评价的，甚至在同一层面也是如此。

3.4.7.2 尺度和层面（第 2 页）

根据 Gibson 等（2000），我们将尺度定义为用于测量和研究所有现象的空间、时间、数量或分析维度，而将层面定义为位于一个尺度不同位置的分析单位。

研究最为充分的尺度是地理空间或空间尺度（图 3.3）。环境现象、地球物理现象和生态现象在一系列层面上持续发生，虽然特定层面对于特定过程可能更加重要。例如，在一片被砍伐的森林中，复杂的细胞过程控制着植物物质的分解，向空气中释放二氧化碳。二氧化碳一旦释放到大气中，迅速融入全球统一的混合气体中，加剧地球的温室效应。全球气候变化可能是温室效应的加剧造成的。因此，全球系统的变化和现象与本地过程相关，并受其影响，反之亦然。

正如我们可将空间尺度划分为不同的层面，时间尺度也可划分为与速度、持续时间或频率相关的不同时间框架。因此，生物地球物理现象发生在不同的时间框架范围内。例如，快速细胞代谢的共存、缓慢的遗传变化、跨代的种群动态或发生速度极快的事件，如火山喷发或飓风。同样地，海洋温度等在全球气候动力学中持续时间极长的现象会显现在持续时间相对较短的飓风变化上。社会现象也在一系列的时间框架内发生：24 小时的滚动新闻、几年一次的选举、官僚机构的生命期、在宗教或主要经济范式及意识形态中的长时间框架内的文化转变等。

与空间尺度密切相关的是管辖尺度，管辖尺度被定义为有清晰边界和组织架构的政治单位，如镇、县、州或省、国家，宪法和法律手段形成了它们之间的联系。例如，制度安排不仅有特定的管辖特征，而且也分成规则的层面层次，从基本的操作规则和规范，到制定规则或宪法的规则系统，不一而足（Ostrom et al., 1999）。

虽然与人类和环境交互作用相关的大多数研究关注空间、时间和管辖问题，但在特定情况下还有许多值得考虑的其他尺度。例如，许多环境管理计划和"行动"可以分为从任务到项目和战略不等的层面集合。但我们认为，一些与不匹配相关的挑战，也许并不总是与空间有关，而是与管理反应和变化的"尺度"有关。一些社交网络可能"尺度自由"（Pastor-Satorras and Vespignani，2001），但其他网络显然存在内部结构，其内部结构可能并非与空间尺度密切相关。因此，市场和行业中通过家族和宗教甚至通过职业协会和自愿组合形成的网络，可能与政治或地理空间不相关。

最后把知识的各个方面描绘成一个尺度是有好处的。首先，形式科学得出的高度概括和一般性的理解，与嵌入在"现代化"的当地知识和"传统"的生态知识中的从实践中得到的经验性理解，两者之间存在差距。这种差距的出现可以归为知识系统中跨层面交互作用的缺乏。其次，尽管过程知识可运用于更大的空间和时间尺度上，但运用的分辨率较低，且只能在当地特定案例的一般过程中运用。

3.4.7.3 跨尺度和层面的相互作用（第 2~3 页）

相互作用可能在尺度内部或跨尺度产生，导致动力学相当复杂。对于尺度而言，一套更加精确的术语并不是最重要的，但对于本文和本书的讨论却很重要。跨层面相互作用指同一尺度不同层面间的相互作用，而跨尺度指不同尺度间的相互作用，如空间领域和管辖范围间的相互作用（图 3.4）。多层面表示存在一个以上的层面，多尺度表示存在一个以上的尺度，但是并不意味着存在重要的跨层面或跨尺度的相互作用。

跨尺度和跨层面的相互作用可能会随时间改变强度和方向，我们将这种变化的相互作用称为跨尺度或跨层面连接的动力学。变化可能源自这些相互作用的结果，或者由其他变量产生。例如，当涉及权力斗争、责任和问责制关系时，分权化改革在高级国家机构和地方政府机构中能产生较长时间的强烈相互作用，之后再进入更加平稳和稳定的相互作用（Lebel et al., 2005；Young，2006）。

挑战

在本文中，我们将"尺度挑战"定义为一种情况，在这种情况中，当前跨尺度和跨层面相互作用的结合可能破坏人类-环境系统的适应力。社会面临的三种常见挑战是：①在一个给定的水网络，未能认识到重要的尺度和层面考量；②在观察、模拟、干预和执行过程中，层面和尺度之间不匹配的持续性；③未能认识到不同的参与者在感知和评价尺度的方式上的差异，甚至在同一层面也是如此。我们将这些称为"未知""不匹配"和"多元性"的"尺度挑战"。

3.4.7.4 跨尺度和跨层面动力学：对治理的影响（第 2 ~ 3 页）

在过去 10 多年中，我们对于相互连接的人类-环境系统中的尺度模式和跨尺度动力学的理解有了大幅度提高。当前用于研究尺度和与尺度相关现象的工具、方法和措施多种多样，且令人印象深刻。关于这一特殊问题的相关文献表明，跨尺度和跨层面的相互作用无处不在，有时非常重要，容易识别和分析。然而相对于这一进步，关于这一特殊问题的相关文献也表明，我们对跨尺度相互作用的主要机制的了解仍相对较少，特别是当分析超越传统研究的空间、时间和管辖尺度时。

从管理的角度来看，支持一种假设的证据越来越多，更加有意识地解决尺度问题与跨层面的动态连接的那些系统，在评估问题、寻找政治上和生态上持续性更强的解决方案等方面将更加成功。无论该模型是机制互动、协同管理、边界桥接组织之一，还是这三者的集成，核心命题是人们越来越认识到世界是多层面的，解决方案也必须如此。自上而下的方法对于本地限制和机会非常迟钝且缺乏敏感度，自下而上的方法对于本地行动在解决大型问题方面所做出的贡献以及由此给大众带来的灾难不敏感，这两种完全相反的方法显然不足以提供强大的社会信息（Gibbons，1999）和可行的管理解决方案。解决多尺度和多层面的复杂性问题的中间道路非常复杂，但这正是我们所需要的。

3.4.7.5 评论

这篇文章的作者认为，跨尺度和跨层面的相互作用对于理解与管理公共资源形成了重大挑战。他们讨论了三大挑战：未知、不匹配和多元性。相互作用可能在尺度、层面内部或跨尺度、跨层面发生，非常复杂。跨尺度和跨层面的相互作用可能会随时间改变强度和方向。复杂水问题的适应性学习可以概念化为不同领域、尺度和层面的行动者共同创造清晰和隐形的水知识的长期过程。在这种背景下，有关跨尺度和跨层面动态学的清晰认识和理解对于管理复杂的水网络非常重要。

3.4.8 《研究流域方法：从技术工具到治理单元的挑战、先例和过渡》(Cohen and Davidson, 2011)

3.4.8.1 导言

这篇文章讨论了将流域作为一个治理单元的相关问题，区分了流域、问题域和政策域，并列举了几个与水管理的流域方法相关的挑战。

3.4.8.2 水管理的流域方法（第1~2页）

本文讨论了水治理的流域方法，即利用流域作为治理单元的政策框架。流域可定义为排入共同水体的土地区域（USEPA, 2008a），是水资源治理举措经常选取的一个尺度（Baril et al., 2006; Koehler and Koontz, 2008）。尽管支持者都在宣传使用流域边界比之前使用管辖边界的好处（Mitchell, 1990a; Montgomery et al., 1995; McGinnis, 1999），但仍有许多文献质疑了这种方法对水资源治理的好处，并且提出了其执行过程中出现的一些重大问题（Griffin, 1999; Fischhendler and Feitelson, 2005; Ferreyra and Kreutzwiser, 2007; Warner et al., 2008; Norman and Bakker, 2009）。新出现的辩论关注的焦点通常在于流域方法的具体元素，特别是参与和问责制。本文研究的是与流域边界使用相关的挑战中的主题，并试图从流域概念的兴起和演化的角度理解这些概念，从而拓宽辩论的边界。在此基础上，本研究认为，公认的与流域方法相关的挑战是流域与其他治理工具（如集成和公众参与）合成的症状，以及一种流域与水资源综合管理（IWRM）的合成。

这篇文章的第一部分列举了与流域方法相关的五个公认挑战：边界选择的挑战、问责制、公众参与、流域与问题域的不对称以及流域与政策域的不对称。第二部分描述了流域概念的发展和演变，其是水文学和科学主义的基础，可作为政策框架的扩大使用。这种变化强调了流域发展为技术工具和作为治理单元的分离，这一分离导致流域与其他治理工具以及与水资源综合管理的合成。特别是，从技术工具到治理单元的概念性跳跃，并没有关注水资源治理更广泛的组成部分。这篇文章认为这种跳跃给越来越应用广泛的流域方法带来了挑战。第三部分呼吁在流域内以及对流域本身展开分析，通过这种方式来证明论点的影响。将流域从水资源综合管理分开进行检查并将流域与它们所代表的治理工具组合分开进行检查，可使我们探究一些问题，这些问题证明了某些挑战。流域何时有用或适合尺度的使用，其他尺度（如市或地区）在何时是更佳选择？在流域尺度可做出何种最佳决策，以及在其他地方可做出何种最佳决策？研究这类问题有助于水资源治理者和环境学者更好地理解这一应用广泛的治理尺度的影响。

3.4.8.3 作为工具和框架的流域（第5~7页）

上文提到的挑战对水资源治理形成重大阻碍。应对这些挑战的努力包括改变每个问题的边界，构建一个可问责的参与性系统，这一系统集成特定流域边界内外部因素，并利用现有的政府和非政府边界协调这些因素，包括流域在内的任何尺度的治理都涉及这些因素间的权衡且认为流域中没有这些权衡也许是不现实的；正如Lane等（2009）指出的，"对于制度方面很复杂且很破碎的'邪恶'问题，调整治理和管理的尺度并非灵丹妙药"。或者，如同Brun（2009）的观点，"以流域为基础的管理并不是一个奇迹般的解决方案"。此外，上文提到的挑战正是以流域为基础的治理模型所要解决的问题，但这些问题持续存在。这并不是说流域边界并无用处，在许多情况下流域是非常有用的工具。然而，这些挑战确实提出了关于如何以及何时使用流域边界这一有趣的问题。例如，在流域尺度可做出何种最佳决策，以及在其他地方可做出何种最佳决策？水资源综合管理和流域之间的关系是什么？这篇文章并未试图完全解决这些问题，但提出了一些可能富有成果的分析方法。

（1）流域概念的发展和演变

解决上述问题需要超越当前的水治理辩论的调查，探索流域边界的发展和演变问题。这一研究是非线性的，因为流域边界的概念在多个水资源对话间迁移转化。尽管流域作为一个治理单元是一个相对较新的现象，但人们却早已认识到水文边界的实用性。有证据表明，早在公元前3世纪，中国就已对流域进行过绘图（Molle，2009），且在19世纪中叶西班牙和法国的地图上就标注了排水区域（Blomquist and Schlager，2005；Molle，2009）。20世纪，水文边界内的水资源管理已经变得越来越普遍。到目前为止，对水文边界的使用主要受水文学和工程学专业知识的推动，重点是防洪、灌溉、排水、电力（Cervoni et al.，2008）。在20世纪50年代，水文模型与人类使用、成本和收益分配的结合（Molle，2009），导致主要水资源管理范式重构，这被称为水资源综合管理（White，1957）。水资源综合管理在20世纪90年代早期的重塑和复兴扩展了其适用范围，将自然和人类成分纳入其中（Jønch-Clausen and Fugl，2001），这很大程度上是由于我们逐渐意识到，需要在一个单一框架内集成经济、社会和自然资源（GWP，2000）。

一些学者认为，20世纪90年代对水资源综合管理的重点关注并没有引入新的概念，而是"重新发现一个基本上有60多年历史的概念"（Biswas，2004）。尽管如此，通过在国际水资源对话（Rahaman and Varis，2005；Warner et al.，

2008）和政府规划（McGinnis，1999；Leach and Pelkey，2001）中采用水资源综合管理，新型水资源综合管理在20世纪90年代应用越来越广泛。水资源综合管理的接受程度如此之广，以至于它已成为"正统的水资源管理"（Jeffrey and Gearey，2006）、"三位一体水治理"的一部分（除水资源综合管理外，"三位一体水治理"还包括流域规划和多方利益相关者平台）（Warner et al.，2008），并且在"国际水资源政策体系中享有'近似霸主'的地位"（Conca，2006）。在完成所有这些转变后，水资源综合管理的支持者坚称，流域边界是实施水资源综合管理的理想尺度（Jønch-Clausen and Fugl，2001；Jeffrey and Gearey，2006；Cervoni et al.，2008）。随着水资源综合管理越来越受欢迎，"旧"的流域概念通过融入水资源综合管理而重获新生（Molle，2009）。

（2）科学和政策：从流域工具到流域框架

如今，对于流域的叙述发生了变化：流域从筹划和规划工具扩大到治理框架。地区、国家和次国家政府机构及水资源政策规划者似乎专注于在流域层面进行国际水资源综合管理对话。流域被重铸成框架，而不是水资源综合管理的一部分或技术工具（水资源综合管理先行者的观点）；流域方法成为一把保护伞，容纳了水资源综合管理的参与性和集成性等其他特征。例如，美国国家环境保护局（The United States Environmental Protection Agency，USEPA）将流域方法从水文学进行定义，包括所有的利益相关者，以及从战略上确定了水资源优先目标（USEPA，2008b）。美国国家环境保护局的定义说明了水资源综合管理与其先行者看待流域时的显著差异，以及流域的概念从技术或规划工具转变为新流域方法的政策框架的过程中，执行机构对其进行重新定义的方式。

详细研究和理解这一概念变化并非本文的目的，但对流域的一点了解需要在此特别提出。流域作为工具的概念兴起于19世纪科学主义的背景中（Molle，2009；Saravanan et al.，2009），期间兴起的还有水文科学（Linton，2008）和极盛现代主义。这些技术性的起源和关注点可能掩盖或至少令人们不那么关注"新"的流域方法的流程或治理成分。因此，流域方法的基础是技术性的，而其核心挑战却不是。换句话说，本文提出的挑战可以看作流域在水景观中从主要作为技术工具向治理框架转变的征兆。随着流域边界的概念在水治理工作中的采用，这一技术工具（并非针对水治理中其他更广泛的成分而设计的）成为一个治理单元，但缺少与之相伴的对这种新的流域方法的治理或程序元素的关注。这篇文章第一部分提出的挑战之间的共性可以说明技术工具到治理框架这一转变的影响。

边界选择、问责机制、公众参与、流域与问题域的不对称以及流域与政策域的不对称是治理的挑战，而非与需要更多数据和更好的仪器等问题相关的技术挑战。虽然我们也希望对监测、测绘或数据进行强化或提高，但它们无法应对以流域为基础的治理方法的根源性挑战。所有这些挑战均与社会、政治和经济决策相关，但必须与水文边界关联起来。例如，空气域对流域的影响可认为是流域方法面临的挑战，也可以有效重塑为治理挑战，其产生原因是某个治理单元被赋予了比其他单元更高的优先级。

3.4.8.4 重新考虑把流域边界作为治理单元（第 10~11 页）

流域边界概念的发展和采纳在某种程度上是为了更有效地进行环境治理，然而与这一单元相关的挑战持续阻碍治理的实施。通过从流域概念的产生和发展的角度研究这些挑战，这篇文章认为，流域从技术工具到政策框架的转变存在问题。特别是，这篇文章第一部分提出的挑战表明，在从技术工具到政策框架的转变过程中缺乏对治理问题的认识。同样地，挑战可能并不取决于流域本身，而是取决于"流域方法"这一大标题下与流域相结合的治理工具和模型。

流域从与它们相联系的其他概念中分离后，可将流域重塑为支持特定政策目标的工具或方案，而不是为实现有效水治理的强制性固定起点。以这种方式梳理流域有助于对流域内部及其自身进行分析。此类分析不在这篇文章的研究范围内，但这篇文章对未来的分析和讨论方法提出了建议。以下三个问题是此类分析的起点：在流域尺度可做出何种最佳决策，以及在其他地方可做出何种最佳决策？水资源综合管理和流域之间的关系是什么？以这些问题作为起点，我们认为在从水文学上定义这些挑战并已经存在强大的治理机制时，流域可能是适用的。此外，我们建议，当水质标准或现存的治理机制较为薄弱、公众兴趣较低或分析表明最好不采用集成方法时，流域尺度的作用可能不及其他治理尺度。

总而言之，在开始尺度调整之前，建议对流域作为治理单元的缺陷和其他方面进行深思熟虑。

3.4.8.5 评论

这篇文章认为，至少存在五种与水资源管理流域方法相关的挑战：边界选择、问责制、公众参与、流域与问题域的不对称以及流域与政策域的不对称。这些挑战对有效的水资源管理形成了重大阻碍。应对这些挑战的努力包括改变每个水资源管理问题的边界，从而获得一个可问责的参与性结果。重要的是认识到水资源问题跨越边界的性质，并决定如何及何时使用流域边界及弄清楚流域与问题域和政策域之间的联系。在这一背景下，将水网络用作一组相互作用的节点有可能对复杂变化的水系统进行描述。

参 考 文 献

Allen，P. M. 1988. Evolution：Why the whole is greater than the sum of its parts，in W. Wolff，C. -J. Soeder，and F. R. Drepper（eds）*Ecodynamics*. Berlin：Springer.

Allen，P. M. 1990. Why the future is not what it was，*Futures*，*July/August*：555-569.

Allen，P. M. 1993. Evolution：Persistent ignorance from continual learning，in R. H. Day and P. Chen（eds）*Nonlinear Dynamics and Evolutionary Economics*（pp 101- 1- 12）. Oxford：Oxford University Press.

Allen，P. M. 1994a. Coherence，chaos and evolution in the social context，*Futures*，26（6）：583-597.

Allen，P. M. 1994b. Evolutionary complex systems：Models of technology change，in L. Leydesdorff and P. van den Besselaar（eds. ）*Chaos and Economic Theory*. London：Pinter.

Allen，P. M. 2000. Knowledge，learning，and ignorance，*Emergence*，2（4）：78-103.

Allen，T. F. H. and Hoekstra，T. W. 1992. *Toward a Unified Ecology*. New York：Columbia University Press.

Andersson，K. P. and Ostrom，E. 2008. Analyzing decentralized resource regimes from a polycentric perspective，*Policy Sciences*，41：71-93.

Avissar，R. 1995. Scaling of land- atmosphere interactions：an atmospheric modelling perspective，*Hydrological Processes*，9（5/6），679-695.

Baas，N. A. 1996. A framework for higher order cognition and consciousness. in S. Hameroff，A. Kaszniak，and A. Scott（eds. ）*Towards a Science of Consciousness*（pp. 633-648）. Cambridge，MA：The MIT Press.

Baas，N. A. and Emmeche，C. 1997. *On Emergence and Explanation*. Working paper 97- 02-008. Sante Fe Institute，Santa Fe.

Barabasi，A. L. 2003. *Linked*：*How everything is connected to everything else and what it means for buisness，science，and everyday life*. New York：Plume Publisher.

Baril，P.，Maranda，Y.，and Baudrand，J. 2006. Integrated watershed management in Quebec（Canada）：A participatory approach centred on local solidarity. *Water Science and Technology*，53（10）：301-307

Bergstrom，S. 1991. Principles and confidence in hydrological modeling，*Nordic Hydrology*，22：123-136.

Berkes，F. 2007. Communities-based conservation in a globalized world，*Proceedings of the National Academy of Sciences*，104（39）：15188-15193.

Beven，K. J. 1991. Scale considerations，in D. S. Bowles and P. E. O'Connell（eds. ）*Recent Advances in the Modeling of Hydrologic Systems*（pp. 357-371）. Dordrecht：Kluwer.

Biswas，A. K. 2004. Integrated water resources management：A reassessment. *International Water Resources Association*，29（2）：248-256.

水外交框架

Blomquist, W. and Schlager, E. 2005. Political pitfalls of integrated watershed management. *Society and Natural Resources*, 18 (2): 101-117.

Bloschl, G. and Sivapalan, M. 1995. Scale issues in hydrological modeling: A review, *Hydrological Processes*, 9: 251-290.

Brun, A. 2009. L'approche par bassin versant: Le cas du Québec. *Policy Options*, 39 (7): 36-42.

Bueno de Mesquita, B. 1985. Toward a scientific understanding of international conflict: A personal View. *International Studies Quarterly*, 29: 121-136.

Cash, D. W., Adger, W., Berkes, F., Garden, P., Lebel, L., Olsson, P., Pritchard, L., and Young, O. 2006. Scale and cross-scale dynamics: governance and information in a multi-level world, *Ecology and Society*, 11 (2): 8.

Cervoni, L., Biro, A., and Beazley, K. 2008. Implementing integrated water resources management: The importance of cross-scale considerations and local conditions in Ontario and Nova Scotia. *Canadian Water Resources Journal*, 33 (4): 333-350.

Cilliers, P. 1998. *Complexity and Post-Modernism*. London and New York: Routledge.

Clark, W. R. 1996. Explaining cooperation among, within, and beneath states. *Mershon International Studies Review*, 40: 284-288.

Clemons, J. 2004. Interstate Water Disputes: A Road Map for States, *Southeastern Environmental Law Journal*, 12 (2): 115-142.

Cohen, A. and Davidson, S. 2011. The watershed approach: Challenges, antecedents, and the transition from technical tool to governance unit, *Water Alternatives*, 4 (1): 1-14.

Conca, K. 2006. *Governing Water: Contentious Transnational Politics and Global Institution Building*. Cambridge, MA: The MIT Press.

de Boer, D. H. 1992. Hierarchies and spatial scale in process geomorphology: a review, *Geomorphology*, 4: 303-318.

de Vriend, H. J. 1991. Mathematical modelling and large-scale coastal behaviour, *Journal of Hydraulic Research*, 29: 727-740.

Dooge, J. C. I. 1982. Parameterization of hydrologic processes, in P. S. Eagleson (ed.) *Land Surface Processes in Atmospheric General Circulation Models* (pp. 243-288). London: Cambridge University Press.

Dooge, J. C. I. 1986. Looking for hydrologic laws, *Water Resources Research*, 22: 46s-58s.

Dovers, S. R. 1995. A framework for scaling and framing policy problems in sustainability, *Ecological Economics*, 12: 93-106.

Dozier, J. 1992. Opportunities to improve hydrologic data, *Reviews of Geophysics*, 30: 315-331.

Ferreyra, C. and Kreutzwiser, R. 2007. *Integrating Land and Water Stewardship and Drinking Water Source Protection: Challenges and Opportunities*. Newmarket, ON: Conservation Ontario.

Fischhendler, I. and Feitelson, E. 2005. The formation and viability of a non-basin water management: The US -Canada case. *Geoforum*, 36 (6): 792-804.

Gibbons, M. 1999. Science's new social contract with society. *Nature*, 402 (Supplement): C81-C84.

Gibson, C. C., Ostrom, E. and Ahn, T. K. 2000. The concept of scale and the human dimensions of global change: a survey, *Ecological Economics* 32: 217-239.

Giddens, A. 1984. *The Constitution of Society: Outline of the Theory of Structuration.* Berkeley: University of California Press.

Grayson, R. B., Moore, I. D., and McMahon, T. A. 1992. Physically based hydrologic modelling: 2. Is the concept realistic? *Water Resources Research*, 26: 2659-2666.

Griffin, C. B. 1999. Watershed councils: An emerging form of public participation in natural resource management. *Journal of the American Water Resources Association*, 35 (3): 505-518.

Gunter, C. and Dhand, R. 2005. The Chimpanzee Genome, *Nature*, 437: 47.

Gupta, V. K., Rodriguez- Iturbe, I., and Wood, E. F. (eds.) .1986a. *Scale Problems in Hydrology.* Dordrecht: D. Reidel.

Gutknecht, D. 1991a. On the development of "applicable" models for flood forecasting, in F. H. M. Van de Ven, D. Gutknecht, D. P. Loucks, and K. A. Salewicz (eds.) *Hydrology for the Water Management of Large River Basins* (pp. 337-345). Oxford: International Association of Hydrological Sciences.

GWP (Global Water Partnership, Technical Advisory Committee) . 2000. *Integrated water resources management.* Stockholm, Sweden: Global Water Partnership.

Haltiner, G. J. and Williams, R. T. 1980. *Numerical Prediction and Dynamic Meteorology.* New York: Wiley.

Haury, L. R., McGowan, J . A., and Wiebe, P. H. 1977. Patterns and processes in the time- space scales of plankton distributions, in J. H. Steele (ed.) *Spactial Pattern in Plankton Communities* (pp. 277-327). New York: Plenum Press.

Hillel, D., and Elrick, D E. 1990. Scaling in Soil Physics: Principles and Applications. *Soil Science Society of America*, 25.

Hodgson, G. M. 2001. Is Social Evolution Lamarckian or Darwinian? in J. Laurent and J. Nightingale (eds.) *Darwinism and Evolutionary Economics* (pp. 87-118). Cheltenham: Edward Elgar.

Jeffrey, P. and Gearey, M. 2006. Integrated water resources management: Lost on the road from ambition to realisation? *Water Science and Technology*, 53 (1): 1-8.

Jønch-Clausen, T. and Fugl, J. 2001. Firming up the conceptual basis of integrated water manage- ment. *International Journal of Water Resources Development*, 17 (4): 501-510.

Kemper, K., Blomquist, W. A., and Dinar, A. 2007. *Integrated River Basin Management through Decentralization.* New York: Springer.

Klemes, V. 1983. Conceptualisation and scale in hydrology, *Journal of Hydrology*, 65: 1-23.

Koehler, B. and Koontz, T. M. 2008. Citizen participation in collaborative watershed partner- ships, *Environmental Management*, 41 (2): 143-154.

Lane, D. A. and Maxfield, R. 1997. Foresight, complexity and strategy, in B. W. Arthur, S. Durlauf, and D. A. Lane (eds.) *The Economy As an Evolving Complex System II: Proceedings*,

（Santa Fe Institute Studies in the Sciences of Complexity, Vol. 27）. Reading, Mass: Addison-Wesley/Perseus Books.

Lane, M., Robinson, C., and Taylor, B. （eds）. 2009. *Contested Country: Local and Regional Resources Management in Australia*. Australia: Commonwealth Scientific and Industrial Research Organisation Publishing.

Leach, W. D. andPelkey, N. 2001. Making watershed partnerships work: A review of the empirical literature. *Journal of Water Resources Planning and Management*, 127 （6）: 378-385.

Lebel, L., Garden, P., and Imamura, M. 2005. The politics of scale, position and place in the management of water resources in the Mekong region. *Ecology and Society*, 10 （2）: 18.

Leitman, S. 2005. Apalachicola-Chattahoochee-Flint Basin: Tri-state negotiations of a water allocation formula, in J. T. Scholz and B. Stiftel （eds. ） *Adaptive Governance and Water Conflict: New Institutions for Collaborative Planning* （pp. 74-88）, Washington D. C. : Resources for the Future.

Linton, J. 2008. Is the hydrological cycle sustainable? A historical-geographical critique of a modern concept. *Annals of the Association of American Geographers*, 98 （3）: 630-649.

Liu, J., Dietz, T., Carpenter, S. R., Alberti, M., Folke, C., Moran, E., Pell, A. N., Deadman, P., Kratz, T., Lubchenco, J., Ostrom, E., Ouyang, Z., Provencher, W., Redman, C. L., Schneider, S. H., and Taylor, W. W. 2007. Complexity of coupled human and natural systems, *Science*, 317: 1513-1516.

Lyotard, J. - F. 1984. *The Post-Modern Condition: A Report on Knowledge*. Manchester, UK: Manchester University Press.

Mackay, R. and Riley, M. S, 1991. The problem of scale in the modelling of groundwater flow and transport processes, in *Chemodynamics of Groundwaters* （pp. 17-51）. Proc. Workshop November 1991, Mont Sainte-Odile. France. EAWAG, EERO, PIR "Environment" of CNRS, IMF Université Louis Pasteur Strasbourg.

Maguire, S. and McKelvey, B. （eds. ）. 1999. Special Issue on Complexity and Management: Where Are We? *Emergence*, 1 （2）.

Mayr, E. 1982. *The Growth of Biological Thought: Diversity, Evolution, and Inheritance*. Cambridge, MA: Belknap Press.

McGinnis, M. V. 1999. Making the watershed connection, *Policy Studies Journal*, 27 （3）: 497-501.

Miller, J. H., and Page, S. E. 2007. *Complex Adaptive Systems: An Introduction to Computational Models of Social Life*. Princeton, NJ: Princeton University Press.

Mingers, J. 1995. *Self-Producing Systems: Implications and Applications of Autopoiesis*. New York: Plenum Press.

Mitchell, B. 1990a. Integrated water management, in B. Mitchell （ed. ） *Integrated Water Management: International Experiences and Perspectives* （pp. 1-21）. London: Belhaven Press.

Mitleton-Kelly, E. 2000. Complexity: Partial support for BPR? in P. Henderson （ed. ） *Systems Engineering for Business Process Change* （pp. 24-37）, London: Springer-Verlag.

Mitleton-Kelly, E. 2003. Ten principles of complexity and enabling infrastructures, in E. Mitleton-Kelly (ed.) *Complex Systems and Evolutionary Perspectives on Organizations: The Applications of Complexity Theory of Organizations* (pp. 23-50). Oxford: Elsevier.

Molle, F. 2009. River- basin planning and management: The social life of a concept. *Geoforum*, 40 (3): 484-494.

Montgomery, D. R., Grant, G. E., and Sullivan, K. 1995. Watershed analysis as a framework for implementing ecosystem management, *Journal of the American Water Resources Association*, 31 (3): 369-386.

Narayanan, N. C. and Venot, J. P. 2009. Drivers of change in fragile environments: Challenges to governance in Indian wetlands, *Natural Resources Forum*, 33: 320-333.

National Research Council. 1991. *Opportunities in the Hydrologic Sciences*. Washington, DC: National Academy Press.

Nicolis, G. and Prigogine, I. 1989. *Exploring Complexity: An Introduction*. New York: W. H. Freeman.

Norman, E. and Bakker, K. 2009. Transgressing scales: Water governance across the Canada-U. S. Borderland, *Annals of the Association of American Geographers*, 99 (1): 99-117.

Ostrom, E., Burger, J., Field, C. B., Norgaard, R. B., and Policansky, D. 1999. Revisiting the commons: Local lessons, global challenges, *Science*, 284: 278-282.

O'Connell, P. E. 1991. A historical perspective, in D. S. Bowles and P. E. O'Connell (eds.) *Recent Advances in the Modeling of Hydrologic Systems* (pp. 3-30). Dordrecht: Kluwer.

Parker, D. and Stacey, R. D. 1994. *Chaos, Management and Economics: the Implications of Non Linear Thinking*. Hobart Paper 125, Institute of Economic Affairs.

Pastor- Satorras, R. and A. Vespignani. 2001. Epidemic spreading in scale- free networks. *Physical Review Letters*, 86: 3200-3203.

Popper, K. 1968. *The Logic of Scientific Discovery*. New York: Harper & Row.

Powell, J. W. 1875. *The Exploration of the Colorado River and Its Canyons*. New York: Penguin Classics.

Rahaman, M. M. and Varis, O. 2005. Integrated water resources management: Evolution, prospects and future challenges. *Sustainability: Science, Practice and Policy*, 1 (1): 15-21.

Raupach, M. R. and Finnigan, J J. 1995. Scale issues in boundary layer -meteorology: surface energy balances in heterogenous terrain, *Hydrological Processes*, 9: 589-612.

Rodriguez- Iturbe, I. and Gupta, V. K. (eds.). 1983. Scale problems in hydrology, *Journal of Hydrology*, 65.

Saravanan, V. S., McDonald G. T., and Mollinga, P. P. 2009. Critical review of integrated water resources management: Moving beyond polarised discourse. *Natural Resources Forum*, 33 (1): 76-86.

Stacey, 1995. The science of complexity: An alternative perspective for strategic change processes, *Strategic Management Journal*, 16 (6): 477-495.

Stacey, R., Griffen, D., and Shaw, P. 2000. *Complexity and Management.* London: Routledge.

Stacey, R. D. 1996. *Complexity and Creativity in Organizations.* San Francisco: Berrett-Koehler.

Stacey, R. D. 2001. *Complex Responsive Processes in Organisations.* London: Routledge.

Stacey, R. D. 2007. *Strategic Management and Organizational Dynamics: The Challenge of Complexity*, 5th Edition. New York: Prentice Hall.

Stommel, H. 1963. Varieties of oceanographic experience, *Science*, 139: 572-576.

Turner, M. G., Dale, V. H., and Gardner, R. H. 1989a. Predicting across Scales: Theory Development and Testing. *Landscape Ecology*, 3 (3: 4): 245-252.

USEPA (United States Environmental Protection Agency). 2008a. *What is a watershed?* www. epa. gov/owow/watershed/what. html (accessed 28 August 2010).

USEPA. 2008b. What is a watershed approach? www. epa. gov/owow/watershed/framework/ch2. html (accessed 28 August 2010).

Warner, J., Wester, P., and Bolding, A. 2008. Going with the flow: River basins as the natural units for water management? *Water Policy*, 10 (2): 121-138.

White, G. C. 1957. A perspective of river basin development, *Law and Contemporary Problems*, 22 (2): 157-187.

Wollenberg, E., Anderson, J., and Edmunds, D. 2001. Pluralism and the less powerful: Accommodating multiple interests in local forest management, *International Journal of Agricultural Resources*, *Governance and Ecology*, 1 (3/4): 199-222.

Wood, E. F., Sivapalan, M., and Beven, K. 1990. Similarity and scale in catchment storm response, *Reviews of Geophysics*, 28: 1-18.

Young, O. 2006. Vertical interplay among scale-dependent resource regimes, *Ecology and Society*, 11 (1): 27.

4

解决复杂水管理问题

4.1　从确定性到不确定性，从共识到分歧

20 世纪中期之前，大多数水资源规划决策以实现水资源使用效率最大化理念为指引。这体现在提供适销的产品和服务，而不太考虑相关影响。而如今，水资源规划与管理的境况截然不同（Boland and Baumann，2009；Kiang et al.，2011）。Boland 和 Baumann（2009）指出，过去 50 年间对水资源决策产生最大影响的三种变化：①需求的演变；②治理的演变；③分析的演变。

自 20 世纪 60 年代以来，人们越来越重视社会价值，这就愈发需要通过分析技术来预测在人与自然耦合系统内采取干预措施的结果。在很多情况下，建模工作虽然取得了进展，但校准和验证相关模型所需的监控系统建设却拖了后腿。还有一些情况，适用于昔日问题的分析方法和政策法规被用来应对当下问题，效果颇为有限，或毫无成效。Rogers 等（2009）指出，很多水资源专家把水资源治理等同于一系列外在的法律、规章和机构，而事实并非如此。我们现在认识到，涉及冲突利益的政治纷争以及不同群体的价值观，是水问题产生与形成的根源。因此，必须超越寻常的思维框架，不能狭隘地把水问题视为可由专家通过非政治方法解决的技术任务（Stone，2002）。只有聚焦价值观差异以及将价值观转化为政治领域的政策和行动，才能更好地阐释水冲突问题（Stone，2002；Layzer，2006）。

人们一直致力于水资源系统的理论研究，而实践中可用于探求和贯彻这些理论的工具与技术往往催生"聪明但不明智"的科学。这是因为我们没有足够的条件，无法将"科学知识"与水冲突的"具体现实"结合起来，而这些冲突充满不确定性、政治性、模糊性、非线性和反馈作用。在现实世界中，大部分水问题的解决方案都需要结合具体现实。因此，试图解决这些问题的水资源管理者，无法将源于科学发现的解决方案，轻易移植到政治世界复杂的具体现实中，而在政治世界必须考虑自然和社会动态。

在过去的 50 多年里，人们认为提高社会学分析能力能够得到明智且符合规

范的管理建议，而政策学正是在这种背景下应运而生的。然而，尽管人们对分析工具进行了持续不懈的改进工作（包括成本-收益分析以及最优化理论），但理论和实践之间的鸿沟却始终得不到有效填补（Ackoff，1979；Bennis et al.，2010；Sheer，2010；Stiglitz et al.，2010）。政策学为人们提供的最具指导意义的观点是，必须在公共政策领域处理的问题，不等同于系统工程工具或最优化工具所要设计解决的问题。这常常体现在科学、政策与不确定性、政治性、模糊性、非线性和反馈作用交织在一起所产生问题的"严重性"和"有害性"上（Rittel and Webber，1973；Bar-Yam，2004；Milly et al.，2008；Orlove and Caton，2010）。

对人类-自然耦合系统的研究（Liu et al.，2007）表明，我们需要分清三种类型的水管理问题：简单问题、复合问题以及复杂问题。简单问题易于优化，因为它们涉及的水管理要素易于辨识且界限分明。对这些要素加以管控时，我们能够预见其结果，且在应对它们对管理造成的挑战方面，往往能够以完全达成共识的方法和目标对其进行处理。复合水管理问题涉及的水网络在运转方面具有某种不可预见性，从应对措施来看，其方法和目标也存在很大分歧（无论开展了多少科研工作，这种分歧很可能依旧存在）。复杂水管理问题处在确定性与不确定性以及共识与分歧之间。

在第2章出现的简单、复合以及复杂水管理问题的相关案例中，节水型卫生间的设计即是简单水管理问题的一个典型代表。从阔宾水库取水为波士顿某公寓楼的16层提供淋浴用水就是一个复合水管理问题。因为通过仔细研究，我们能够基本掌握这个输送网络的各部分功能，以及它们的控制方法。复合体系是可知、可预见和可控的。因此，简单和复合水管理问题的解决可以通过理性客观的分析来加以指导。但是，在复杂水管理问题中，自然和社会两种力量之间的联系则是错综复杂的。举例来说，阔宾水库的建设是以淹没四个小镇为代价的。本书中，我们主要关注第三种跨界类型——处于"复杂性区域"的复杂水管理问题。这个区域的管理问题需要运用网络理论及双赢谈判新型理论来解决。

4.2 确定属于复杂性区域的问题

在利益冲突团体之间分配水资源的供应，或者需要决定是否部署一项可提高水资源供应能力，但又有可能破坏水质的新技术，诸如此类的问题都属于复杂水管理问题。解决复杂水管理问题的方法往往处于确定性与不确定性之间的某个点上。当研究一个连续体并试图把有序（如完全可预见的周期信号）和无序（如纯粹的随机噪声）加以综合时，就有可能发现一个复杂性区域。复杂性区域内的动态既不是完全确定的，也不是不确定的。人们对管理的方法和目标很难能达成一致，不过若流程正确，这些方法和目标仍可以达成一致。复杂性理论可用于确定属于复杂性区域管理问题的相关参数，该理论依托的是对问题的非线性、突现、相互作用、反馈作用、变化及适应进行的假设。复杂性区域的问题解决方式完全不同于简单和复合区域的问题解决方式（图4.1）。

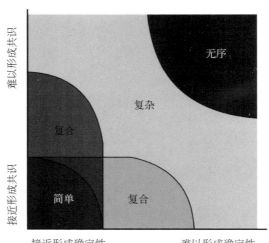

图4.1　确定性和共识程度：简单、复合、复杂及无序水网络组织示意
资料来源：Stacey（2007）

　　一些系统虽然总是处在不断变化之中，但整体仍是稳定的和可预见的，具有高度确定性，如钟摆或太阳系。而其他系统则缺乏这样的稳定性和可预见性，如一场飓风从海面到登陆的整个路径。不稳定系统在其发展过程中会愈发偏离其初始状况。一些系统具备线性和确定性特征，其发展过程是完全可预见的；而其他系统则是随机性的，其发展过程必须采用统计学的方法描述。稳定行为和不稳定行为、确定性描述和随机描述，在自然科学中都得到了很充分的理解。这些描述方式非常适用于简单和复合水管理问题的有限系统。

　　Allen（2000）提出了关于简单和复合水问题建模的四种基本假设：①相关"系统"边界是固定的；②不同系统元素的异质性是可以减少的；③可利用系统的平均行为来描述系统动态；④相关过程可以假定以其平均速度演变。如果这四种假设对某个特定的水管理系统全部适用，那么就可以用确定的微分方程组来描述该系统动态，从而使预测具有确定性并实现"最优化"。而对于复杂水系统而言，这些假设并不适用。系统动态由不同系统要素间的非线性相互作用和反馈作用支配。更为重要的是，在复杂水管理系统中，突现和共同进化是固有的内在特征（详见第3章）。因此，当我们试图在复杂性区域内为系统动态建模时，微分方程和传统的系统工程方法将毫无作用，我们需另寻他法，如使用包含突现理论和网络理论的复杂性理论来描述复杂性区域的水管理系统的运行方式。

在一定条件下，水管理网络能够以有序和可预见的方式运行，但在其他条件下，它们的运行方式可能毫无规律且完全不可预知。即使采用相同的管理方法，不同的初始条件也可能导致不同的结果。北京的一只蝴蝶扇一扇翅膀即可引起波士顿的一场飓风的观点，就是复杂性理论和混沌学文献（Kauffmann，1933；Mitchell，2009）所说的对初始条件变化具有敏感性的最生动例子。当这个常被引用的例子应用于复杂性区域程度最高的系统时，必定会引起诸多疑问。例如，哪只蝴蝶该为此负责？蝴蝶须在何时以哪些方式扇动翅膀？必须包含多少蝴蝶？答案视情况而定。从需要采取行动的水管理者的立场来看，这并不是一个特别有启发和帮助意义的答案。

多数情况下，北京的一只蝴蝶的行为绝不可能与波士顿的飓风有关联。这是相对于飓风形成所需要的各种要素而言的，这只蝴蝶以正确的方式对它们产生影响的行为所需要的必要条件是不可能存在的。举例来说，虽然飓风会袭击波士顿，但它们并不经常出现，且只能出现在飓风季节。此外，使飓风对轻微扰动敏感的特定必要条件也可能会使飓风对其他可能存在的干扰因素敏感。这意味着，北京一只蝴蝶可能并不会引起波士顿的飓风。简而言之，如果一只蝴蝶改变其翅膀的扇动方式，则飓风发生的可能性或发生时间也会相应地发生改变。然而，该效应可以被另一只改变翅膀扇动方式的蝴蝶抵消。换言之，某只特定的蝴蝶和某场特定的飓风之间不存在任何直接与特殊的联系。因此，我们需要对敏感性和因果关系加以区分。飓风现象对蝴蝶扇动翅膀可能是敏感的，但并不是它引起的。当我们仔细研究复杂性区域的水管理问题时，我们将关注一只蝴蝶（或成群蝴蝶）是如何与促发波士顿飓风的环境和周边初始条件进行相互作用的。这种网络初始结构对其未来发展的敏感性——不同于同一水系统在不同时期的两种状态之间的因果关系——对于理解、描述及管理水网络具有关键意义。

在复杂性区域水网络中，水管理问题需要由多个尺度、层面上的多个行为主体来负责。某些管理干预措施只需要单一层面上的少数几个行为主体负责即可。这些管理干预措施可能仅仅涉及少量社会–自然的相互作用，这些相互作用用来产生可预见的结果。当无法确定需要由哪些行为主体参与水管理，且当社会–自然力量的相互作用几乎囊括自然、社会和政治领域框架下的所有变量时，复杂性区域便会由此产生。在这一区域内实施干预措施可能会导致不可预见的后果。然而，在适当的结构条件下，水管理者能够发现这个复杂性区域（复杂性理论和混沌文献中有时称为相位过渡或"混沌边缘"）。正是在这种复杂性区域内，网络才会对初始结构显示出敏感性，并在关键变量间的相互作用和反馈作用的影响下演化。在这种情况下，网络确立了随着时间的推移而产生并演化的形式。这些网络形式可由指定的行为主体（来自多个层面）共同负责管理，从而通过经协商的干预手段取得需要的结果。

我们认识到，自然和社会变量存在非线性耦合（在政治领域内），因此参与水管理的专业人士可能无法理解并量化因其实施干预而引起的子系统相互作用的各个细节。然而，事实证明这并不是必然的。考虑到网络的结构和相互作用，网络管理的行为主体需致力于实现需要的结果。回忆一下蝴蝶效应：我们并非寻求因果联系，而是寻找对初始网络结构的敏感性，而这种敏感性可在未来实现需要的结果。管理的水专业人士不应该拘泥于设法理解充满不确定性、模糊性、非线性及反馈作用的这种错综复杂的因果关系，而是应该关注网络中的突现属性（由于网络寻求重组其结构和不同节点间的相互作用）。管理网络中的每一个节点都试图应对相互冲突的限制条件并发现与其他节点互动及与其相适应的最佳方式，从而获得可能实现的最佳结果。

描述这种突现属性的一个方法是，将水网络的周围环境看成"一种适应性景观"（Kauffmann，1993）。水管理网络中的每一个节点及相关的交互作用都试图达到最佳适应度并努力避免波谷。当然，适应度的组成要素可能会随着时间的推移而发生变化。以我们虚构的印度不达米亚世界为例，β 国和 γ 国联手建设水坝的决定会让 α 国的"适应性景观"发生很大变化。如果水坝建成，α 国将无法获得足够多的水来种植水稻以满足其不断增长的人口需要。因此，α 国必须对此做出调整并拿出一种有效的水管理策略，来应对其面临的预期结构变化。α 国的措施也将改变水网络结构，并且还会影响 β 国和 γ 国的未来举措。

4.3　在复杂性区域内实施管理

在第 3 章，我们提出了复杂演化系统的四种属性：①集体行为是突现的；②复杂系统以不可预见的方式运行；③跨界具有普遍性；④共同演化是内在固有的。我们可以根据这些属性检验水管理战略。的确，当利用这些属性分析三种水管理问题时（简单、复合和复杂水管理问题），我们就会清楚需要做出何种决策（图 4.2）。

对于善于思考的水资源专业人士来说，如何针对一系列特殊情况拿出相应的解决方案，并了解任何一种方案的使用时机，是一项颇具挑战的任务。Stacey（2007）为此提出了一个矩阵，针对三种水管理问题，该矩阵可帮助确定应该采取哪种决策方案。当可以轻易确定因果联系时，决策便为接近形成确定性并接近形成共识，如此，各方在干预手段和目标方面也能形成共识，并且还可以根据过

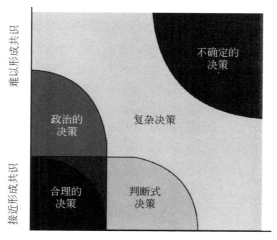

图4.2　确定性和共识程度：与图4.1各类水问题相对应的决策类型示意

资料来源：Stacey（2007）

往经验相对确切地预测干预结果。这种简单的水资源管理问题可用"合理的决策"加以解决。在确定性连续体的另一端，当因果联系不明确且无法根据过往经验可靠地预测未来时，管理决策就难以形成确定性并难以形成共识。下面，我们将根据水资源管理网络内的结构、相互作用及反馈作用阐述五种不同类型的决策情景。

4.3.1　针对简单水管理问题的合理的决策

大多数的水管理文献将简单水管理问题列为主要研究对象。在简单水管理问题中，因果关系清晰可辨，系统和子系统界限分明，同时利益相关者的干预手段和目标也不难形成共识。丰富的历史记录可有效预测未来，水管理的专业人士可以规划和实施特定措施，从而实现预期结果。成功的衡量指标容易形成共识，优化工具可用来提高效率。

4.3.2　针对复合水管理问题的政治的决策

在复合水管理问题中，对历史数据进行分析有可能产生有用的预测结果。在这种情况下，政治因素变得越来越重要。对于这类水管理问题，若要处置各方的相互作用并取得需要的结果，就要开展联盟建设、进行谈判并采取共同参与的问题解决方式。

4.3.3　针对复合水管理问题的判断式决策

管理复合水问题的水专业人士可以就需要做什么达成高水平的网络协议，但却很难就如何实施取得共识。因果之间的联系可能是不明确的。在这种情况下，对预定计划进行监测将无法奏效。这时，即便是具体的实施路径尚不明确，将水网络向一种共同约定的未来状态调整也许是最好的实施方法。

4.3.4　针对复杂性区域水问题的复杂决策

图4.2中有一大块区域位于无序区域与传统管理区域之间，该区域即复杂性区域（复杂性理论文献中亦称"临界过渡区"或"混沌边缘"）。在这个区域，传统水管理方法可能无法奏效。该区域对初始结构和相互作用十分敏感，可能需要采取新的运行和管理模式。在传统的水管理中，我们利用与合理决策有关的工具和技术，花费大量时间来解决简单和复合水问题。然而，在复杂性区域内，用来处理简单和复合水管理问题的工具可能无法奏效。

为了管理复杂性区域的复杂问题，水管理的专业人士需要深入认识网络的初始结构并对新的运行模式保持开放。在这种情况下，他们必须清楚地认识到初始网络结构对任何干预措施都具有高度敏感性。原因和结果可能不成比例，并且许多相互作用和大多数反馈作用可能是非线性的。他们必须意识到这个区域的网络结构和相关行为——可能看似"混乱"但并不是随机的——都是尚未被完全理解的相互作用的结果。正如 Kauffmann（1993）所指出的那样，一旦他们理解了这些相互作用，水管理者将看到复杂性区域网络往往会趋向于形成最佳可能解决方案。

在复杂性区域，网络的自身发展将高度依赖初始结构。因此，与复杂自然系统不同的是，我们有能力改变水管理网络的初始条件。确切地说，我们可以确定必须改变水网络中的哪些相互作用和反馈作用，从而使系统的产出变得更加可预见且更加符合需要。举例来说，我们可以从节点间相互作用的类型和强度入手，来改变网络的初始条件。或者，我们也可以对一个网络展开分析，进而确定哪些初始条件和变量对我们的预测与结果有深刻的影响。例如，我们可以回顾一下在虚构的印度不达米亚世界里，β 国和 γ 国决定合力建设水坝从而改变水网络结构的情节。如果水坝建成，α 国将无法获得足够多的水来种植水稻以满足其不断增长的人口需要。因此，α 国可以尝试改变初始结构，或者拿出一种有效的水管理战略，来应对其面临的预期结构变化。α 国的措施也将改变水网络结构，并且还会影响 β 国和 γ 国的未来举措。善于思考的专业人士必须认识到这种共同演化和反馈作用以及它们的影响，从而对一个复杂性区域水网络进行有效管理。

4.3.5　针对无序水问题的不确定的决策

进行水管理时，如果很难确定子系统的相互作用，因果联系又模糊不清，并且凭借过往经验难以有效预测未来，那么水网络管理者是不可能高效工作的。传统的计划和协商方法可能不是十分有效。

我们使用图4.1和4.2所示的两个维度：确定性程度（即事件和结果的可预测性）以及关于方法和目标的共识程度。通过该框架，我们可以描述五种不同类型的管理问题以及相关的决策方法。善于思考的专业人士面临的一个重要挑战是，如何通过对自己负责的网络进行仔细分析，从而确定自己面临的是什么类型的水管理问题。举例来说，管理者需要了解，他们无法使用预定指标对复杂性区域的不可预知结果进行监测。

4.4　适应性学习：处理不断发展的复杂性区域水管理问题的关键所在

水管理者可以尝试通过不断的观察、学习和适应不断变化的环境，来影响复杂性区域水网络环境。网络与周围的环境共同演化，并对跨界的能量和信息流动保持"开放"。这些能量和信息的流动往往不遵循固定规则。相反，它们是由网络节点间的相互作用形成的。在这些情况下，网络表现出的宏观结构将限制单个节点的选择，并且影响它们与网络中其他节点的相互作用。每个节点都将与源自所有其他节点之行为和知识的结构共同演化。在复杂性区域系统中，意外和不确定性是结果的一部分。

水管理者了解复杂性区域水管理问题不存在确定性，但他们有机会通过学习而得到一个方向。任何想在一个本质上不可预测的环境里实现稳定平衡状态的努力都将注定失败。若要对复杂性区域水网络施加有效管理，尤其是长期的有效管理，不同网络组成要素间需要有连续的相互作用，并进行不间断的调整适应。适应性学习（图4.3）由识别、创新和实施三部分交叉组成。适应性学习首先需要识别确定性–共识空间（图4.1和图4.2）中的水管理网络，这一步意义重大。然后需要考虑以往实践中可能发生的变化，网络的结构和运行方式将决定相应的管理实施战略。

这种适应性学习的循环方式进一步说明，复杂性区域的水问题从长期来看是不可预知的。在这种情况下，长期规划几乎无法发挥作用；管理人员必须进行学习和不断调整。以下内容将阐述如何学习和不断调整方法，即怎样就需要尝试开展的管理措施形成共识，以及如何从每次自适应调整中吸取经验。

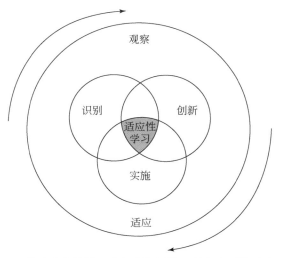

图 4.3　通过适应性学习进行水资源管理的复杂系统演变示意

4.5　文献选读及相关评论

4.5.1　《环境不断变化背景下的水循环动态：通过综合方法提高可预测性》(Sivapalan et al., 2011a)

4.5.1.1　导言

这篇文章提出，广泛使用的水文预测方法都是以平稳性假设为基础的。在一个不断变化的世界中，必须对这种假设及其相关影响进行更为细致的研究。这篇文章对比分析了几项较早在水文科学中所使用的基础方法进行重新研究的结果：类似物理学的牛顿法与类似生态学的达尔文法。作者认为应该将这两种方法加以综合来解决当代水文学和水资源管理所面临的挑战。

4.5.1.2　变化世界中的水文学和水资源（第 1～2 页）

许多得到广泛使用的水文预测方法都是以平稳性假设为基础的（Milly et al., 2008）。平稳性假设允许使用可解释历史数据的模型来推测未来。然而，在一个不断变化的世界中，水文响应无论是从其结构（如土地使用和土地覆盖形式、河道与河岸或湿地环境之间的联系，或者人工设施的范围）还是外部驱动因素（如温度和降雨因素）来看，都不应视作一成不变（Wagener et al.,

2010）。相反，结构和驱动因素的改变有望创造水文响应新动态（Kumar，2011），如由超过未知阈值的水文系统引起的新动态（Zehe and Sivapalan，2009）。这种新动态出现的可能性往往极难预测，尤其是在十年或更长的时间尺度上。

（1）变化条件下的可预测性

处理变化的一种方法是选择预先固定的因素或外源性因素——如气候、土壤结构、河网拓扑结构、植被分布、人类土地或水资源利用形式——然后将其当作预测框架的内源性因素。这相当于以扩展的水文学视角考虑水循环和气候、生态、社会及地表系统间的联系。如此一来，水文系统的行为源自与之相互作用的生物、物理及人类系统的共同演化。在变化条件下进行预测是富有挑战性的，因为按照这种观点，水文预测需要理解多个复杂系统间的相互作用，其中包括受人类决策影响十分明显的系统。因此必须对这些系统的相互作用进行预估，从而对未来水文状况做出预测。

在任何特定的生态系统中，生物和非生物系统组成要素的共同演化可以（理论上）通过精细模型来加以模拟，这些模型包含所有相关的系统反馈作用和耦合。水文学的经验显示，这些机械的模型使用存有局限性，即使是在平稳性的假设之下（Bloschl and Montanari，2010；Montanari，2011）。共同演化系统的高维度及过程复杂性意味着以精细模型对系统进行描述可能更具挑战性（Strogatz，1994）。因此，需要采取较低维度的方法（Dooge，1992）。一种可能的方法是，转而关注各系统过程之间随时间出现的反馈结果和相互作用的突现结果，因为这些反馈和相互作用结果导致了水文系统在空间和时间上的组织形式，包括植被模式、河网和土链；从时间范围看包括事件的时间间隔分布和事件的大小。这些"模式"可简单定义为不同地点和（或）时间之间所表现出的连续共性趋势或连续差异趋势，包括关于产生这些模式的物理、生物及社会经济机制的信息。这些组织的模式不仅可以减少预测问题的维度，还有助于创造新的认知，如对潜在的组织原则或自然规律的理解。这种认知可以产生一种全新的变化条件下的水文系统模拟预测方法（Kleidon and Schymanski，2008；Schaefli et al.，2011）。

（2）综合法的作用

鉴于确定系统的时空趋势、模式和组织形式具有潜在重要性，传统的水文研究方法面临着挑战。水文研究往往通过收集特定的过程和地点的数据来获取知识。而以这种方式获取的知识虽有精细和深刻的特点，但却存在空间和时间上碎片化的问题，并且还会受限于有动机的特定过程研究的问题。以上论证表明，如何克服这种碎片化问题是该领域面临的严峻挑战。

水文综合法提供了克服这种知识碎片化的方法（Blöschl，2006；Fogg and LaBolle，2006；Hubbard and Hornberger，2006）。Bronowski（1956）认为，综合法的目的在于，使关于同一现象的原来呈碎片化的知识和认识以及不同学科的观点，能够在时间、地点、尺度和学科彼此之间相互理解（Blöschl，2006）。水文综合法旨在将现有的碎片化信息（数据、模型和学科理论）加以综合，从而找出未知联系，并得到适用于多个地点、多种尺度和时间的科学认知（Blöschl，2006）。这篇文章特别阐述了来源于美国国家科学基金会资助的伊利诺伊州立大学（University of I Uinois，UIUC）综合法项目的研究结果，更多详细信息可见Wilson 等（2010）和 Thompson 等（2011a）。

（3）关注突现模式

在该系列文章中，对突现模式的重点探究构成了水文综合法的一个综合性框架。这里需要特别指出的是，该研究旨在检验横跨多个地区发现的水文响应模式是否符合现有的水文理论，以及这些模式能否导致新理论的形成。一旦突现的时空模式得以确定，我们便可以通过提出一系列问题来调查这些突现模式的性质、产生和后果。

（4）对突现模式的调查：自上而下的问题

我们应如何测定、识别并描述突现模式？现有数据资料对我们有何启示？我们该如何设计新的观测站？

（5）理论问题：深入的疑问式问题

为什么这些模式会出现？我们希望它们在什么条件下出现？基本原理是什么？

（6）自下而上的问题

这些模式会造成哪些影响（它们对人们所关心的过程的影响）？它们在时间和空间方面是如何扩大规模的？理解这些模式对提高我们预测能力会有什么帮助？

（7）与人类的相互作用

在时间和空间方面，人类活动是如何应对和改变这些模式的？人类活动对这些模式有何影响？

4.5.1.3　牛顿法和达尔文法的综合使用（第5页）

关于水文科学所使用的基本方法，已出现不少对其加以重新研究的呼声（Dooge，1986，1988；Gupta et al.，2000；Hooper，2009；Torgersen，2006）。Harte（2002）对比了类似物理学的牛顿法和类似生态学的达尔文法，并且提出，应对当前地球科学挑战（如应对环境变化）需要将这两类方法加以综合。

在水文学中，牛顿法的使用例子有基于过程的精细模型。牛顿法从支配系统各要素的普遍规律中形成认知。在水文学中，牛顿法的目的在于机械地描述各部分景观中以边界值问题形式出现的水、能量和质量的通量及转换。即使采用的规律被认为是具有普遍性的，且不依赖于特定景观，但它们的答案却高度依赖边界和初始条件，这些边界和初始条件必须针对特定景观加以描述。

达尔文法重视对特定景观行为的整体理解。该法将某地区的历史（包括因历史事件而遗留下来的特征）视作理解该地区现在和未来状态的核心基础。达尔文法通过将某地点与临界坡度上的若干地点相联系从而提高预测能力。达尔文法将寻求解释多个地点之间的多变性和共性模式，如 Kumar 和 Ruddell（2010）曾利用来源于若干通量塔中的生态水文数据发现了基本的组织原理。正如之前 McDonnell 等（2007）和 Kumar（2011）所主张的那样，在水文学中综合运用牛顿法和达尔文法有望将变化机制的预测与对这些机制在实际景观中的相互作用模式的解释性理解结合起来。两种方法在消除分歧方面都取得进展，它们的综合运用方法随之产生，当采用牛顿过程描述提出关于地区间差异的解释性假设时，以及当许多地区的特殊性在一定距离上进行整体观察而显示出共性时（这些共性有助于制定着眼于大尺度的过程描述），达尔文法与传统的还原法是相对立的，后者通过处理更小尺度上的现象来提出新的过程描述。

在这篇文章中提到的相关论文所述及的工作为这两种方法的使用提供了范例。牛顿过程描述法（进行了必要简化）在 Harman 等（2011b）和 Thompson 等（2011b，2011d）的文章中分别得到了应用，从以下方面提供最简单的见解和解释，包括渗流区传输时间的变化、溶质的迁移转化以及不同气候和景观的地区间存在的水平衡差异。这些案例使用的模型虽在运用的牛顿过程描述细节方面称不上先进，但每一个案例提供的基本见解是那些一次只在一地运行得更复杂模型所望尘莫及的。而在 Troch 等（2009）、Brooks 等（2011）具有促进意义的研究工作中，分别利用了大型数据集对那些迫切需要说明的有趣的共性模式进行了解释。Voepel 等（2011）、Sivapalan 等（2011b）以及 Harman 等（2011a）用这些模式为水平衡的时空变化确定了新的预测关系。此外 Thompson 等（2011d）、Basu 等（2011a）运用这些模式为河段和流域尺度的溶质转化建立了预测模型。系统进化历史带来的较大尺度上的有序行为突现，构成了这些过程模型的基础，尽管这些模型不会（也无须）明确表达这种进化过程。

总之，这篇文章中所介绍的相关研究工作可视为在综合运用牛顿法和达尔文法的基础之上，向探索水文学新方法迈出了具有试探意义的第一步。尽管尚未实现重大突破，但我们相信，如果水文综合法如这篇文章所描述的那样继续向前快速发展，那么它就有可能为我们带来水文科学的革命性成果。

4.5.1.4 评论

牛顿法旨在从（支配系统各组成部分的）普遍规律中寻找知识，其方式为：利用基于过程的模型并机械地描述在水系统之不同部分出现的水、能量和质量的通量及转换。即使这些规律具有普遍性，但其解决方法严重受限于边界条件，且这些边界条件必须根据不同情况分别描述。达尔文法重视对特定的水资源管理问题进行整体性理解，其需要将某特定地点的信息与临界坡度上其他若干地点的信息相联系，且其中的一个重要设想是，找出并解释可变性和共性的模式。相关研究工作的作者主张，要理解并模拟现代水文问题，必须综合运用牛顿法和达尔文法。相较于传统还原法，这种综合法有望将预测性理解和解释性理解结合起来。

4.5.2 《关于"非平稳性、水文频率分析和水资源管理"论文集的介绍》(Kiang et al., 2011)

4.5.2.1 导言

这本论文集总结了 2010 年某重要会议的研究结果和讨论过程。来自美国多家联邦水管理部门的高级管理人员参加了此次会议。会议的结论是，我们极有可能"需要在未来气候不确定性增加的情况下进行决策"（Kiang et al., 2011），因此需要对现有的水管理技术和策略进行调整。

4.5.2.2 节选（第433~435页）

水管理者长期面临一个不稳定的世界。土地使用情况的变化、地下水位的下降以及城市化都是流域出现不稳定的驱动因素。随着水资源需求量的日益增长以及脆弱地区不断扩大的人口规模，洪水和干旱变得越来越具有破坏性且代价也更加高昂。气候变化是水文条件发生改变的另一个潜在驱动因素。然而，无论这些问题的驱动因素是什么，非平稳性都会导致未来洪水、干旱及其影响表现出更大的不确定性，尤其是对导致变化发生的背后驱动因素认识不足时，非平稳性问题将更为突出。这本论文集旨在探索未来不确定性并将其应用到水管理和规划中的方法，特别关注由潜在气候变化效应导致的不确定性。

如 Hirsch（2011）所述，进一步探究非平稳性的科学研究可分为两种方法：一种是以历史流量记录分析为基础的经验方法，另一种是基于缩减比例的大气环流模型结果的建模法。Hirsch（2011）指出，虽然较多的研究重点关注的是建模法，但经验方法同样重要，要加深对非平稳性的理解就必须持续收集数据并开展分析工作。

这本论文集中的许多论文关注经验方法。Villarini 等（2011）分析了美国中西部的年最大洪峰流量。Vogel 等（2011）调查了美国的洪水记录。Villarini 等（2011）描述了中西部不同区域的洪水产生机制并检验了洪水量级随时间的变化情况。Vogel 等（2011）认为洪水扩大系数和重现减少系数可以用来描述洪水量级与频率的变化特征。尽管这两篇文章阐述了某些洪水特征随时间发展而出现的变化，但这两篇文章也提出为这些变化寻找原因是具有很大难度的。土地使用情况的变化、农业生产方法的变化以及水坝的运行都可能引起诸多变化。此外，气候变化可能也是一个促进因素。

Lins 和 Cohn（2011）、Koutsoyiannis（2011）进一步阐述了解读统计分析结果以了解相关趋势存在的困难。如 Lins 和 Cohn（2011）所述，水文时间序列周期性地偏离其长期均值，这是 Hurst（1951）首次在尼罗河发现的现象。尽管这种长期的延续性是一个平稳过程，但它会引起水文条件的自然波动，从而使测试人为气候变化是否正在影响水文时间序列变得更加困难。例如，分析所采取的时间范围将对趋势的识别产生显著影响。Koutsoyiannis（2011）对这个主题做了进一步研究，对平稳性和非平稳性这两个术语的使用进行了讨论，并鼓励水管理者采取 Hurst-Kolmogorov 框架直接研究水文时间序列的这种长期延续性。Hurst-Kolmogorov 框架使水文描述可反映更多的不确定性，这是当我们无法确定未来情况时所需要的。

Stedinger 和 Griffis（2011）研究了应如何在趋势分析难于解读的情况下分析洪水频率。他们告诫说，虽然用建模的方法对趋势加以描述在数学上不具困难，但如果不能很好地了解原因，那么这么做可能事倍功半，难言效率。此外，许多统计数字的估算结果存在很大不确定性，如百年一遇的洪水，而这可能会使人们更加难以确定是否需要将气候变化因素纳入此类分析。虽然了解了这些问题的存在，Ouarda 和 El-Adlouni（2011）仍讨论了当非平稳性存在时应当如何开展洪水频率分析，他们主要研究了贝叶斯（Bayesian）方法。

统计分析和经验分析只是更好地理解水文系统可能存在非平稳性的一条途径。Dettinger（2011）利用确定性建模结果，探索了加利福尼亚致洪暴风雨以及河流水道可能发生的变化。气候模型结果表明，由大气河流带入加利福尼亚的湿气所引发的洪灾，在频率和强度方面可能发生了变化。尽管承认模型存在局限性，但 Dettinger（2011）指出，模型在提前洞察未来洪水风险可能会发生哪些改变方面发挥了作用。

Villarini 等（2011）、Vogel 等（2011）以及其他人（MaCabe and Wolock，2002；Lins and Slack，2005；Hodgkins and Dudley，2006）开展的分析清晰地表明了水文学某些方面正在发生改变。在许多情况下，人们比较困惑为什么会出现变化，气候变化是否发挥了作用，也不太清楚这种趋势是否会一直持续。尽管存在不确定性，水管理者仍需一如既往地就如何调度现有资源继续进行决策，并制订未来计划。Brown 等（2011）描述了一种应对未来气候不确定性加深的决策框架，所采用的方法旨在通过未来存在的巨大不确定性寻求确定稳健的水资源规划和管理策略，既关注水资源系统的主要缺陷，又可以灵活应对不断变化的条件。Waage 和 Kaatz（2011）概述了水务气候联盟（Water Utility Climate Alliance，WUCA）最初提出的五种备选规划方法。不同的规划方法可能适用于不同的水资源管理机构，此外 Waage 和 Kaatz（2011）还阐述了美国丹佛水利局（Denver Water）使用的为规划过程选择方法的标准。

Arnell（2011）、Kundzewicz（2011）为在未来不确定性增加情况下的水管理提供了国际视角。Arnell（2011）阐述了有关水资源相关法规的发展情况，这些法规要求英格兰和威尔士的公共水供应商必须考虑气候变化可能造成的影响。Kundzewicz（2011）对中欧有关情况的讨论与这本论文集的描述基本吻合——区域水文的非平稳性已经出现，但这种非平稳性很大程度上是非气候原因引起的。人为气候变化在多大程度上构成一个影响因素尚不明确，但众多的水文影响因素间的相互作用具有重要意义，许多旨在进一步研究该问题的项目已经启动。

Galloway（2011）在这本论文集结尾部分引用了 2010 年 1 月研讨会上的一段精彩总结。不同科学团体正在以不同方式处理如何理解非平稳性和水管理的问题。Galloway（2011）指出，需要用一种共同语言和更加合作的措施推动水文科学的发展，从而使水管理者面对迫切需求时拥有更多选择。

对于为研讨会提供赞助的联邦机构而言，该研讨会是他们之间开展持续性协调合作过程中的一步，旨在增进理解水文时间序列的非平稳性并将知识运用于水资源管理实践中的相关措施。

4.5.2.3　评论

这篇文章概述了 2010 年美国科罗拉多州博尔德举行的"关于非平稳性、水文频率分析和水管理"研讨会所发表的部分论文。一些科学家和技术专家分析了水文信号的变化特征，并且指出我们预测及模拟未来水供应潜在变化的能力将变得越来越有限。然而，有些水专家相信，随着模拟和预测工具及手段的不断改善，即使面对这些不确定性我们仍然可以做出合理有效的预测。还有些水专家认为，随着不确定性的增加，无论其后果如何，我们都需要对自己的水管理方法进行大幅度调整。他们建议："需要承认关于未来存在的巨大不确定性，关注水资源系统的重要缺陷，并且考虑灵活应对不断变化的条件。"（Kiang et al., 2011），这符合我们的理念，即强调采用合作式的适应性管理及协商方法来管理复杂水网络。

4.5.3 《从基于社区的资源管理到复杂系统》（Berkes，2006）

4.5.3.1 导言

这篇文章针对过去几十年里公共资源管理领域的大多数研究，就其研究重点和研究发现提出相关质疑，认为这些研究仅仅以基于社区的资源管理的简单原理为基础来形成理论。它提出了关于尺度的问题并调查了小尺度的社区性共识能否放大成区域性和全球性共识，以及可以放大到何种程度。

4.5.3.2 公共资源管理的尺度和层面问题（第1页）

在公共资源研究的诸多领域，争论始终存在。其中一项争论涉及与尺度相关的问题：地方层面的公共资源研究结果能否被放大尺度？换而言之，由微观系统研究而产生的原理能否应用到中等尺度和大尺度的系统中？一直以来，研究人员关注的主要是小尺度的基于社区的系统。然而，一些使用囚徒困境模型的公共资源试验工作，已将国家视为全球公共资源的单一行为体（Ostrom et al., 1994），暗示着相同的公共资源原则可跨层面使用。更确切地说，据称"某些来自较小尺度系统的经验可直接复制到全球性系统"，但"全球公共资源却出现了一系列新问题"（Ostrom et al., 1999）。在这个分析中，有许多被认为是重要的要素，包括系统的尺度和复杂度以及资源再生速度。除了尺度放大的问题外，Ostrom 等（1999）指出全球公共资源存在的其他若干挑战，如文化多样性及公共资源间的内在联系。其他研究者认为，小尺度公共资源经验的挪用充满了复杂性。这个问题"根本不在于全球层面的极端规模和复杂性"，相反，问题产生于个体和国家之间的差异，产生于规则制定者和规则遵守者之间的分离（Young，2002）。从本质来说，解决地方公共资源悲剧就是一个自我调节的问题，但在全球层面，调节是一个两步走的过程（Young，2002）。因此，我们应该避免不加思考地认为处理全球问题可以用与地方公共资源问题相同的处理方式（Young，2002）。

这种争论或许可以通过以下建议解决，即把该问题当作复杂性管理问题而非尺度放大问题将更有帮助。在许多情况下，可将公共资源管理理解为复杂系统管理，将重点放在尺度、自组织、不确定性以及诸如恢复力在内的突现属性。目前，已有部分作者对复杂系统管理的各方面进行了研究（Levin，1999；Gunderson and Holling，2002；Adger et al.，2003；Berkes et al.，2003）。一个普遍共识是，公共资源通常会受到各组织层面的力量或驱动力的影响。此外，对于需要在多个层面上开展管理活动也存在一致意见（Ostrom et al.，1999；Young，2002；Adger et al.，2003）。一些公共资源方面的文献明确对这种多层面管理进行了阐述。

对于处理两个层面或多层面的公共资源管理问题而言，共同管理（Pinkerton，1989；Jentoft，1989）是目前最广泛讨论的制度形式，但管理多层面公共资源的制度形式还具有其他多种形式（Berkes，2002），包括认知共同体（Haas，1990）、政策网络（Carlsson，2000）、边界组织（Cash and Moser，2000）、多中心体系（McGinnis，2000）以及制度互动。制度互动可以是一种横向互动，即在同一层面互动，也可以是贯穿组织上下所有层面的互动（Young，2002，2006）。

这些概念的相同之处包括每个概念都包含一种理解跨层面联系以及处理复杂适应性系统的方法。它们都涉及尺度以及复杂性的其他方面，如自我组织、不确定性和恢复力。在这种情况下，我们可以认为，对于公共资源管理而言，管理理念正在向前发展，即将其视为复杂系统问题。这种方法为公共资源理论的建立提供了切入点，它将进一步引导公共资源并作为多层面系统加以分析。海洋公共资源领域提供了适当的例子来说明所有层面上的资源管理现象。

这篇文章旨在通过提供海洋公共资源方面的典型案例，帮助形成一种视公共资源为复杂系统的理念，并讨论如何实现从地方到全球层面的尺度放大问题。这个框架的形成源于三种普遍适用的"尺度挑战"：①在一个给定的水网络，未能认识到重要的尺度和层面考量；②在观察、模拟、干预和执行过程中，层面和尺度之间不匹配的持续性；③未能认识到不同的参与者在感知和评价尺度的方式上的差异，甚至在同一层面也是如此。

4.5.3.3 与尺度相关的复杂性（第3页）

地方层面的公共资源管理制度种类丰富，覆盖甚广，因此意味着它们对许多社会的生存具有重要意义，且对当代资源管理具有价值（Johannes，1998）。然而，对地方层面系统的研究所获得的经验具有一定的局限性。起初，公共资源问题研究往往只试图从基于社区的资源管理案例中寻求可供形成理论的总结性经验。例如，Ostrom（1990）采用了研究小尺度公共财产状况的研究策略，因为自组织和自我治理过程在这种情况下较其他许多情况更容易观察。这并不是说小尺度系统独立于外部世界，且不受影响自我治理的内外因素的影响。这样的影响有许多，我们简单给出四种对可持续性和资源管理具有影响的尺度问题：①社区层面自身存在的复杂性；②促使发生改变的外部驱动力的存在；③资源和制度边界存在错配问题，即匹配问题；④基于社区的管理处理跨尺度问题的必要性。

4.5.3.4　基于社区的资源管理的尺度问题（第6页）

来自印度的相关案例说明基于社区的系统在尺度方面存在某些挑战，这些挑战的出现似乎是由某些外部驱动力造成的。印度南部地区是许多传统的社区性海岸资源管理制度的摇篮（Paul，2005）。在斯里兰卡和印度南部的喀拉拉邦及泰米尔纳德邦存在帕杜（Padu）制度。这些都属于泻湖和河口资源管理系统，主要目的是管理虾渔业。该制度的特点在于，依靠基于抽签的轮流制度进行渔业场分配。这些制度往往以特定物种和工具为对象，经常根据社会和种姓群体规定渔业场地和权力持有者（Lobe and Berkes，2004）。斯里兰卡的某些帕杜制度可追溯至18世纪甚至是15世纪（Amarasinghe et al.，1997）。

我们调查了三个使用帕杜制度的社区化渔业协会，即桑汉斯（Sanghams），它们位于印度南部喀拉拉邦的科钦（Cochin）河口。这些渔业协会管理虾渔场的轮流分配，虾渔场利用挂桩渔网进行捕鱼作业，这种渔网由固定在地桩（钉入地面）上面的成排口袋状渔网组成。这些渔业协会利用一套明确的规定经营其虾渔场，这些规定涉及生计、平等准入以及成员间的冲突解决需求。

作为一个公共资源管理制度，科钦河口的帕杜制度历史短暂，仅能追溯到20世纪70年代末（Lobe and Berkes，2004）。在追踪其起源时，我们发现两大促成因素。第一个因素是虾渔市场的全球化。印度南部许多小规模渔民为了追求虾渔业而放弃其他资源，虾渔业变成了令人趋之若鹜的"玫瑰金"（Kurien，1992）。第二个因素是喀拉拉邦渔业管理的集中化。1967年，喀拉拉邦渔业部门开始施行一个新的许可制度，用以取代老旧的土地和渔场所有制度。1974年开始，邦立法要求所有渔民使用许可证，但喀拉拉邦缺乏执行新法律的手段。由于虾渔业利润丰厚且吸引了很多新入行者，该地区的这一资源已无准入门槛。这迫使渔民进行自我组织，以巩固他们在大而拥挤的河口和泻湖系统中的权力（Lobe and Berkes，2004）。

科钦河口各帕杜协会通过限制非协会成员准入来处理当地资源的排他性使用问题，并通过考虑公平、社会责任及成员之间的冲突管理等方面的规则解决资源减损问题。然而，喀拉拉邦政府并不承认研究区域的三个协会，也不向渔民发放许可证。这些渔民目前尚能继续捕鱼的原因在于，1978年的一项法庭命令将其确定为"职业渔民"（Lobe and Berkes，2004），此外还包括德瓦拉（Dheevara）种姓组织为了保护其权力而不断进行的邦级政治活动（K. T. Thomson 个人通信）。

桑汉斯协会对减损性问题拿出了有效解决方案；他们为管理其成员之间的资源使用问题设立了明确规定。然而，在资源使用排他性问题上，其管理只是部分有效。他们控制成排的挂桩渔网，并且有权决定谁可以使用这些渔网进行作业，包括出租出去的挂桩渔网。但他们却无权控制区域内的其他渔民。这三个协会大约只控制着当地拥有的 289 个挂桩渔网的一半，而这对于整个泻湖和河口系统所铺设的约 13 000 个挂桩渔网而言，只能称得上冰山一角。

在科钦地区遭过度使用的河口和泻湖系统内，似乎尚未开展系统性的数据收集或资源评估工作，不过仍有一些限制性法规在此落地实施。由于缺乏邦政府的认可及跨层面的协调机制，科钦河口的这三个协会对整个地区的资源管理做出贡献的能力是有限的。然而，整个地区缺乏区域层面的有效管理措施。考虑到大部分发展中国家存在资源匮乏问题，期望对南亚帕杜制度使用的资源进行管理是否具有现实意义？实际上，在斯里兰卡西部尼甘布（Negombo）泻湖这个得到全面研究的地区，的确存在运转良好的兼顾了地方层面和区域层面管理的帕杜系统（Amarasinghe et al.，1997，2002）。

在这两个泻湖管理案例中，虽然使用的管理制度都是由同一个帕杜制度演化而来的，但它们之间仍存有差异。它们都以特定物种和工具为对象，在场地和权力持有者方面都设有明确规定，且在渔业场地使用方面都采用基于抽签的轮流使用制度。以上这些都属于组织结构方面的差异。在尼甘布，渔民在社区层面上的组织方式是四个农村渔业社团（rural fisheries societies，RFSs）。在地方层面上，渔民遵守各农村渔业社团制定的规定；在区域层面上，渔民可以通过四个农村渔业社团进行相互协调。这种地方控制和区域协调制度的形成得益于国家政府向农村渔业社团进行的权力下放，以及尼甘布（卡特加特海峡）渔业条例的颁布（Amarasinghe et al.，1997）。相比之下，在科钦河口和泻湖地区，虽然渔民在社区层面上得到了很好的组织，并且自 1995 年喀拉拉邦政府就有立法指示将资源管理权转移到地方组织，但该地区至今仍未建立起有效的跨层面管理联系。

帕杜制度的例子说明了经济发展与外在驱动力的关系，即国际虾市场，以及与资源管理政策的关系，即邦级渔业权力的重组可以对社区层面的制度产生影响。尽管科钦的帕杜制度起源于古南亚对海岸资源利用传统，但实际上，它们只是较近时期的经济和政治改革产物。在缺乏邦级政策和邦级政府认可的情况下，这些帕杜制度的存在是脆弱的。

就这两个帕杜制度而言，其中一个已有效解决大多数与尺度有关的挑战（Cash 等的新闻报道），另外一个则尚未做到这一点。斯里兰卡案例已经通过从地方到国家层面的跨层面治理解决了尺度错配问题，因此其政治和地理方面的管理已经涵盖了多种尺度（Amarasinghe et al.，1997）。相比之下，在喀拉拉邦的案例中便没有跨层面治理，也没有中层的机构，且社区和政府之间也未能做出安排。因此，尺度错配问题依然悬而未决。只有在地方协会层次上对问题进行了明确，并且跨层面联系只是在种姓组织的游说下，才能在邦政府层面得以脆弱地建立。

4.5.3.5　公共资源的复杂适应性管理问题（第10～11页）

公共资源理论已经演进到处理资源复杂性问题，并转向考察尺度、自组织、不确定性以及恢复力，而这些都属于复杂适应性系统的概念（Gunderson and Holling，2002）。公共资源研究通过对"公地悲剧"模型的批判取得了发展，后者被用来描述令人悲观且消极的人类前景，还用来为中央政府控制或私有化所有公共资源提供合理解释（Ostrom et al.，1999）。过去30多年的相关研究详细记载了社区在解决公共资源的排他性问题和减损性问题时展现出的自组织和自我管理能力。

相关研究还表明，基于社区的资源管理容易受外部驱动力影响，且自身往往不足以处理如迁移性海洋资源这样的问题。正如这篇文章中相关例子所表明的那样，跨层面问题在公共资源管理领域是普遍存在的。这篇文章中提到的海洋公共资源案例显示了许多尺度方面的管理挑战，如无知、尺度错配和数量过多等问题（Cash et al.，2006）。然而，柬埔寨、喀拉拉邦、斯里兰卡这三个案例，以及加勒比大西洋金枪鱼保护国际委员会（ICCAT Carribean），显示出对尺度问题的不同认知程度。

因此，对尺度认知不足的挑战并非主要问题。加勒比大西洋金枪鱼保护国际委员会对古亚夫（Gouyave）渔民的生计问题未能拿出应对措施，喀拉拉邦政府似乎不希望或者没有能力建立区域层面的管理制度。然而，所研究的案例中大部分行为主体都已意识到尺度和层面互动问题。与之类似的是，错配问题也得到了处理，但成效参差不齐。这三个案例都希望能够避免仅在一个尺度上定义问题的倾向。在柬埔寨、喀拉拉邦和斯里兰卡，管理的重点是地方层面，而在加勒比大西洋金枪鱼保护国际委员会，管理的重点则是尺度层面。其他层面虽然也参与，但未能实现有效参与，不过斯里兰卡是个例外。喀拉拉邦比较特殊，原因在于在建立纵向制度联系方面，当地甚至连尝试的意愿都没有。行为主体数量过多的问题普遍存在，每个案例中都有多个行为主体对资源进行激烈竞争。在喀拉拉邦，涉及的人数最多，引起的争议也最大，制度措施的缺乏可能与行为主体对达成双赢方案持悲观态度有关。公共资源理论认为，解决减损性问题，最重要的是理论使用者必须与监测、批准和冲突解决环节存有实际联系（Ostrom，1990）。加勒比大西洋金枪鱼保护国际委员会的案例是不对称关系的典型代表。尽管区域和国际性研究正在向各个层面渗透，但渔民的知识和价值理念仍无法得到倾听。

案例中发生错配的是管理的尺度问题；存在争议的是公平和公正问题；不一致的是政治强国与加勒比国家对管理的观点（Singh-Renton et al.，2003）。以上说明了知识需要由社会进行建构的本质（Lebel et al.，2005；Adger et al.，2003）。这些发现对扩大尺度方面的争论存在诸多影响（Ostrom et al.，1999；Young，2002）。小尺度基于社区的公共资源的研究结果是否可以推广到区域和全球性公共资源？一种可能更具启示意义的争论解决方法为，将多个案例中的公共资源管理理解为复杂适应性系统的管理，不仅仅是将社区层面的成果拓展至全球层面。

从这点来看，这篇文章的结论并不支持 Young（2002）的论点，即自我管理可能足以解决地方层面的"公地悲剧"问题，但在全球层面上，管理是一个"两步走"过程，涉及规则制定者和规则遵守者。首先，没有案例表明仅凭自我管理便足以解决地方层面的公共资源问题。其次，也没有案例提供这样的"两步走"过程；所有案例都包括多个层面，且没有一个案例给出了规则制定者，即规则遵守者的这种完全基于社区的情形。这些因素表明，当涉及多个层面时，应该转移研究重点，不再关注扩大尺度的问题，而是需要加强理解各层面之间的联系、联系的性质和动态。

对跨尺度机构开展研究具有重要意义，这些机构包括合作管理机构、边界组织和认知团体等。这是因为这些机构能够弥合不同层面管理方法间存在的分歧。实际上，这些机构为复杂适应性系统内的联系问题提供了处理方法。从总体上理解跨层面联系和治理的性质与动态存在多种方法，包括考察横向和纵向联系、分析多中心体系（McGinnis，2000）及处理政策网络（Carlsson，2000）。

公共资源理论可以为区域和全球公共资源问题提供解决建议，即将着眼点从基于社区的资源管理这种常规管理方式转向复杂系统的公共资源治理（Dietz et al.，2003；Berkes et al.，2003）。社区自身可能是一个复杂系统，它在政治和经济上又隶属于更大规模的复杂系统。它们易受一系列变化驱动因素的影响，如市场、中央政府政策及国际经济政策。社区层面是解决"公地悲剧"问题的第一站，具有重要意义（Berkes，1989；Ostrom et al.，2002）。然而，更高层面的组织同样具有重要意义，它们可以监测、评估、执行及加强地方层面的管理。在海洋资源管理（Hilborn et al.，2005）和总的环境管理方面（Adger et al.，2003），跨层面且可促进可持续发展的机构正普遍受到认可，重要性日益凸显。各类公共资源治理都会着眼于基础层面并处理复杂系统环境下的跨尺度联系。

4.5.3.6 评论

这篇文章提到的一个关键问题是，简单、特定场地案例中自我治理的成功经验能否被放大到"更高"的层面或者"多个"层面当中。作者努力将复杂性理论引入公共资源管理中是很有帮助的，即将公共资源描述成多层面复杂系统。然而，作者对于同时在多个层面上如何去做未能提供任何指导。

4.5.4 《社会化学习与水资源管理》(Pahl-Wostl et al., 2007)

4.5.4.1 导言

这篇文章提供了社会化学习和协同治理框架，依据的是社会科学中更加偏向解释性的部分，强调的是知识的背景依赖。文章认为，一直以来，水资源管理实践主要由使用技术手段设计容易控制的系统的专家来主导。近些年，利益相关者参与的重要性正在日益显现，并且对协同治理的认同度也在不断提高，人们认为它更加适用于综合和适应性管理机制，而社会生态系统的不确定性和复杂性问题正是需要利用这种机制来加以处理。

4.5.4.2 适应性管理和社会化学习（第2~3页）

提高利益相关者参与度的原因有很多，一个基于民主合法性的观点强调，所有受管理决策影响的人都应该获得积极参与决策过程的机会。平等和社会公正的原则要求弱者的声音也应该被倾听（REC，1998，1999；Renn et al.，1995）。一个具有实际意义的做法是，设法加强一种认识，即如果不考虑利益相关者的信息和观点，没有他们的协作，那么复杂问题和综合管理问题就无法得到解决。政府部门和其他利益相关者之间的相互依赖程度正在增加，其原因包括政府预算在减少，降低了传统的指挥控制管理模式的效力。需要用集体决策来实施有效的管理策略，并且将制度安排中自上而下和自下而上的内容相结合，使所有参与的利益相关者更容易接受。

尽管这篇文章认为有效性和合法性是相关联的，但它仍采用了一个务实的方法，并且试图提供证据说明需要可以处理复杂资源管理问题的社会化学习过程。社会化学习被解析为一种方法和手段，可用来开发和保持不同部门、专家、利益团体和公众有效管理其河流流域的能力。这包括有效处理观点差异的能力、解决冲突的能力、制定并实施集体决策以及从经验中学习的能力。

不确定性及变化

在适应性管理领域，我们可以找到一些能够体现参与式治理的重要性的例子，它们颇具启发意义。适应性管理最早关注的是生态系统领域，但现已不断强调人为因素的重要性（Berkes and Folke，1998；Lee，1999）。一些作者强调，需要转向对社会生态系统进行适应性共同管理的模式，其中必须在众多利益相关者之间以及相关机构之间开展合作。因此，适应性共同管理结合了适应性管理的动态学习特征以及合作管理的关联性特征。Folke 等（2003，2005）探索了适应性生态系统管理的治理范围和性质，并确定了在快速变化和重组的时期处理社会生态动态的四个关键要素。

1）学习如何适应变化和不确定性。

2）结合不同类型的知识进行学习。

3）为自组织转向社会生态恢复力创造机会。

4）为更新和重组培育恢复力来源。

这些作者强调网络、意义建构、领导力、多样性和信任的作用以及有能力积累用以应对意外和混乱情况的相关经验与共同记忆的组织的作用。桥梁性机构具有重要作用，它不仅可以提高社会资本的生成，还可以创造新的机会和多层面合作及学习。这里的难点在于，问题是如何发展和维持这些特性的。包括气候变化、经济社会动态的快速发展以及全球化在内的相关因素，致使区域至全球层面的管理者正面临日益加大的不确定性。这需要采用一种更具适应性且更加灵活的管理方法，从而加速学习周期，实现对新认识的结果进行更加快速地评估和部署。这类适应性管理人员需要具备新的技能和能力、非正式的灵活管理结构并有机会接触专业知识与有关当地的非专业知识。

Folke 等（2003）指出，在处理不确定性和变化方面，进行社会化学习对于建立相关经验是很有必要的。他们强调"……对于如何适应自然动态这方面的挑战而言，知识的产生本身不足以构建能够应对挑战的适应能力……"。此外他们还总结道"学习如何在不断变化的世界中维持社会生态系统稳定，需要一种有助于进行开发并采取行动的制度和社会环境。"这些发现支持了这篇文章关于社会化学习以及"知识即参与"的观念。在社会进程中，知识及按新见解行事的能力总是被不断质疑、应用、再生或者以不同方式表达。社会利益相关者网络在应对变化方面具有极高价值。Tompkins 和 Adger（2004）也给出过类似观点，指出社区管理可通过两种方式提高适应能力，建立对处理极端事件具有重要意义的网络，以及保持基础资源和生态系统的恢复力。社会化学习不仅可以提高适应能力，还有助于社会环境中的个人通过交流与深思熟虑实现态度和行为上的持续变化。

4.5.4.3 社会化学习：水治理和管理的作用（第11页）

这篇文章认为，在较长的时间跨度内，当需要实施和支持涉及社会、环境和经济方面的可持续性资源管理机制时，社会化学习过程以及非正式行为主体平台的存在将具有重大意义。然而，最关键的是要更好地理解桥梁性组织的作用以及正式和非正式机构间的相互影响。在此，我们重点论述水资源治理和管理的三个重要作用。

1）水资源综合管理原则因其不具现实意义而遭诟病。例如，Biswas（2004）及其部分论文评论者指出了许多实施障碍。部门和问题的整合需要更多集中化的政策开发与实施工作，因此就会导致规模更大、效率更低、更加官僚的官方机构来处理与政策相关的各个方面。此外，利益相关者参与和去中心化等管理目标可能无法对整合形成助力。这篇文章还阐述了另一种观点，即一种更加动态的行为主体组织形式，通过这种组织形式，整合不是通过官僚等级制度实现的，而是通过网络治理过程实现的。这篇文章还强调了对社会化学习过程以下两方面的需要和要求，即进行能力建设以实现联合解决方案以及使利益相关者从实现水管理目标的角度进行有效参与。

2）由于气候变化、社会经济边界条件的快速变化以及范围广泛的目标整合，水管理正面临日益严重的不确定性问题。因此，有效的水治理必须具备适应性。这篇文章强调了水治理制度中的结构要素和管理流程，这些要素和流程在提高制度适应性的同时还保证了其原有的稳定性。

3）在大多数国家中，综合和适应性水管理的结构条件尚未确定。因此，这些国家需要进行重大调整，在此过程中，这篇文章强调的相关方法很可能会发挥重要作用。

未来之路挑战犹在，尤其是在收集更多经验性证据和利用已有的经验研究成果进行比较分析方面。我们的分析表明，适应性机制的发展需要开展持续不断的社会化学习，在此过程中，不同尺度的利益相关者将以灵活的网络结构形成联系，并且还会以充足的社会资金和信任建设措施在各类正式和非正式的合作关系中实现合作，这些合作关系从正式的法律架构和合同到非正式的自愿协议都有涉及。制度变化的多尺度性质是研究中令人感兴趣且具有重要价值的部分，而这篇文章只能触及该研究的几个方面。

4.5.4.4 评论

Pahl-Wostl 等（2007）强调，水资源管理正在经历重大改变，原因包括人们对这些系统复杂性的认识程度正日渐增强，并且来自不同领域利益相关者的参与度也在不断提高。这篇文章倡导的一个理念是，需要以协同治理手段处理社会生态系统的复杂性和不确定性。作者认为，制度的动态发展对于保证社会化学习具有重要意义。作者关注利益相关者（尽管他们丝毫没有谈及代表问题），以及需要开展适应性管理的问题。他们以欧洲参与式流域管理经验为基础，强调需要鼓励分布式认知而不是多重认知。简而言之，他们将社会化学习视为一种多尺度的管理方法，正如我们对水管理网络所进行的陈述那样。

4.5.5 《阐释复杂水管理制度的系统方法》（Saravanan，2008）

4.5.5.1 导言

这篇文章通过分析行为主体和规则之间相互作用的性质，研究了水管理制度的复杂性。相比于基于部门的水管理方法，文章更加强调采用综合方法的重要性。此外，文章还强调了社会政治过程的重要性，在该过程中，利益相关者、行为主体和代理人根据他们所处的环境来确立和改变立场，从而以动态的方式影响结果。

4.5.5.2 适应性水管理的复杂性（第202页）

该研究在印度喜马拉雅某小村庄使用一种系统方法，分析了针对特定水相关问题的行为主体和规则之间的相互作用，从而说明水管理制度的复杂性。该方法以制度分析开发框架为基础，并对其进行了修改，以适应复杂性和适应性水管理制度。该研究运用多种方法来收集上下不同层面的定性和定量信息。收集的信息运用于贝叶斯信念网络模型，以鉴定影响水管理的不同规则。在问题环境下，系统性观点有助于全面理解水管理的社会政治过程，因为系统性观点能够确定一系列约束水管理的行为主体和规则，同时可以帮助找到那些能够促进代理人和代理机构改变水管理过程的行为主体和规定。在这个社会政治过程中，该研究揭示了参与其中的人类实体——利益相关者、行为主体和代理人——分别持有不同立场，他们在问题环境中主动改变立场，且此时代理人通过整合各类规则和资源来保持适应性以寻找"项目"。这种适应性和动态行为是当代项目无法承认的。尽管这种转变能力或权力的动态行为无处不在，但它们只有在代理人通过与其他代理人谈判来追求其"项目"时，才会表现出来并得到维护和支持。相对于简单、线性和单一的成套水管理改革方案，这篇文章强调了综合方法的重要性。这些方法一方面需要进行审慎的规则设计，另一方面可以帮助行为主体独立设计规则。需要审慎地设计规则，以管理水资源的分配，帮助贫困人口开展能力建设，并有能力应对制度和生物物理危机。文章倡导通过基础设施建设来提高行为主体和代理人在水资源方面做出明智决策的规则设计能力。

4.5.5.3 用于阐释复杂性的系统方法（第203～205页）

在各子系统的刺激影响下，水资源与使之成为社会生态系统的许多自身组成要素之间存在复杂联系（Stephens and Hess，1999；Anderies et al.，2004）。许多子系统运行在多个不同层面，因此如果其中一个单元出现问题，其他单元的正常运转就可以对其形成补偿，从而使水管理机制出现适应性改变。水资源管理之所以能成为一个复杂适应性系统是因为水资源管理结合了适应性和复杂性，其特点包括开放、行为主体间存在"动态"合作关系并具有突现属性（Dorcey，1986；Stephens and Hess，1999；Pahl-Wostl，2007）。系统方法对于阐释这种复杂适应性系统极为重要。在现代文献中，系统方法通常有两种应用方式：一种要求利用"广泛"或全面的观点（Pahl-Wostl，2007）来理解水管理，另一种则要求通过识别影响水管理的关键变量来利用综合的观点对此加以理解（Bellamy et al.，2001）。Mitchell（2005）主张采用分阶段的方式利用这两种方法，即在规范、战略的层面进行全面考虑，从而找出并研究影响水管理的众多变量，同时在水管理的战术和运行层面保持各部分的协调统一。这有助于在水管理实践中开发应用知识，并将重点放在用于设计水管理的制度性措施层面。

分析框架建立在制度分析发展（institutional analysis development，IAD）框架的基础上（Ostrom et al.，1994），制度分析发展框架认为，在水管理决策中，人类实体和规则之间是存在相互作用的。不过，在Dorcey（1986）、Gunderson 和 Holling（2002）的努力下，该框架得到了进一步完善，以用于分析复杂适应性水资源系统。该框架包含三个情境变量——人类实体、一般规则和生物物理资源，在各类决策过程中，这三个变量会产生相互作用，并使框架得到重塑（图4.4）。

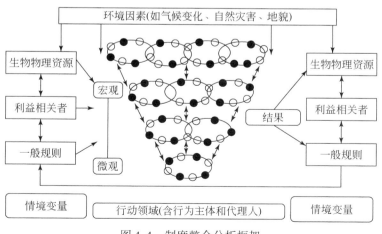

图4.4 制度整合分析框架

资料来源：Saravanan（2008）

4.5.5.4 综合水管理的启示（第212~213页）

　　该研究在问题背景下利用系统方法阐释了一个小村庄在水制度方面的复杂性。研究发现，这里的多个行为主体利用一系列旨在约束和推动水管理的活动平台，就大量规则进行了协商。这些活动平台有的设有专用地点，有的则不设专用地点，其形式包括正式的、非正式的，并且自然发展而成，或者是由占据战略位置的行为主体和代理人主动创造而来。这些活动平台的决策过程并未形成具备交流协商性质的合作关系或战略措施，而是在一段时期内综合吸纳了各类社会交流技巧，使水管理成为一个社会政治过程。这里的制度整合并未显现出任何具体的实际形式，而是通过前期活动之间的联系形成（Morrison，2004）。整合的规模是具有复杂性的，这种复杂性不仅掩盖了地方、国家和全球层面之间的区别，还掩盖了国家、市场和社区机构间的差异，以及水管理涉及的各领域之间的区别。尽管提出问题的机构多种多样，但其核心理念依然是"水是无尽的"（并且可以用来开发）以及不能打乱水资源的原有分配方式。尽管小村庄见证了法定行为主体的重要更迭（从统治者到印度政府、喜马偕尔邦政府以及国际机构和地方机构），即便如此，新上位的行为主体仍坚持认为"水是无尽的"，他们没有为满足不断增长的需求对水资源进行任何符合实际的评估。"信息"和"范围"规则的缺失，是这些行为主体采取"救火式"管理手段（解决食物危机、节约用水以及推进民主治理）的原因所在。推进决策过程需要为行为主体提供充分的机会，供其自愿分享并讨论可用信息，从而形成意见一致的决策方案。这可以通过基础设施的作用（公路、电信和大众传媒等），因为它们可以让行为主体运用多种形式的交流手段互动，并寻求各类可实现所需结果的方案。

　　水资源分配管理部门先后出现多次更迭，先是由王室统治者变为 DoIPH，之后又变为 BKIS。但新上位的行为主体在水资源分配方面，仍旧保持着"先来先服务"的基本原则，导致水分配效率低下。在这种情况下，不存在信息规则的缺乏问题，而是存在信息不足的问题（或者存在"CBM 是有效"的错误信息）。信息不足导致该地区缺乏一种信息综合制度，进而使 DoIPH（对水分配不加监测和管理）认为，现在的社区控制体系管理水分配是卓有成效的。水资源浪费、农作物规划不足以及冲突的产生使水分配效率低下。这便要求管理部门加强治理的分配形式，而不同部门的法定公共行为主体便可以借此监测和管理水资源的实际分配。家庭取水能力的建设是一个随时间发展的过程，其中法定公共行为主体（喜马偕尔邦政府）和根植于社会的非正式行为主体（家庭）发挥了主要作用，而市场则起到了辅助作用。家庭获取家畜、基础设施和社会网络的能力对家庭能力具有重大影响，这些能力无法像现代发展规划所假定的那样通过交流手段进行协商解决。能力的差别使家庭采取了各式各样的取水行动，包括以反抗、谈判、宣传以及辞职为主的各类措施。这些措施种类繁多，难以预测。在这种情况下，最好通过各种基础设施建设措施以及直接锁定无法适应制度变化的弱势家庭来提高家庭的能力。

这种相互作用揭示了行为主体利用各种不同规则进行水政策谈判和水分配以及影响家庭发展能力的适应性行为。举例来说，在 Bagh 地区，Rajouri（上游的小村庄）的家庭被授予"雇员"的职位，他们利用环境要素（土地位置）向统治者索要灌溉权。同样地，在 Pipal 地区，家庭所获得的土地所有权（地位制度）使他们可以合法地要求灌溉权，这获得了喜马偕尔邦政府、世界银行和 BKIS 的支持。行为主体的适应性行为同样值得关注，如基础设施的引入赋予了家庭建设牛奶销售社会网络的"地位"，与过去勉强维持生计的经济水平形成了鲜明对比。行为主体（统治者、社区组织、市场机构、政府机关、最高法院、多边和私营机构）皆属于利益相关者，特定情境下它们拥有影响水资源相关问题的合法权益。行为主体的适应性取决于法定规则赋予它们的"地位"，这些规则由社会嵌入规则和环境要素巧妙地结合发展成新的管理战略，并在这个过程中对水资源管理形成约束。

通过约束水管理，行为主体促进了代理人的出现，代理人将自身实际意识（自身利益）与话语意识（集体利益）进行巧妙结合以促进其代理活动。这完全不同于以代理人为基础的研究（Saleth and Dinar，2004；Janssen and Ostrom，2006），这些研究将代理人视为自治实体，认为他们能与静态规则产生相互作用，并以此影响制度的变化。这些代理人的变革能力和影响力的与日俱增，是伴随着行为主体在不同时间点对其进行的调整而形成的。他们运用这种能力整合不同的行为主体，更重要的是，还与其他代理人联手改变法定规则。举例来说，PS 以其"卡车司机"的经历而闻名，而他的这种经历再加上其 BKIS 主席和旁遮普部落成员的身份，赋予了他行动的权力。DC 来自贫民阶层且与黑社会有联系，他利用原国会政党的失败获取了印度民主宪法 MLA 的豁免权。SK 则以类似的方式在 HP 管理服务机构下获得了权力。虽然社会嵌入规则和法定规则为他们提供了边界和位置，但其决定权力来自法定规则。他们全都利用利己的个人主义目标追求集体"项目"，这与 Llewellyn（2007）的研究相类似。代理人追求双重目标的能力使其在水资源管理的社会政治过程中成为"狡猾的玩家"（Randeria，2003）。这些代理人分别属于目标导向型（PS）、投机取巧型（DC）和反应型（SK）。这些代理人的实力在于能够在宏观层面上将自己对现行制度结构的不满知会其他代理人，然后通过加入种类繁多的规则来追求一种适应性方法。由于知识的有限和狡猾的本性，这些代理人不总是着眼于解决贫穷和环境管理有关的问题，也不会在治理方面拿出任何有助于他人的想法。对于法定公共行为主体而言，在对全面战略进行逐步完善的过程中，注意这些外在推动因素并能鉴别适应性行为具有重要意义。

总体结论

该研究以特定情境水相关问题的系统方法为基础，运用多种手段揭示 Pipal 村庄行为主体和规则之间相互作用的性质。通过被应用于贝叶斯网络中的这些方法收集而来的信息，确定变量间的关系并制作反映这些信息的网络信息图。这有助于确定不同种类的规则以及它们之间能够影响水管理的相互作用。这显示了人类行为主体的本能行为，更重要的是，还对发生联系的可能性进行了量化处理。虽然贝叶斯网络与传统分析手段相比具有一些优势，但当以 100% 概率分析生物物理现实时，它们可能遇到实际问题。此外，网络中的定性和定量信息的整合可能在统计上无代表性。

在问题情境中运用系统方法有助于全面理解作为社会政治过程的水管理。正是在这个过程，目标一致的人类实体才被调动起来利用各类规则和资源做出明智的战略选择。在问题情境中审视社会政治过程有助于在可控范围内理解和分析复杂性。这可帮助识别种类丰富的人类实体并找出制约水管理的相关规则，同时有助于找到代理人所整合的行为主体和规则，以引发制度变革，从而解决这个问题。在这个社会政治过程中，代表不同立场的利益相关者、行为主体和代理人在改善社会政治过程方面发挥了重要作用。但他们会根据问题的背景以及制度变革代理人所追求的"项目"主动转变立场，使水管理的社会政治过程成为一种动态的适应性过程。尽管利益相关者都是自然资源的使用者和管理者，会在管理平台以外对社会政治过程产生消极影响，但他们在特定情境下仍会依靠代理人所赋予的正当性而作为行为主体进入管理平台。这些行为主体的形式包括组织或个人团体，他们不仅如 Archer 所阐述的那样具有履行义务的职责，且根据环境的不同还具有战略作用。这种战略作用为代理人和他们的代理机构提供了支持。代理人是有"项目"的人群，由于现有法规的缺位及生物物理资源的匮乏，他们来自行为主体确定的议题或问题。在这个社会政治过程中，所有人类实体都有变革能力或影响力，它是在问题情境中依赖于促进它们的法定规则和社会嵌入规则所激发出来的。只有当代理人洽谈"项目"时，这种影响力才能得到显现，且还会得到维持。由于知识的有限和狡猾的本性，这些代理不总是着眼于解决贫穷和环境管理有关的问题，也不会在治理方面拿出任何有助于他人的想法。

鉴于人类实体存在的动态和适应性行为，该研究对比了当前高度简化、标准化的线性政策和单一的成套改革方案，强调了采用综合方法管理水资源的重要性。这种方法要求法定公共行为主体制定战略政策，要惠及贫困人群，提高社会公平以及营造可持续发展的未来。将有意识的规则设计与使其他行为主体有能力设计规则结合起来十分重要。需要有意识的规则设计来监测和管理水分配，适应资源危机，且更重要的是，关怀贫困家庭，通过改善历史社会文化条件来建设他们的能力，使其他行为主体有能力设计规则的前提是，提供基础设施（公路、交通设施和大众传媒），从而使行为主体和代理人能自愿分享与讨论可用的水资源信息，并在整合水资源管理中进行能力建设，以实现自组织。

4.5.5.5　评论

这篇文章采用综合法分析了水问题相互作用的性质。文章认为，水问题是自然、社会和政治力量相互作用的产物。这些力量能够在不同尺度（或层面）之间发生相互作用，从而导致网络动态中的相互变化。他们强调力量关系以及对微观行为和宏观结果的影响力。

参 考 文 献

Ackoff, R. L. 1979. The future of Operational Research is Past. *The Journal of the Operational Research Society*, 30（2）：93-104.

Adger, W. N., Brown, K., Fairbrass, J., Jordan, A., Paavola, J., Rosendo, S., and Seyfang, G. 2003. Governance for sustainability: Towards a "thick" analysis of environmental decision-making, *Environment and Planning A*, 35（6）：1095-1110.

Allen, P. M. 2000. Knowledge, learning, and ignorance, *Emergence*, 2（4）：78-103.

Amarasinghe, U. S., Amarasinghe, M. D., and Nissanka, C. 2002. Investigation of the Negombo estuary（Sri Lanka）brush park fishery, with an emphasis on community-based management, *Fisheries Management and Ecology*, 9：41-56.

Amarasinghe, U. S., Chandrasekara, W. U., and Kithsiri, H. M. P. 1997. Traditional practices for resource sharing in an artisanal fishery of a Sri Lankan estuary, *Asian Fisheries Science*, 9：311-323.

Anderies, M. J., Janssen, A. M., and Ostrom, E. 2004. A framework to analyse the robustness of social-ecological systems from an institutional perspective. *Ecology and Society*, 9：18.

Arnell, N. W. 2011. Incorporating climate change into water resources planning in England and Wales, *Journal of the American Water Resources Association*, 47（3）：541-549.

Bar-Yam, Y. 2004. Multiscale Variety in Complex Systems. *Complexity*, 9：37-45.

Basu, N. B., et al. 2010. Nutrient loads exported from managed catchments reveal emergent biogeochemical stationarity, *Geophysical Research Letters*, 37: L23404.

Basu, N. B., Rao, P. S. C., Thompson, S. E., Loukinova, N. V., Donner, S. D., Ye, S., and Sivapalan, M. 2011a. Spatiotemporal averaging or in-stream solute removal dynamics, *Water Resources Research*, 47: W00J06.

Bellamy, J. A., Walker, H. D., Mcdonald, T. G., and Syme, J. G. 2001. A systems approach to the evaluation of natural resource management initiatives. *Journal of Environmental Management*, 63: 407-423.

Bennis, W. M., Medin, D. L., and Battels, D. M. 2010. The Cost and Benefits of Calculation and Moral Rules. *Perspectives on Psychological Science*, 5 (2): 187-202.

Berkes, F. (ed.). 1989. *Common Property Resources: Ecology and Community- Based Sustainable Development*. London: Belhaven.

Berkes, F., Colding, J., and Folke, C. (eds.). 2003. *Navigating Social-ecological systems: Building Resilience for Complexity and Change*. Cambridge: Cambridge University Press.

Berkes, F. 2002. Cross- scale institutional linkages for commons management: perspectives from the bottom up, in E. Ostrom, T. Dietz, N. Dolsak, P. C. Stern, S. Stonich, and E. U. Weber (eds.) *The Drama of the Commons* (pp. 293-321). Washington, D. C.: National Academy Press.

Berkes, F. 2006. From community- based resource management to complex systems. *Ecology and Society*, 11 (1): 45.

Berkes, F. L. and Folke, C. (eds.). 1998. *Linking Social and Ecological Systems: Management Practices and Social Mechanisms for Building Resilience*. Cambridge: Cambridge University Press.

Biswas, A. K. 2004. Integrated water resources management: a reassessment, *Water International*, 29 (2): 248-256.

Blöschl, G. 2006. Hydrologic synthesis: Across processes, places, and scales, *Water Resources Research*, 42: W03S02.

Blöschl, G. and A. Montanari. 2010. Erratum: Climate change impacts throwing the dice? *Hydrological Processes*, 24 (8): 374-381.

Boland, J . J., and Baumann, D. 2009. Water resources planning and management, in C. S. Russell and D. D. Baumann (eds.) *The Evolution of Water Resources Planning and Decision Making*. Cheltenham: Edward Elgar, IWR Maass- White Series.

Bronowski, J. 1956. *Science and Human Values*. New York: Julian Messner Inc.

Brooks, P. D., Troch, P. A., Durcik, M., Gallo, E., Moravec, B., Schlegel, M., and Carlson, M. 2011. Predicting regional- scale ecosystem response to changes in precipitation: Not all rain is created equal, *Water Resources Research*, 47: W00J08.

Brown, C., Werick, W., Leger, W., and Fay, D. 2011. A decision- analytic approach to managing climate risks: Application to the Upper Great Lakes. *Journal of the American Water Resources Association*, 47 (3): 524-534.

Carlsson, L. 2000. Policy networks as collective action, *Policy Studies Journal*, 28: 502-520.

Cash, D. W., Adger, W., Berkes, F., Garden, P., Lebel, L., Olsson, P., Pritchard, L., and Young, O. 2006. Scale and cross-scale dynamics: governance and information in a multi-level world, *Ecology and Society*, 11 (2): 8.

Cash, D. W. and Moser, S. C. 2000. Linking global and local scales: Designing dynamic assessment and management processes, *Global Environmental Change*, 10: 109-120.

Dettinger, M. 2011. Climlate change, atmospheric rivers, and floods in California: A multi-model analysis of storm frequency and magnitude changes, *Journal of the American Water Resources Association*, 47 (3): 514-523.

Dietz, T., Ostrom, E., and Stern, P. C. 2003. The struggle to govern the commons, *Science*, 302: 1907-1912.

Dooge, J. C. I. 1986. Looking for hydrologic laws, *Water Resources Research*, 22 (9): 46-58.

Dooge, J. C. I. 1988. Hydrology in perspective, *Hydrological Sciences Journal*, 33 (1): 61-85.

Dooge, J. C. I. 1992. Sensitivity of runoff to climate change: A Hortonian approach, *Bulletin of the American Meteorological Society*, 73: 2013-2024.

Dorcey, A. H. J. 1986. *Bargaining in the Governance of Pacific Coastal Resources: Research and Reform*. British Columbia: University of British Columbia Press.

Fogg, G. E. and LaBolle, E. M. 2006. Motivation of synthesis, with an example on ground water quality sustainability, *Water Resources Research*, 42: W03S05.

Folke, C., Colding, J., and Berkes, F. 2003. Synthesis: building resilience and adaptive capacity in social-ecological systems, in F. Berkes, J. Colding and C. Folke (eds.) *Navigating Social-Ecological Systems: Building Resilience for Complexity and Change* (pp.352-387). Cambridge: Cambridge University Press.

Folke, C., Hahn, T., Olsson, P., and Norberg, J. 2005. Adaptive governance of social-ecological systems, *Annual Review of Environmental Resources*, 30: 8.1-8.33.

Galloway, G. E. 2011. If stationarity is dead, what do we do now? *Journal of the American Water Resources Association*, 47 (3): 563-570.

Gunderson, L. H., and Holling, C. S. (eds). 2002. *Panarchy: Understanding Transformations in Human and Natural Systems*. Washington, DC: Island Press.

Gupta, V. K., et al. 2000. A framework for reassessment of basic research and educational priorities in hydrologic sciences, in *Report of a Hydrology Workshop*, Albuquerque, NM, Jan.31-Feb.1, 1999, *to the NSFGEO Directorate*. Albuquerque: CIRES.

Haas, P. M. 1990. *Saving the Mediterranean: The Politics of International Environmental Cooperation*. New York: Columbia University Press.

Harman, C. J., Rao, P. S. C., Basu, N. B., Kumar, P., and sivapalan, M. 2011b. Climate, soil and vegetation controls on the temporal variability of vadose zone transport, *Water Resources Research*, 47: W00J13.

Harman, C. J., Troch, P. A., and Sivapalan, M. 2011a. Functional model of water balance variability at the catchment scale: 2. Elasticity of fast and slow runoff components to precipitation change in the continental United States, *Water Resources Research*, 47: W02523.

Harte, J. 2002. Toward a synthesis of Newtonian ana Darwinian worldviews, *Physics Today*, 55: 29-34.

Hilborn, R., Orensanz, J. M., and Parma, A. 2005. Institutions, incentives and the future of fisheries, *Philosophical Transactions of the Royal Society Series B*, 360: 47-57.

Hirsch, R. M. 2011. A perspective on nonstationarity and water management, *Journal of the American Water Resources Association*, 47 (3): 436-446.

Hodgkins, G. A. and Dudley, R. W. 2006. Changes in the timing of winter- spring stream- flows in Eastern North America, 1913-2002. *Geophysical Research Letters*, 33: L06402.

Hooper, R. P. 2009. Toward an intellectual structure for hydrologic science, *Hydrological Processes*, 23: 353-355.

Hubbard, S. and Hornberger, G. 2006. Introduction to special section on Hydrologic Synthesis, *Water Resources Research*, 42: W03S01.

Hurst, H. E. 1951. Long term storage capacities of reservoirs, *Transactions of the American Society of Civil Engineers*, 116: 776-808.

Janssen, M. A. and Ostrom, E. 2006. Empirically based, agent- based models, *Ecology and Society*, 11 (2): 37.

Jentoft, S. 1989. Fisheries co-management, *Marine Policy*, 13: 137-154.

Johannes, R. E. 1998. Government-supported, village-based management of marine resources in Vanuatu, *Ocean and Coastal Management*, 40: 165-186.

Kauffmann, S. A., 1993. *The Origins order: Self-Organization and Selection in Evolution*. New York: Oxford University Press.

Kiang, J. E., Olsen, J. R., and Waskom, R. M. 2011. Introduction to the featured collection on "nonstationarity, hydrologic frequency analysis and water management," *Journal of the American Water Resources Association*, 47 (3): 433-435.

Kleidon, A. and Schymanski, S. J. 2008. Thermodynamics and optimality of the water budget on land: A review, *Geophysical Research Letters*, 35: L20404.

Koutsoyiannis, D. 2011. Hurst- Kolmogorov dynamics and uncertainty, *Journal of the American Water Resources Association*, 47 (3): 481-495.

Kumar, P. 2011. Typology of hydrologic predictability, *Water Resources Research*, 47: W00H05.

Kumar, P. and Ruddell, B. L. 2010. Information driven ecohydrologic self-oganization, *Entropy*, 12 (10): 2085-2096.

Kundzewicz, Z. W. 2011. Nonstationarity in water resources- central European perspective, *Journal of the American Water Resources Association*, 47 (3): 550-562.

Kurien, J. 1992. Ruining the commons and responses of the commoners: coastal overfishing and fishermen's actions in Kerala State, India, in D. Ghai and J. Vivian (eds.) *Grassroots Environmental Action: Peoples Participation in Sustainable Development* (pp. 221-258). London: Routledge.

Layzer, J. A. 2006. *The Environmental Case: Translating Values into Policy*, Second Edition. Washington D. C. : CQ Press.

Lebel, L., Garden, P., and Imamura, M. 2005. The politics of scale, position and place in the governance of water resources in the Mekong region, *Ecology and Society*, 10 (2): 18.

Lebel, L., Anderies, J. M., Campbell, B., Folke, C., Hatfield-Dodds, S., Hughes. T. P., and Wilson, J. 2006. Governance and the capacity to manage resilience in regional social-ecological systems, *Ecology and Society*, 11 (1): 19.

Lee, K. N. 1999. Appraising adaptive management, *Conservation Ecology*, 3 (2): 3.

Levin, S. A. 1999. *Fragile Dominion: Complexity and the Commons*. Reading, MA: Perseus Books.

Lins, H. F. and Cohn, T. A. 2011. Stationarity: Wanted dead or alive? *Journal of the American Water Resources Association*, 47 (3): 475-480.

Lins, H. F. and Slack, J. R. 2005. Seasonal and regional characteristics of U. S. streamflow trends in the United States from 1940-1999, *Physical Geography*, 26: 489-501.

Liu, J., Dietz, T., Carpenter, S. R., Alberti, M., Folke, C., Moran, E., Pell, A. N., Deadman, P., Kratz, T., Lubchenco, J., Ostrom, E., Ouyang, Z., Provencher, W., Redman, C. L., Schneider, S. H., and Taylor, W. W. 2007. Complexity of coupled human and natural systems, *Science*, 317: 1513-1516.

Llewellyn, S. 2007. Introducing the agents, *Organization Studies*, 28: 133-153.

Lobe, K., and Berkes, F. 2004. The padu system of community-based resource management: Change and local institutional innovation in South India, *Marine Policy*, 28: 271-281.

McCabe, G. J. and Wolock, D. M. 2002. A step increase in streamflow in the coterminous United States, *Geophysical Research Letters*, 29 (24): 2185.

McDonnell, J. J. et al. 2007. Moving beyond heterogeneity and process complexity: A new vision for watershed hydrology, *Water Resources Research*, 43: W07301.

McGinnis, M. D. (ed.). 2000. *Polycentric Games and Institutions*. Ann Arbor, MI: University of Michigan Press.

Means, E., Laugier, M., Daw, J., Kaatz, L. M., and Waage, M. D. 2010. *Decision Support Planning Methods: Incorporating Climate Change Uncertainties Into Water Planning*. http://www.wucaonline.org/assets/pdf/actions_whitepaper_012110.pdf(accessed April 2011).

Milly, P. C. D., Betancourt, J., Falkenmark, M., Hirsch, R. M., Kundzewicz, Z. W., Lettenmaier, D. P., and Stouffer, R. J. 2008. Stationarity is dead: Whither water management? *Science*, 319: 573-574.

Mitchell, B. 2005. Integrated water resource management, institutional arrangements and land-use planning, *Environment and Planning A*, 37: 1335-1352.

Mitchell, M. 2009. *Complexity: A Guided Tour*. Oxford: Oxford University Press.

Montanari, A. 2011. Uncertainty of hydrological predictions, in P. A. Wilderer (ed.) *Treatise on Water Science*, vol. 2 (pp. 459-478). Amsterdam: Elsevier.

Morrison, T. 2004. *Institutional integration in complex environments: Pursuing rural sustainability at the regional level in Australia and the U. S. A.* Doctoral Thesis, School of Geographical Sciences and Planning, University of Queensland, Brisbane.

Orlove, B., and Caton, S. C. 2010. Water sustainability: Anthropological approaches and prospects. *Annual Review of Anthropology*, 39: 401-415.

Ostrom, E., Burger, J., Field, C. B., Norgaard, R. B., and Policansky, D. 1999. Revisiting the commons: local lessons, global challenges, *Science*, 254: 278-282.

Ostrom, E., Dietz, T., Dolsak, N., Stern, P. C., Stonich, S., and Weber, E. U. (eds.). 2002. *The Drama of the Commons.* Washington, DC: National Academy Press.

Ostrom, E., Gardner, R., and Walker, J. 1994. *Rules, Games, and Common-Pool Resources.* Ann Arbor, MI: University of Michigan Press.

Ostrom, E. 1990. *Governing the Commons. The Evolution of Institutions for Collective Action.* Cambridge: Cambridge University Press.

Ouarda, T. B. M. J. and El-Adlouni, S. 2011. Bayesian nonstationary frequency analysis of hydrological variables, *Journal of the American Water Resources Association*, 47 (3): 496-505.

Pahl-Wostl, C. 2007. The implications of complexity for integrated resources management, *Environmental Modelling & Software*, 22: 561-569.

Pahl-Wostl, C., Craps, M., Dewulf, A., Mostert, E., Tabara, D., and Taillieu, T. 2007. Social learning and water resources management, *Ecology and Society*, 12 (2): 5.

Paul, A. 2005. Rise, fall and persistence in Kadakkodi: an enquiry into the evolution of a community institution for fishery management in Kerala, India, *Environment and Development Economics*, 10: 33-51.

Pinkerton, E. (ed.). 1989. *Co-operative Management of Local fisheries.* British Columbia: University of British Columbia Press.

Randeria, S. 2003. Glocalisation of law: Environmental justice, World Bank, NGOs and the cunning state in India, *Current Sociology*, 51: 305-328.

Regional Environmental Centre (REC). 1998. *Doors to Democracy.* Szentendre, Hungary: REC.

Regional Environmental Centre (REC). 1999. *Healthy Decisions: Access to Information, Public Participation in Decision-Making and Access to Justice in Environment and Health Matters.* Szentendre, Hungary: REC.

Renn, O., Webler, T., and Wiedeman, P. (eds.). 1995. *Fairness and Competence in Citizen Participation: Evaluating Models for Environmental Discourse.* London: Kluwer Academic.

Rittel, H. W. and Webber, M. M. 1973. Dilemmas in a general theory of planning, *Policy Sciences*, 4: 155-169.

Rogers, P., MacDonnell, L., and Lydon, P. 2009. Political decision making: real decisions in real political contexts, in C. S. Russell and D. D. Baumann (eds.) *The Evolution of Water Resources Planning and Decision Making.* Cheltenham: Edward Elgar, IWR Maass-White Series.

Saleth, M. R. and Dinar, A. 2004. *The Institutional Economics of Water*: *A Cross-country Analysis of Institutions and Performance*. Cheltenham, UK: Edward Elgar and World Bank.

Saravanan, V. S. 2008. A systems approach to unravel complex water management institutions, *Ecological Complexity*, 5 (3): 202-215.

Schaefli, B., Harman, C. J., Sivapalan, M., and Schymanski, S. J. 2011. Hydrologic predictions in a changing environment: Behavioral modeling, *Hydrology and Earth System Sciences*, 15: 635-646.

Sheer, D. 2010. Dysfunctional Water Management: Causes and Solutions. *Journal of Water Resources Planning and Management*, 136 (1): 1-4.

Singh-Renton, S., Mahon, R., and McConney, P. 2003. Small Caribbean (CARICOM) states get involved in management of shared large pelagic species, *Marine Policy*, 27: 39-46.

Sivapalan, M., Thompson, S. E., Hraman, C. J., Basu, N. B., and Kumar, P. 2011a. Water cycle dynamics in a changing environment: Improving predictability through synthesis, *Water Resources Research*, 47: W00J01.

Sivapalan, M., Yaeger, M. A., Harman, C. J., Xu, X., and Troch, P. A. 2011b. Functional model of water balance variability at the catchment scale: 1. Evidence of hydrologic similarity and space-time symmetry, *Water Resources Research*, 47: W02522.

Stacey, R. D. 1992. *Managing the Unknowable*: *Strategic Boundaries Between Order and Chaos in Organizations*. San Francisco, CA: The Jossey-Bass Management Series.

Stacey, R. D. 2007. *Strategic Management and Organizational Dynamics*: *The Challenge of Complexity*, 5th Edition. New York: Prentice Hall.

Stedinger, J. R. and Griffis, V. W. 2011. Getting from here to where? Flood frequency analysis and climate, *Journal of the American Water Resources Association*, 47 (3): 506-513.

Stephens, W. and Hess, T. 1999. Systems approaches to water management research, *Agricultural Water Management*, 40: 3-13.

Stiglitz, J. E., Sen, A., and Fitoussi, J.-P. 2010. *Mis-measuring Our Lives*: *Why GDP Doesn't Add Up*. New York: New Press.

Stone, D. 2002. *Policy Paradox*: *The Art of Political Decision Making*, Revised Edition. New York: W. W. Norton and Company.

Strogatz, S. H. 1994. *Nonlinear Dynamics and Chaos*, *With Applications to Physics*, *Biology*, *Chemistry*, *and Engineering*. Reading, MA: Addison Wesley.

Thompson, S. E., et al. 2011a. Patterns, puzzles and people: Implementing hydrologic synthesis, *Hydrological Processes*, 25: 3256-3266.

Thompson, S. E., Harman, .J., Troch, P. A., and Sivapalan, M. 2011b. Predicting evapotranspiration at multiple timescales: Comparative hydrology across AMERIFLUX sites, *Water Resources Research*, 47: W00J07.

Thompson, S. E., Basu, N. B., Lascurain Jr., J., Aubeneau, A., and Rao, P. S. C. 2011d. Hydrologic controls drive patterns of solute export in forested, mountainous watersheds, *Water Resources Research*, 47: W00J05.

Tompkins, EL and W. N. Adger. 2004. Does adaptive management of natural resources enhance resilience to climate change? *Ecology and Society*; 9 (2): 10.

Torgersen, T. 2006. Observatories, think tanks, and community models in the hydrologic and environmental sciences: How does it affect me? *Water Resources Research*, 42: W06301.

Troch, P. A., Martinez, G. F., Pauwels, V. R. N., Durcik, M., Sivapalan, M., Harman, C., Brooks, P. D., Gupta, H., and Huxman, T. 2009. Climate and vegetation water use efficiency at catchment scales, *Hydrological Processes*, 23: 2409-2414.

Villarini, G., Smith, J. A., Baeck, M. L., and Krajewski, W. F. 2011. Examining flood frequency distributions in the Midwest U. S., *Journal of the American Water Resources Association*, 47 (3): 447-463.

Voepel, H., Ruddell, B. L., Schumer, R., Troch, P. A., Brooks, P. D., Neal, A., Durcik, M., and Sivapalan, M. 2011. Quantifying the role of climate and landscape characteristics on hydrologic partitioning and vegetation response, *Water Resources Research*, 47: W00J09.

Vogel, R. M., Yaindl, C., and Walter, M. 2011. Nonstationarity: Flood magnification and recurrence reduction factors in the United States, *Journal of the American Water Resources Association*, 47 (3): 464-474.

Waage, M. D. and Kaatz, L. 2011. Nonstationary water planning: an overview of several promising planning methods, Journal of the American Water Resources Association, 47 (3): 535-540.

Wagener, T., Sivapalan, M., Troch, P. A., McGlynn, B. L., Harman, C. J., Gupta, H. V., Kumar, P., Rao, P. S. C., Basu, N. B., and Wilson, J. S. 2010. The future of hydrology: An evolving science for a changing world, *Water Resources Research*, 46: W05301.

Wilson, J. S., Hermans, C., Sivapalan, M., and Vörösmarty, C. J. 2010. Blazing new paths for interdisciplinary hydrology, *Eos Transactions*, *American Geophysical Union*, 91 (6): 53-54.

Young, O. 2002. *The Institutional Dimensions of Environmental Change*: *Fit*, *Interplay*, *and Scale*. Cambridge, MA: The MIT Press.

Young, O. 2006. Vertical interplay among scaledependent environmental and resource regimes, *Ecology and Society*, 11 (1): 27.

Zehe, E. and Sivapalan, M. 2009. Threshold behavior in hydrological systems as (human) geo-ecosystems: Manifestations, controls and implications, *Hydrology and Earth System Sciences*, 13 (7): 1273-1297.

水外交框架

5

水谈判的非零和方法

(Peter Kamminga 和 Paola Cecchi-Dimeglio)

历史上大多数关于用水的谈判都采取了零和方法，这意味着一方获得收益几乎总是以另一方遭受损失为代价的（Bingham et al.，1994；Tilmant et al.，2007；Sgobbi and Carraro，2011）。零和方法或非输即赢的方法意味着各方未能成功创造出足够的收益，用以同时满足各方利益。如果创造出足够收益，就有可能满足各方最重要的关切（Lax and Sebenius，1986；Arnold and Jewell，2003）。在本章，我们回顾了水零和博弈及其替代方案的发展历程，替代方案即水管理的非零和或非正式解决方案。

在跨界水项目中，零和思维有自我实现的特性。换言之，如果水管理者认为水供应有限，只能满足部分用水户的需求，那么潜在的"赢家"采取相应措施，结果也就是必然的。在这种情形下，如果利益相关者将"同时满足几乎所有利益相关者的诉求"设定为目标，他们总能取得成功吗？理论上，水纠纷的当事人应该能够找到以不同方式使用等量水资源的创新方法，或者帮助彼此减少用水需求，从而满足各方利益。这种实现"联合收益"的实例是可以找到的。例如，加利福尼亚的卡弗德（CALFED）海湾三角洲项目带动了包括联邦政府、州政府和非政府组织在内的25家单位一起寻求解决方案，用以满足整个国家的用水需求。经历了数十年的探索，他们最终能够以互利互惠的方式组织起来。一旦重新定义自身使命——从关于谁做牺牲的斗争中转移到寻求同时满足多重利益的创新方式，他们将取得进步。他们建立了海湾三角洲咨询委员会，给利益相关者提供对话的平台和项目反馈。他们还组建了多个分委会，其中包括所有相关团体和政府机构的代表。通过实时共享用水信息，参与者能够提出之前未曾实现的及可同时满足城乡利益的方式（Fuller，2006；Innes and Booher，2010）。

即使各方均承诺采用非零和博弈方法，也并不一定能够轻易实现。欧洲的多瑙河流域案例就是一个没有避开零和思维陷阱的跨界水谈判案例。各方认为，他们除了解决经济发展或者环境问题别无选择。多瑙河有19个流域国，几十年里，利益相关者制定了共同水管理的法律依据。1994年，他们制定了《多瑙河保护公约》，该公约只关注以经济发展为代价的环境问题。结果由于和当事各方磋商的环保规则相冲突，预先设定的经济计划未能得到执行。该公约提出的倡议似乎全是为了恢复和保护河漫滩鱼类产卵的栖息地。先前达成的协议提出加深和拓宽河道以增强航运能力，从而扩大水运行业（Susskind and Ashcraft，2010）。环保问题和经济问题是分别考虑的，而非一起解决的，所以错失联合收益的机会并不意外。多瑙河的谈判者认为，经济利益和环保利益是不能并存的，只能依次、逐一解决，且其不是寻求同时实现环境和经济发展目标的方式。由于没有将"问题间交易"作为价值创造战略的一部分，环境和经济两方面谈判的结果最终相互抵消了。

在另一个同等复杂的跨界水管理案例中，相关流域国能够同时满足多重目标。他们取得成功的秘诀在于，同时达成新的技术协议并修订制度安排。上述谈判可追溯至 1995 年，越南、柬埔寨、老挝和泰国在同年成立了湄公河委员会。泰国的关切是其他国家可能试图否决其发展计划及相关的水量分配，于是泰国建议，应允许各沿岸国自由使用其境内支流水量，而无须经过其他国家批准。与此同时，越南、柬埔寨和老挝高度关注如何维持旱季流量。越南建议，任何河水的使用都需由联合技术委员会同意后才能实施。不过，他们还明确该协商不包括否决其他流域国的想法的权力。最终，湄公河委员会制定的规则保证，所有拟采用的通知都将为沿岸各国在旱季来临前预留足够的时间以做出适当的调整。各国也接受了改进对流域内用水及流域间调水监控的需求。这些承诺使他们达成各方均能接受的协议。他们建立了一整套方案，利益相关团体间的联合交易注重不同的区位优先级（支流与干流），利用优先级（流域间与流域内），并考虑季节（湿季与干季）。因此，通过复杂的交易过程，他们产生了一整套方案，可保证各方的首要关注被满足。在多瑙河流域案例中，由于问题分开处理，并且没有可能的交易，各方都没能创造价值并解决他们之间的分歧。湄公河案例说明，为创造价值而工作，各方必须合作，而不仅仅是竞争。

毫无疑问，湄公河委员会成员国主要受自身利益驱动，但他们也关注"共同利益"（Innes and Connick，1999；Foster-Fishman et al.，2001）。为了实现共同利益，各国不必采用利他主义替代利己主义。相反，他们意识到，如果各方均能找到同时满足他人利益的"低成本方式"，那么将使自身结果更好。这仅发生在复杂水管理网络中的各方彼此足够信任且能够表明他们最重要的问题，以及他们是否以互惠的精神合作进行一系列交易。

在水谈判中，无论规模大小，必须考虑法律保障的基本权利。水分配的跨界协议必须尊重每个政府部门以法律保障的方式使用水、处理水及排放废水的权力（Brooks and Trottier，2010）。另外，虽然这些协议受法律保障，但它们可能仍然难以执行。非正式的问题解决方式鼓励用户和水网络管理者从零和思维转向非零和思维，这可以很好地避开阻力（McKinney，1990；Scholz and Stiftel，2005；Fuller，2009；Kallis et al.，2009）。

在本章中，我们讲到了如何组织解决问题的讨论会来增加创造价值的机会和满足各方利益的机会。作者认为，在跨界水纠纷中，如果各方联合参与调查、制定相应协议以及强调适应性管理，那么将获得创造价值的最好机会。作者认为，虽然不同条件下需要对一些具体地方做适当的修改，但这些非正式的解决问题方式在世界任何地方都可以发挥作用（Boswell，2005；Scholz and Stiftel，2005；Yu，2008；Abukhater，2009；Kock，2010）。我们重视专业协调员或促进人（交替使用这些术语）的作用，因为他们可以帮助水网管理者从竞争的零和思维向共同创造价值转变。

更具体的是，我们强调以下问题：

- 跨界水谈判有什么特殊属性，使之有时难以创造价值？
- 如果零和博弈方式不能带来最优的结果，那为什么如此多的水行业专家继续依赖它？
- 在非正式的解决问题的论坛上，创造价值的关键是什么？
- 通过价值创造产生互利结果的最重要策略或技术是什么？
- 在解决涉水行业问题的非正式努力中，引入专业中介机构的附加值是什么？

5.1 从竞争到价值创造

达成可持续的公平的水协议并不容易。在世界许多地方，水资源仍然被视为一种稀缺而非灵活的资源。对水资源缺乏的担忧使得价值创造变得异常困难。本章文献选读讲到的几个案例中，以下情况会发生水纠纷：①下游担心旱季水量不足或雨季遭受洪水；②在水分配或使用过程中，各方在着重考虑生态、经济或公平等方面存在相反观点；③经济或人口状况的变化导致用水需求的迅速增长；④现有的水量分配协议造成某方缺水，导致水价大幅度上涨；⑤当支持一方使用（如农业）而反对另一方（如旅游）时，政府实体间或利益团体间会产生边界纠纷；⑥当上游污染引发水质问题时，威胁下游渔业；⑦每个政治实体认为他们有权力制定关于使用水或回用水的新规则。

在几乎所有这些情况中，用水户认为，只有否认其他团体的需求才能满足自身的利益。决定谁获取哪部分水以及出于何种原因，始终是一个挑战。但这种挑战可作为谁赢或谁输的选择，或者可定位为需要联合解决的问题（Fuller，2006；Brooks and Trottier，2010）。

水管理纠纷几乎总是涉及多个利益相关者（直接地或间接地）。有时，许多人——和表面上看起来截然相反的利益团体——会被建议的水质标准或水量分配规则的改变影响。私人团体，包括农业、旅游业或能源行业，要面对自己竞争份额有限的"水蛋糕"。甚至同一行业内，如农业，两种或更多种作物的种植者之间可能会出现纠纷。如果水资源被用来满足某个群体的目标而问题仍然存在，这是否意味着相同的资源不能被同时用来满足他人的利益？

在奥兰治的绿色英亩计划和加利福尼亚州南部的欧文牧场水区（Irvine Ranch Water District）这两个实例中，利益冲突通过共同决定去尝试一项新技术而解决。在这些地区，污水被回用并加入到饮用水供应，也可用于景观灌溉（公园、学校和高尔夫球场）、农作物灌溉和办公室冷却。废水经二级处理之后，再过滤并消毒，这使一种新型纳米过滤膜选择性地去除有机物分子成为可能。因此，使用新技术达成的协议可以抓住关键以同时满足利益冲突。

水分配的冲突会定期转移。可用水量的自然波动、人口水平的变化或经济增长导致需求转移，进而改变水分配纠纷的性质或造成新的纠纷（McCarthy et al.，2001；Guan and Hubacek，2007）。参与各方可能在某一时刻协同工作，却在下一时刻发现彼此对立。同时，水纠纷的焦点会随着新科技或技术的发现而演变，或作为改变生态条件的副产物（Guan and Hubacek，2007；Cascão，2009；Brooks and Trottier，2010）。

在科罗拉多州南部的一个项目说明了各方如何共同面对新兴挑战。一组农民依法享有种植庄稼所需用水；然而他们生产庄稼的方式造成附近河流含盐度不断升高。同时，由于融雪减少，河流的可用水总量正在不断减少。流域委员会必须决定是否投资昂贵的水处理设施，用以解决盐碱化问题，或者限制农民的作物选择。但这两个选项都没有吸引力，委员会最后通过实施与定价策略挂钩的交易计划，在许多用水户间达成了协议。他们向污染河流的用水户征收罚款，且将这笔钱重新分配给没有超过特定污染水平的用水户。津贴持有者能够与他人交易多余的津贴，或者购买额外的津贴以避免违反最大允许排放值。通过实施配额和利益分配，这种交易体系产生了更大的用水效率（Kock，2010）。委员会避免了修建昂贵的水管理基础设施，盐碱化问题也得到了解决。在某种意义上，正是这种交易体系带来的效率，创造了更多的水。

当水纠纷涉及主权国家时，旨在创造价值的谈判就变得更加复杂。不同的国家利益、文化需求以及内部政治需求通常导致不惜一切代价努力去维护主权。无论国家内部或国家之间的水量分配问题在第一次出现时是否被有效处理，它们都会时常发生（Wolf，1995；Megdal，2007）。若利益相关者的谈判曾陷入过僵局，那么其后的谈判会越来越艰难。感知的不公正在后来问题的解决中也会带来一些最棘手的困难（Furlong and Gleditsch，2003；Dixit and Gyawali，2010）。各个层面和领域的水竞争将不可避免地导致冲突。水管理者和利益相关者可以使用传统的讨价还价技巧解决这些冲突，或者采用非零和方法。我们强调的是，要通过技术创新、重新规划和各种交易来解决问题并创造价值。

5.2 调解冲突的要求

水管理的方法通常可以分为两类：上一级机构可以强制执行决定，或者双方协商解决，当局协助执行。

给机构分配权力以对争议双方强行做出决定的选项，在国内或国际都已变得越来越不受欢迎（Jansky and Uitto，2005；Earle and Malzbender，2006）。在理论上，有一个"更高级"机构强加决定似乎会更有效，但实际上达成，乃至更重要的是实施这些决定是有问题的。只要一方认为其利益没有被满足，它将寻求方法阻挠任何强加决定的实施。佛罗里达州南部湿地修复就是一个很好的案例。联邦政府对湿地的管理中遗漏了制糖企业及环保团体等关键用水户。这些团体随后提起诉讼，阻止政府实施生态系统计划（Kiker et al.，2001）。制糖企业认为，政府试图让它们对国家湿地公园造成的污染负责。在蔗田附近发现了对水质有不利影响的高浓度磷。州政府的推理似乎是，制糖企业应该承担大部分的修复费用，因为它们造成了严重的污染。与此同时，环保团体认为，佛罗里达州应该对国家湿地公园水质标准的制定和实施负责，但州政府没能实施水质法律（Vileisis，1997）。

诉讼紧随其后。然而，这并没有带来一个可以创造价值的法庭讨论（即各方利益可以通过各种交易或发明被同时满足）。解决诉讼的努力产生了最低可接受的结果。联邦政府购买了大部分之前曾用于食糖生产的湿地。这为制糖企业提供了补偿，同时同意支付生态系统修复成本也得到了环保人士的赞许。最终，美国内政部长布鲁斯·巴比特宣布了解决方案，要求农业产业化以减少磷浓度，首先达到一个中间水平，并在随后 5 年达到终的限制标准。种植者被允许用额外的 10 年来达到先前设定的标准，并且只被要求支付总成本的一小部分。谈判解决并没有使各方面对面的讨论解决问题。相反，他们的律师忙于艰难的讨价还价，并达成最低限度可接受的协议，但没有要求固执的各方共享信息或探索新的合作方式，以完成更多的工作。

各国政府通常有足够的法律权力在区域或地方水纠纷中实施决定，即使有很大的政治抵触，也有权力强制执行。当水纠纷跨越国界，谈判解决是唯一的选择，因为主权国家不能被强迫接受他们反对的条款。没有更高的权力机关告诉他们该怎么做。在上述情况下，谈判达成的协议要满足所有相关机构或政治实体的利益，否则"非强制服从"的目标将无法实现（Chayes and Chayes，1991，1993）。

国家内及国家间跨界水协议谈判通常遭遇失败，原因是相关方未能找到一种方法满足所有各方需求。例如，前面提到的多瑙河流域各国没能就如何使用水资源达成协议（Boswell，2005；Fuller，2006）。在印度河流域，巴基斯坦和印度希望根据《印度河水条约》，仲裁解决从一条支流引水到另一条支流的问题（Mustafa，2002；Briscoe，2009，2010）。相关各方一直没能依靠自己解决这个问题，即使在两国签订的条约中规定了仲裁方案，但也不可能解决问题，甚至使谈判拖延或导致无法解决的僵局（Bingham et al.，1994；Mustafa，2002）。除非各方最重要的利益被满足，否则他们不可能同意强加于他们的方案。

有一种处理这种情况的方法，那就是引入协调员或调解员，培训他们通过建立共识来指导各方谈判。考虑到水纠纷的复杂性，以及各方在制定长久协议时可能存在的困难，协调员或调解员能以很多方式发挥作用。最初，协调员或调解员的角色是帮助各方制定解决方案并使他们步入正轨。随后可能是，管理联合实情调查、数据收集或其他非正式的问题解决，可能也包括帮助各方在处理自己内部冲突时"远离谈判桌"（Cash et al.，2003）。下面我们将谈及协调员或调解员的选择。

5.3　零和思维的风险

在水行业或其他任何政治领域，为了使谈判能取得可持续的解决方法，各方必须执行一个精心设计的问题解决方案或谈判过程（Innes and Booher，2010）。然而，考虑到大多数水管理情况的复杂性，如何设计合适的问题解决方式是很困难的（Susskind，1999；Margerum，2008）。为做好充分的谈判准备，有必要进行预谈判，以确保各方坐在谈判桌边，并做好准备，知道其内部利益相关者的需求，并且要详细说明时间表、基本原则、议程和联合实情调查程序后再开始（Susskind，1999；Wolf，2002；Fuller，2006；Bingham and O'Leary，2008）。

实际上，水管理冲突的各方通常会有差别较大的谈判准备。结果，经验最少和最不自信的当事方最有可能陷入"艰难的谈判"，因为非零和博弈要求做好充分准备（Schelling，1960；Fisher et al.，1981）。在零和博弈中，各方都会夸大其需求，因为他们知道后续会做出让步。他们只追求自己关注的，而不关心谈判伙伴的利益（Lax and Sebenius，1986）。当一些谈判方在联合解决问题方面没有足够经验时，上述情况在水谈判中就可能发生。

在艰难的讨价还价中，无论可用的水资源多么有限，各方的主要目标都是要求获得其中最大的份额（且必须比其他方多）。为在艰难的讨价还价下达成结果，各方展开了以市场为特征的谈判策略，包括欺骗、最后通牒、威胁等（Lewicki et al.，2003；Daoudy，2005）。当然，埋藏在艰难谈判背后的是水资源不足的假设。这种零和观点假定水资源只能用一次，且只能为一方所用。毫不意外，它产生一方"赢"、另一方"输"的结果。例如，一个方案可能只支持环境保护（如减少污染）或经济发展（如将更多水量分配给产生污水的工业使用）。本章附加的摘录的案例中描述了皮亚韦（Piave）河流域的模拟，以上情况就是该模拟所发生的。各方认为他们属于零和博弈，水资源可用于发展旅游业，或让农民种植作物。模拟规则是，不允许各方探讨在零和条款以外重新规划选择的可能性（Sgobbi and Carraro，2011）。当没有更高的权力机构来执行公平的决定时，得失的分配倾向于支持最具谈判能力的一方。在这种情况下，和解谈判是看哪方能使其他方屈服（Fisher，1983）。

艰难讨价还价的谈判结果通常是不可持续的（Bernauer，2002）。除非该协议被当事方认为是公平的（受影响一方）、高效的（支付方）以及明智的（具有专业知识来判断的当事方），否则即使勉强签署了协议，一方或多方将寻找机会重新谈判或"秋后算账"（Susskind and Cruikshank，1987）。假设各方必须共同努力来执行水协议——"水战争"不是大家的优选结果——零和视角的最好结果就是妥协：一种协议足以阻止大多数当事方有更多的推动。通常，这意味着胜出方将获得大部分利益，而较弱的当事方得到的利益很少（Biswas，1993；Zeitoun and Mirumachi，2008）。在不对等谈判之后，弱势的一方通常试图阻碍或中断执行。例如，他们可以试图与适度强大的当事方形成一个新的联盟，来击败把他们遗漏掉的获胜联盟。或者他们可以发起运动，来破坏公众对协议的接受，即使他们签了协议（当他们感觉别无选择的时候）。有时，较弱群体可以呼吁公平原则，以获取公众的同情。多年来，印度强制尼泊尔为其不断增长的人口供水，尼泊尔政府对此深感无力，但任何犹豫都会遭到军事威胁。最终，为了对抗印度的压迫、保障自身权益，尼泊尔政府向中国寻求支持。一旦中国明确支持尼泊尔，那么印度将不得不重新估计其谈判策略。这就是弱势国家如何与更强大的邻国进行谈判的典型案例（Pokharel，1996）。

当涉及艰难的谈判策略时，谈判的构架方式使谈判难上加难。艰难的谈判者隐瞒信息，竭力使谈判伙伴感到不舒服（这样他们会想尽可能快地结束这种前后反复），做很少的让步，并且断然拒绝合作请求，声称这将等同于"放弃"。这不难发现，为什么艰难的讨价还价成了创造性解决问题的阻力。

努力的讨价还价会破坏关系。妥协交易往往有损信任（Deutsch，1973；Putnam and Wilson，1989；Ostrom，2003）。达成协议之时也就失去了信任，协议执行将变得更加困难，更不必说后续的谈判。短期的胜利是实力较强方压迫或威胁较弱方的产物，这使相同成员间以后每次互动都越来越困难。大量文件显示，由一方被迫屈服而达成的协议，实施起来更耗时且成本更高（Coase，1960；Raiffa，1982；Zeitoun and Warner，2006）。在恒河–布拉马普特拉河–梅克纳河流域案例中，1996年印度和孟加拉国间的恒河水资源共享条约控制着雨季流量增加后法拉卡（Farakka）地区水量分配（Nishat，2001；Datta，2005；Priscoli and Wolf，2009）。该条约旨在互惠两国人民，使他们能够加强洪水管理、灌溉及流域开发。联合委员会被任命监督条约的执行和实施。然而，该条约被视为是不公平的。一些评论家认为，该条约给两个流域国中较强的一方——印度提供了不公平的优势（Haftendorn，2000）。谈判过程缺乏公众参与，增加了公众的怀疑态度。一些批评者认为，该条约只考虑了政治因素，忽视了技术因素。谈判及所用数据的保密性可能与为什么公众认为该条约有利于印度有关（Abukhater，2009）。

总之，水管理谈判选择一种艰难的讨价还价的方式，意味着一些参与者将被忽视，一些参与者没有足够的准备时间，一些参与者将不被邀请帮助设计谈判过程，并且议程设置过于简单。以这种方式达成的协议是脆弱的（Sadoff and Grey，2002）。当随后需要调整或改善时，重新谈判将面临不足的善意和不充分的信任（Gelfand et al.，2007）。

5.4　另一种解决问题的方法

以一种更加合作的方法来磋商水管理协议——各方朝着相互有利的结果努力——可能会更有效。但关键障碍是，我们倾向于用零和思维方式来处理谈判，并且只关注自身利益，而对他人的利益没有给予足够关注。当对这种方法的好处有足够意识，能理解非正式的问题解决方法如何工作，以及有价值创造所需的专业技巧时，在水谈判中转变为另一种解决问题的方法是有可能的。

价值创造的谈判方法与传统的艰难讨价还价方法间的关键区别是，在分配收益与亏损之前各方投入"努力使蛋糕尽可能大"的时间（Fisher et al.，1981）。相比于由于未达成协议而可能遗漏某方的情况，价值创造是指探索总体上对各方都更好的方案。价值创造开始于努力增加可能的选择或者丰富各种"套餐"（Raiffa，1982）。通过采取这种方法，各方可以抛弃零和假设，即水量是固定的，且必须被分配给一方或另一方。

用价值创造的方法解决用其他方法可能会高度受限的水量分配问题，这里有个简单的例子。在这个假设案例中，当保证上游各方在延长的时期内的"额外水"价格稳定时，沿岸国家同意下游用户用水。这确保了上游用户长时间内挣足够的钱来满足需要，同时保证了下游用户紧急情况下的短期用水需求。通过强调价格和长期交易，他们可以确保一方的短期收益不会强加给另一方长期的亏损。

采取价值创造的方法要求改变各方的思维方式（Dinar，2008）。各方需要确保他们理解了彼此的优先利益再开始，而不是由极端定位开始并对一个勉强能接受的结果展开一段争论。从关注"位置"或需求到"利益"，意味着明确对每一方（按排序）重要的事情，而不是请求夸大而站不住脚且最终被放弃的索赔（Fisher et al.，1981）。当各方成功地从位置转移到利益，他们就是在创造价值的过程中。

价值创造也包括同时在多个问题间做交易或关联。如果只有一个问题来讨论，那么很可能各方将陷入零和的模式。如果要抓住多个问题，而不是一次考虑一个项目，那么各方可以探索一揽子交易，这为各方提供更多他们认为最重要的东西（Sheer et al.，1992；Susskind and Ashcraft，2010）。如果 α 有一些东西，β 非常想要，并且这个问题对 α 不重要，那么 β 应该愿意与 α 交易一些 α 真正想要的东西。这些交易不构成妥协，而是代表价值创造。因此 α 将愿意采取新的工业生产过程以节约用水同时允许 β 每年从河中取更多量的水，只要在干旱季节以封顶价格保证 α 之所需的。

如果各方了解彼此的利益，成功交易的机会将增加。各国家将同意在短期内更有利于下游国家的分配，只要上游国家相信下游生产的粮食将会对上游沿岸国有保证价的承诺（Susskind and Ashcraft，2010）。这种交易可以彻底改变对水供应短期分配的态度。可惜，除非创建合适的问题解决论坛，否则不可能出现相关协议。

水谈判的价值创造方法需要分享而不是隐瞒信息（Sadoff and Grey，2005）。然而艰难的讨价还价中信息都是保密的，或者根据意愿只透露一部分，只有当信息在利益相关者间共享时，"水蛋糕"才可能做大。这并不意味着各方必须分享可能会使他们受剥削的战略敏感信息（Raiffa，1982），以及以同样的方式解读信息，但当信息被用作武器而不是解决问题的工具时，信息可能失去可信度，使创造价值更加困难。

5.5　一种非零和方法

在利益相关者必须对一系列复杂的问题进行谈判的情况下，按照支持价值创造的方式来准备和进行谈判很重要（Yu，2008）。

价值创造的水管理方法趋向于重视技术创新（如脱盐）（Burkhard et al.，2000；El-Sadek，2010），一水多用，以及关注嵌入水或虚拟水（Guan and

Hubacek，2007；Velázquez，2007）。以色列第一次提出了虚拟水或嵌入水的概念，其出口的嵌入在作物中的水被认为是不可持续的（Fishelson，1994）。嵌入水被定义为"用于生产国际贸易中粮食作物的水"（Allan，1994）。我们的想法是，缺水国家应尽可能高效用水，即不要生产诸如水泥或纸张这样的高耗水产品，而是把水资源用于更有效率的用途（Allen，1998）。因此，从价值创造的角度，从水资源丰沛的国家进口高耗水量产品比从缺水国家进口更有意义。这个方向的转变可以为已经把嵌入水运送出国的缺水型国家开启更多的机会。

在中国北方，大部分水被用于工农业生产。出口耗水的工农业产品（如玉米和纺织品）到其他国家意味着把嵌入在这些产品中的水输送出去。为了确定是否有价值创造的机会，我们可以计算从中国北方流入到其他国家或地区的虚拟水总量。这可以采用运输到其他国家或地区的虚拟水总量减去进口到中国北方的耗水产品和服务来实现。计算有效出口水量时，需要减去农作物中所含的水，因为如果不用于农作物生产，这种水不容易为其他形式的经济生产所用。因此虚拟水的出口仅包括灌溉水。从保护水资源的角度，中国应该进口耗水产品而不是生产它们。丰水地区在进口非耗水产品（如电子设备和社会服务）的同时，应该努力出口耗水产品。

5.6　召开解决问题的论坛

非正式解决问题的论坛涉及利益相关团体所选择的代表。这些代表经常受政府领导的邀请聚集到一起，不只是为了追求他们自己的利益，也要了解更多其他团体和地区或国家的需求。世界各地都可召开非正式解决问题的论坛，在影响利益相关者生活的决策上给予大量投入（Martinez and Susskind，2000）。非正式的面对面解决问题不能用临时决策代替政府机构的正式决策。相反，解决问题的论坛为政府决策提供投入，主要是为选举和任命的官员提供建议（有几乎一致的支持）。最后的决定由具有正式权力的人来做。然而，当非正式解决问题的论坛采取寻求共识的策略时，他们对正式决策的影响可能是巨大的（Lund and Palmer，1997；Yu，2008）。因为大多数的公众官员都有兴趣知道，他们做什么可以得到社会各阶层全面的政治支持。

一个有效解决问题的论坛的例子就是前面提到的卡弗德海湾三角洲项目。卡弗德是一个由 12 个州级机构和 13 个联邦机构组成的联合体，成立于 1994 年，致力于解决加利福尼亚州三角洲海湾地区的水资源管理和生态系统修复问题。经过了多次僵局，谈判模式的改变使各方达成了协议。专业的协调员帮助各方寻求到了可最终改变态度和行为的新的解决问题的方法。经过 24 个月和此后多年的持续努力，参与者从艰难的讨价还价改善为合作解决问题。他们努力就一系列广泛问题达成协议，从保障水量水质到生态系统修复和管理。协调员依靠联合技术咨询来产生一个共同的词汇和政策选择，这些在以前都没考虑过。利益相关者首先讨论一般目标（如特别种类生境的恢复），然后考虑可量化的目标，旨在衡量这些目标可以实现的程度（如允许进入生境的最大含盐量）。随后他们开始分析干预策略，以在具体分析的基础上实现量化目标。他们最终的报告更多地关注了以特定方式开展的原因和方法，而不是早前的工作。同时，协调员帮助各方维持好与支持者的关系。这对于政治现实下的基础协议和建立信任是很重要的（Innes and Booher，2010；Fuller，2009）。最后政策上的转移——从前几轮几乎完全集中在哪个地区将得到多少水——赢取了所需的政治支持。

在跨界水谈判中或许难以建立解决问题的论坛，但它们已经在世界各地得到成功应用。在本章附加的摘录中讲到了在科马蒂（Komati）河流域（由南非、斯威士兰和莫桑比克共享）产生联合管理和大坝建设计划的对话（Dlamini，2006）。

要想解决问题的论坛能成功，需要有合适的当事方参加。他们需要就谈判议程达成一致，这个议程包括各方关注的最重要项目，设计和实施联合实情调查过程（图 5.1），以及制定互惠互利的协议。为了使这些事情发生，参与者必须

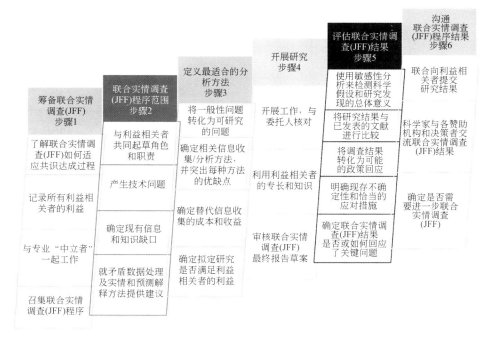

图 5.1 联合实情调查：过程中的关键步骤

5

水谈判的非零和方法

"拥有"对过程的设计。某些情况下，牵头机构的人员可以提前召集潜在的参与者帮助对议程提建议。然而，最好的是各方将聘请专业的中立的促进人或协调员来协助。

多数水问题涉及大量关心问题的当事方。涉及越多的当事方和问题（如领域和层面），谈判的困难就越大（Susskind and Crump，2009）。因此，为了使过程可控，需要限制涉利益相关者的数量。召集利益相关团体，并让他们参与选择发言人，他们通常更喜欢由利益相关者评估开始（Susskind et al.，1999）。

召集是建立共识过程五个步骤中的第一步（图5.2）。其他步骤分别是签约，明确当事方的责任；慎重考虑，关注创造价值；决定，产生由压倒性的多数利益相关者支持的书面协议；实施协议，通常请求当选的有正式权力的决策者来执行相关团体的提议（Susskind et al.，1999）。

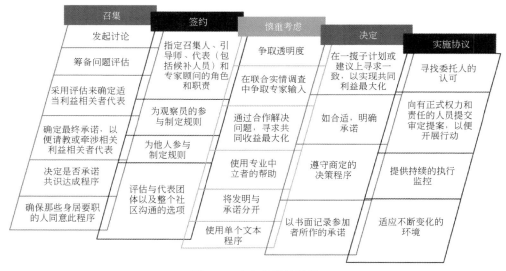

图 5.2 建立共识的过程

利益相关者评估的工作方式是，召集人对各类别关心待解决水管理问题的利益相关者进行盘点。然后召集人选择调解人对每类相关个人和团体进行面谈。基于响应，协调员会判断是否有必要继续给予潜在的金融、制度和其他约束。

在科马蒂河案例中，水管理局通过使用利益相关者评估来确定合适的参与者并且在需要做决策时涉及他们，就能够实施资源管理措施（包括一些大坝的建设）。水管理局请利益相关者提出既可持续又在政治上可行的方案。利益相关团体设立了先决条件，即项目实施要使所有受影响的团体得到改善（Dlamini，2006）。

不仅利益相关者代表需要被确认，专家也要被确认，这些专家可以确保各方有他们所需的科学、技术和法律信息。通常协调员与拥护群体、团体代表、商界领袖和独立的科学专家对话。基于谈话的结果，"中立者"提议一个工作计划、时间表、基本原则和预算，并将这些形成书面材料送给每个被采访的人，以得到他们的反映并寻求支持。联合实情调查的策略及合适技术顾问的确定是协调员与各方对话的成果之一。

在卡弗德项目中，机构决定组建农业节水潜力独立审查小组，其中包括同时为农业和环境的利益相关者接受的技术顾问。独立审查小组提供一个连接利益相关者间不同利益和观点的框架（Fuller，2009）。

由于目标是对所有必须解决的关注问题做出解释，我们应该期待参与者为他们所代表的团体发言（Susskind and Ashcraft，2010）。

有时，确定能够为高度分散或无组织的利益而说话的代 4 表是困难的。例如，参与者或许觉得为非沿岸的相邻土地所有者找一个代理人是合适的，然而很可能不会有这类人或公司的常设机构。在湄公河流域谈判中，六个相邻国家中有两个没有被正式包括（因为它们不是这个条约的缔约国）。但是谈判桌上的四个当事方认为这个协议对没有加入的流域国也适用。没有参加的国家有确定的代理人或非官方代表会更好。考虑到非正式解决问题的结果是个提议而非有约束力的决定，有代理人要比没有一个代表要好（Susskind and Ashcraft，2010）。

在准备评估之外，各方努力决定是否以及如何进行时，一个专业的协调员能以很多方式帮助这个解决问题的论坛。此外，"中立者"可以是任何在结果中没有个人利益且被各方都接受的人。然而，专业的协调员接受训练，为潜在利益相关者必须要说的东西做解释，他们也擅长综合许多秘密采访的结果。如果有必要，专业的协调员能够为一类利益相关者举行秘密会议来帮助他们选择代理人以及确定代理人为难以表示的利益发言。协调员的主要工作如下。

5.6.1　召集：确定利益相关者并承诺非正式的解决问题

- 与潜在的利益相关者会面并听取他们所关心的事情，并使他们相信非正式解决问题的方法可以起到作用。协调员可以用过去成功的类似谈判作为例子。
- 解释并寻求一系列基本规则的支持。
- 协调员可以帮助各方共同努力来满足他们的委托人，即使各方保持一种较少充分合作的立场。
- 协调员可以成为所有参与者与媒体之间的连接，并为这个过程代言。

5.6.2　明确职责

一旦各方坐在谈判桌旁，他们需要对自己的角色和职责达成一致，也需要认可协调员选择以及议程、工作计划，预算和联合实情调查程序，同时需要决定谁将准备会议摘要，维护一个网站（如何合适的话），适度的会谈，以及确保所有的团体代表使他们的支持者了解论坛的过程。

协调员通常要确保各方理解过程将如何开展，并执行基本规则，也要帮助谈判经验有限的团体开展能力建设。总之，协调员应具有以下职责：

- 制订讨论协议并明确议程。
- 提醒各方已做的承诺。
- 使各方步入正轨，当他们陷入困境时推动讨论。
- 帮助各方从艰难的讨价还价转向价值创造。
- 与团队一起为每次会议提议并修改议程。
- 执行基本规则。各方虽然同意但又没做好准备，或者不能与团体的目标保持一致。
- 确保各方承认过程的设计。

5.6.3　共享信息和揭示利益

这是各方需要从对手转变为问题的合作解决者的阶段，要求各方密切关注其他方的需求和利益。谈判理论表明，应该投入大量的时间到"没有承诺的尝试创新"（Fisher et al.，1981）。

在高度复杂的水管理情形中核查实际情况是明智的，同时需要有一个收集和共享科学或技术信息的机制。利益相关者代表应该明确他们需要何种数据、如何收集、哪种专家顾问是有用的以及如何解读数据是合理的。

20世纪80年代中期，多瑙河流域国家在技术层面上进行了合作。在尼泊尔大坝案例中，支持和反对大坝的建议者开展了一系列联合研究来评估尼泊尔的水力发电经验，这是在世界大坝委员会的报告基础上制定一套具体国家指导方针的第一步（Susskind and Ashcraft，2010）。

在佛罗里达湿地案例中，中立的协调员帮助团队审查每个利益相关团体的利益。利益相关者决定他们需要何种数据，共同详细研究他们认为有用的预测（Fuller，2006）。居民当地或本土的消息也被收集，这是外界专家可能完全错过的一类信息（Menkel-Meadow，2008）。

加拿大不列颠哥伦比亚省的用水规划说明了信息共享如何带来全面升值的利益，以及最终的创造价值的协议。通过全部团队讨论及召开会议，协调员为团队准备文本以供审核。利益相关者包括当地居民、原住民代表以及环保领袖等，合作以明确需要通过联合实情调查解决的问题。他们共同创造计划来审查索赔，探索取舍，寻找相互可接受的替代方案（Susskind and Ashcraft, 2010）。基于网站工具帮助参与者告知支持者。

信息共享这个过程也是志同道合的利益相关者可能团结起来的阶段。如果认为这将在谈判协商中给予他们优势，各方会有形成联盟的趋势。在决定团体将支持哪套选择时，这给了他们更多的影响力（Susskind and Crump, 2009）。

联盟可能是富有成效的或者达不到预期目标的（Susskind and Crump, 2009）。各方可以联合起来努力反作用于他方，甚至是中立者提出的观点。或者他们可以作为获胜提议的支持者。政治力量较小的团体，尤其需要关注联盟动态，因为他人可能准备在他们之上联合起来。在谈判初期投入时间来建立联盟是重要的，这可能涉及仔细考虑何时与其他方一对一会面，以及在承诺成为新兴联盟成员之前努力获取他方可靠的承诺（Sebenius, 1983）。

在选择联盟伙伴时，意识到如果没有协议将发生什么是很重要的。在准备水管理谈判时，估计一方对谈判协议最佳替代选择（best alternative to a negotiated agreement, BATNA）是很重要的（Fisher et al., 1981）。如果在谈判中仅涉及两方，在决定是否有可能的协议空间（zone of possible agreement, ZOPA）时，只用考虑两个谈判协议最佳替代选择（Raiffa, 1982）。然而大多数的水谈判通常涉及多方，所以弄清楚是否有可能的协议空间会很困难。它要求把自身放到其他方的立场上，并且收集所需的信息对所有利益相关者间的重叠部分进行多维估计。

当各方感觉他们的利益没有得到解决时，一个训练有素的专业协调员是可以察觉的，他或她可以帮助利益相关者更清楚地阐明他们的利益。

5.6.4 审议

协调员将帮助各方阐明他们的利益，着手联合实情调查以及参与价值创造。

- 说服各方共享关于各自利益的信息以及满足所有参与者利益的头脑风暴方式。
- 帮助组织联合实情调查。
- 通过鼓励各方说出他们的想法，表达自己的观点，即使他们不受欢迎，以此防止"群体思维"。
- 如果当事方受困，建议可能的交易。
- 起草初步的协议。
- 帮助当事方根据他们的谈判协议最佳替代选择（BATNA）和可能的协

议空间（ZOPA），来考虑如果只能有一个的话提议哪个。

5.6.5　帮助各方达成协议

复杂水谈判的决策过程可能耗时数月，甚至是多年。涉及的相关利益团体通常会设定一个长期的议程和定期会议的时间表。因此，利益团体为最终的会议而努力，以签署达成一致的协议。为当事方留充足的时间以审查谈判创造的可能交易是重要的。

在湄公河流域谈判中，当事各方制订方案整合各种交易，这其中利用了位置优先级、用水优先级，以及对时间关注上的差异。与会方也制定了灵活的协议，当他们的利益随着时间改变后，允许他们对协议进行修改（Radosevich and Olson，1999）。

在做决定时，寻求一致很重要，但愿意接受关于最大化联合利益的打包的交易协议，能够确保没有当事方会比他们没有达成协议更差。这通常包括因情况而定的协议以处理未来的不确定性或分歧（Susskind and Cruikshank，1987）。

一旦当事方草拟出协议，各参与者通常需要与其支持者核实以确保他们实际上可以接受新协议。完成这些磋商后，各方最后聚在一起批准协议。有时这涉及一个正式的签署仪式，仪式上利益相关方代表承诺支持协议的实施，只要相应官员接受所提议的。当涉及有约束力的国际协议时，要求有更复杂的程序以确保得到各方面的正式批准（Barrett，2003）。

在这个阶段，各方有时会讲清楚实施谈判协议所需的全部步骤。目标是设计"近乎自我执行"的协议（Susskind，1994）。为了应对政治和科学的不确定性，各方应详细说明如果未来出现各种事情将发生什么。最终协议也应该包括争端解决条款以给害怕出错的各方指明如何继续进行。

在这个阶段，协调员被期望能确保各方拥护基本原则。协调员会测试对谈判的各种打包方案的支持或反对程度。协调员这么做直到完成协议的全文以及谈判代表可以将文件展示给他们的支持者。这主要通过询问是否有人无法忍受似乎有普遍支持的交易来完成。这些反对者被要求提出改善建议以使他们可以接受交易，且不使他人的情况变差。

5.6.6　决定

协调员将帮助参与者做选择，注明承诺，产生书面协议。

- 协调员会准备一个协议关键点的书面总结，而不是允许各方写自己的（这样会导致对所达成事项的混淆的解释）。协调员应该产生一个"独立文本"，这将增加准确报告给支持者的机会。

- 协调员应阐明实施的步骤。确保各方签署的协议明确了他们的提议将如何与实施谈判协议的正式行动联系起来。

5.6.7　使各方遵守承诺

利益相关者代表必须向具有正式实施权力的人提出自己的建议。在这个阶段，有必要指出如何处理持续监控，并根据变化的环境对协议进行再审查。

在协调员的帮助下，参与者应该制订计划以保持联系。同意对实施进展情况的定期报告进行宣传可能是明智的。定期的检查显示他人都在履行义务，这将建立参与者的自信。有时，或许会提议建立一个长期的监测机构。这将确定如何进行再召集，并明确根据新信息对协议进行重新考虑的方法。

在尼日利亚，通过"持续交流、合作和协调"规划的参与过程，制定了针对科马杜古约贝（Komadugu Yobe）流域的水法。该水法解决了在实施协议时不同利益相关者的职责问题，以及未来的合作机制。这些机制包括定期召开会议、探讨合作策略和监管职责的细节，指出了解决纠纷的必要性，明确了各缔约国（6个尼日利亚省份和尼日利亚中央政府）将努力友好解决他们之间的分歧。如果做不到这一点，他们同意提早将纠纷提交给国家委员会或尼日利亚最高法院（Issa，2002）。

大多数水协议的谈判在这一点上结束，但有些情况下，利益相关者的持续监督对于确保可持续的和公平的水资源管理或许是必要的。咨询委员会可以按照实施计划中所阐明的持续准则而设立（Margerum，2011）。作为回应，这个委员会有权在协议中建议一些小的变化，如可能导致水量严重下降的极端季节变化。

在湄公河协议中，各方预见需要这种持续谈判。除非协议考虑了随时间的变化，否则他们不会满意分配水资源的协议。所以，他们有一个步骤让各方对如何应对变化的条件进行提议（也就是说，如果发生干旱、洪水或水有剩余，水资源利用的规则可改变）。

在最后一步中，利益相关者代表要求协调员帮助他们的支持者做报告。对于一个协调员来说，解释谈判如何进行要比做一个关于自己的声明容易得多。而且，协调员将在一个更有利的位置以不带任何感情色彩的方式总结其他各方所做的承诺。

实施协议：协调员应该认可协议，向有权实施的官员提交协议，把监测系统落实到位，并且做好相应的准备。

- 确保各方理解，任何协议都只在一定期限内有效。
- 提议一种适合的管理方法。
- 帮助各方建立监测实施所需的制度能力。

- 确保纠纷解决程序到位。
- 鼓励参与者反思所学习的东西。

5.6.8　选择一个中立的协调员

当前应该清楚，中立者在圆满建立共识的过程中起到关键作用。当许多机构和利益相关者团体承诺共同解决水管理问题时，有可能有一个或多个违反合作解决问题的重要原则，在这种情况下做协调员是很困难的。指定主持会议的协调员通常被证明在协调上是不熟练的。许多有能力的人也很难采取严格的中立立场，把个人关于应该发生什么的观点与讨论领导人的需求区分开来。而且，如果他们与结果有利害关系，就不应该主持对话。另外，专业的中立者不会把个人动机带到水谈判中，即使专业协调员帮助管理解决问题的对话会，团体领导者仍可以主持会议。

保持专业中立的一个关键障碍是，公众机构觉得如果同意这么做，会被认为他们软弱或无能的标志。使用专业协调员的最初建议或许会被害怕失去控制权的公务人员回绝。但是有了协调员帮助的尝试后，他们通常觉得没那么受威胁。

一些当事方不愿意涉及协调员的另一个原因是他们不习惯与声称中立的人打交道。他们如何能确定一个中立者是公平的呢？否决权是一种解决方式。如果觉得协调员抛弃了中立，任何参与者都可以请求团体取消这个人协调员的资格。当给了协调员回复控告的机会后，团体在过程中的任何时候都可以解雇这个人。某种意义上，这给了所有参与者关于选择协调员的否决权。中立者的背景和过去的归属通常也是基本的考虑，参与者在第一次集体会面时，就应该评议和批准中立者的最初选择。

中立者有独特的风格。在达成水管理问题的协议中，提供的帮助形式通常被称为促进：以公平的方式帮助组织和管理谈判过程。但帮助谈判的更"积极主动的"形式被称作调解，包括与各方在谈判桌之外工作。调解强化了中立者在不去除各方对结果控制权的情况下的参与作用。在各方之间的秘密互动中，调解人相对于协调员有更重要的作用。一个重要的作用就是在各方间传达私人信息，协调员和调解人都能起到这个作用。在任何情况下，中立者都应有充足的水争端方面的背景，并能够根据需要，帮助团队获得额外的专家意见。

有时中立者与一些团体成员间没有人际感情，这可能使中立者的个人风格与团体的偏好不相匹配。例如，调解人太强势或不够有力。协调员可能不起作用，因为各方非正式解决问题的经验太少。

5.7 重要经验

1）在跨界水问题谈判中，从艰难的讨价还价到价值创造取决于各方使用某种方法的意愿，这种方法侧重于确定利益，通过联合实情调查收集相关信息，花时间集体讨论能满足所有利益相关者关心的最重要的交易，以及依赖专业中立者的过程管理技巧。

2）许多涉水专业人士仍然依赖零和方法谈判。涉及更多方似乎没有吸引力，因为过程可能会变得更复杂。有些人担心权力丧失，这种权力隐含在对别的利益相关者参加非正式解决问题的邀请中。同样这些人通常错误地假定，当要求他们产生必须被具有正式决策权的人所考虑的提议时，实际上，临时安排的会议将被赋予决策权。

3）采用可以联合解决问题的过程意味着在制定基本原则时涉及所有利益相关者，并使他们坚持这些程序性规则。

4）专业的协调员可以比各方自身更好地操纵一个复杂的多方谈判的推进。让协调员早期参与可以帮助谈判在建立共识的过程中以建设性和及时的形式完成五个步骤。

5.8 文献选读及相关评论

5.8.1 《皮亚韦河流域的随机多边多问题谈判模型》（Sgobbi and Carraro，2011）

5.8.1.1 导言

这篇文章主要讲述了位于意大利东北部的皮亚韦河流域（Piave river basin，PRB）的河流和水库管理。作者通过博弈理论来分析水量分配谈判，试图预测参与水谈判的各方会如何对非合作谈判中的不确定性做出回应。基于他们运算上的努力，作者指出公共政策制定者如何在不同情况下处理水量分配。然而，他们做了许多背离实际跨界水谈判的假设。

我们选择这篇文章的原因是它很好地阐明了水谈判的传统零和方法，并且反映了当人们了解到，建议"谈判"作为处理水管理争议的方式时大多数人的想法。同时它显示了以零和角度考虑水谈判以及假定偏离实际起作用的政治和社会动态时的局限性。

5.8.1.2　框架（第3页）

在这个框架中，有限数量的参与者必须从一些可能的方案中选择一个分水策略。如果各方由于外界指定期限而未能达成协议，就被迫接受不一致的政策。所有方都了解这个不一致政策：它可能是被管理机构强加的分配方案；可能是损失了从部分谈判变量中受益的可能性；或者可能是低效率用水现状的延续。有限范围谈判的游戏章程在经验上是有道理的——因为关于实施什么策略的磋商不能永远继续，但如果谈判不能达成一致，政策制定者有权（如果不是由于利益）不顾利益相关者的立场并强制实施政策。在有限范围策略谈判模型中，"第11小时"效应在确定平衡方案中起到重要作用。实际上，在谈判中经常发布最后一分钟协议。在我们的模型中，必须全体一致同意才能达成协议。在某些情况下这似乎是有局限性的，如对于政府组成，大多数简单或合格的规则或许更现实。然而，当没有合作，不可能达成约束性协议，或者当协议的执行有问题时，全体一致同意从经验上看是合理的。当在不同观点间寻求折中办法时，全体一致同意也可能是合适的。最后在我们制定游戏时，（部分）参与者的效用是不明确的，因为它取决于谈判变量的随机实现情况。参与者的策略将取决于所期望实现的未来世界的状态。

5.8.1.3　背景（第4~7页）

本部分讲述了多边、多参与者、随机谈判模型的潜在好处。关于测试模型的具体研究案例是皮亚韦河流域，这是意大利东北部最重要的五条河流之一。传统上，这个地区水管理主要在于支持农业灌溉和水力发电。然而，其他非消耗性用水的增加，如多洛米蒂（Dolomite）山区的休闲旅游业，以及环保意识的提高和水量的变化，导致水资源冲突加剧。旱季和需求高峰的结合通常会导致当地水短缺，水管理的紧张状况在夏季会更严重。现在人们普遍认为，皮亚韦河流域现在的开发制度是不合适的，对水平衡和生态功能会有非常不利的影响，也会给当地群众和经济活动的安全带来持续风险（Franzin et al.，2000）。Dalla Valle 和 Saccardo（1996）估计平均缺水量为 340 万立方米，在旱季可达 7550 万立方米，就如 1996 年所发生的情况。这个问题高度的政治和战略性导致了所谓的"皮亚韦河战役"，其争论的焦点是水资源开发，尤其涉及多洛米蒂山区的旅游业要求和下游农业用水的需求（Baruffi et al.，2002）。皮亚韦河流域的水用户和管理规划案例很好地代表了提议的模型：规划机构（Alto Adriatico 流域管理局）将在用水规划中考虑主要利益相关者的利益和需求，然而它的首次尝试遭到了反对。

5.8.1.4 问题的确认，参与者及其作用（第9页）

贝卢诺省和流域下部的各市间的现有利益冲突，以及特雷维索省农业用水户是皮亚韦河争议最重要的两个方面。灌溉需要适应湖泊和水库的管理，以保证足够的水用于灌溉。其结果是，流域中部的大部分水流量在全年多数时候都大大减少了，许多河湾和主要河床在很长一段是完全干旱的。另外，上游旅游用水很重要，由于取水许可的现有水平，只有释放水库水才可以满足下游用水需求，但对水库所在的上游区域的社会-经济发展会产生负面影响。

两个主要的土地开垦灌溉局（land reclamation and irrigation boards，LRB）代表了下游的灌溉用水户，分别是位于流域中下部的德斯特拉皮亚韦土地开垦灌溉局（LRB-Low），以及位于流域上部的佩德蒙塔诺·布伦特利亚（Pedemontano Brentella）土地开垦灌溉局（LRB-High）。这两个都是被授权管理灌溉基础设施和配水的机构。另外，贝卢诺省（BELL）保护山区群众的利益，涉及地区社会经济（旅游业）的发展和多洛米蒂国家公园的保护。考虑到景观和游客的使用，贝卢诺省的利益是保持水库相对水满。然而，水库的管理也会影响目前长期干旱的河流的底部扩展。因此，皮亚韦河下游地区的沿岸各方（MUN）也被包括其中，以保护内尔韦萨（Nervesa）下游的环境利益。在这些冲突中，ENEL（一个电力公司）在确定区域可用水量中起到重要作用。我们仅考虑 ENEL 的发电系统直接与河流所经过山区的一个重要水库相连的特定点位的引调水。实际上这个点位所调的水没有回到皮亚韦河，而是转移到了相邻的礼文札河（Livenza river）。该点位的发电用水因此被认为完全是消耗性使用（大约每秒 40 立方米）。最后，流域管理局没有明确包括在该游戏的参与者中。流域管理局的兴趣在于探索冲突和潜在解决方案以很好地适应其管理规划，从而确定可以很好代表用水竞争者间折中办法的政策和分配模型。就我们的目的而言，我们假想流域管理局可以建立谈判规则，包括在没有协议的情况下所实施的错误政策。

5.8.1.5 参与者及其关注点概要（第9页）

参与者及其关注点概要见表 5.1。

表5.1 参与者及其关注点概要

角色	参与者	主要关注
德斯特拉皮亚韦土地开垦灌溉局	LRB-Low	这些是代表农民利益的主要参与机构。这种假设是合理的，因为土地开垦灌溉局实际上是由管理局所辖地区的农民组成和管理的
Pedemontano Brentella 土地开垦灌溉局	LRB-High	

角色	参与者	主要关注
贝卢诺省	BELL	这个省代表了山区群众的利益，其所选代表的目的在于保持和进一步强化辖区内湖泊和水库周围的旅游业发展，以及保护多洛米蒂国家公园的环境价值
ENEL 电力公司	ENEL	这个电力公司参加谈判直至其管理皮亚韦河流域的主要水库，以及渠道网和水力发电的水调配
沿岸各方	MUN	沿岸各方对于确保内尔韦萨下游有充足水量有很大兴趣。他们的利益部分与贝卢诺省相结合，而河流底部扩展的最小水量的维持需要以山区水库为代价

5.8.1.6　结果与分析（第27页）

探索水量分配问题得出的提议方法的附加价值在于它为政策制定者提供有用信息的能力。在这部分，我们将探索面对水资源缺乏时，两种不同水共享规则的个人和社会影响；估算两种不同共享规则下个人参与者的效用和整体福利（从效用的角度，这将被估算为参与者效用总和）：固定的（下游）以及当参与者考虑水供应不确定性时的按比例分配。固定规则按外部指定顺序分配固定量的水给参与者，因此首先满足优先用户的需求，剩下的水则被分配给其余用户。固定的上游分配给有优先权的上游用户，同样地，固定的下游分配给优先考虑的下游用户。另外，比例规则分配一定份额的资源给用户，却不必是相同的。我们使用模型对谈判过程进行模拟，在该谈判中5个参与者就如何分配一定量的资源进行协商，然后我们假设，一旦达成协议，将实现3种水资源可用情况（极度缺乏、平均值、充沛），并且计算3种水资源可用方案下，每个参与者从平衡分配协议中获取的效用。对于严重和中度干旱情况，固定共享规则下的平衡量超出了可用水的总量。我们因此按照流域管理局的当前实际及现有法律（如流域管理局决议4/2001中详述），减少分配给参与者的外生出来的水量。我们结果的关键是对固定的下游分配的假设，实际上的情况是，在水资源短缺的情况下，所有的水库都由 ENEL 管理，该公司确保满足下游（农业）需求。我们因此假设贝卢诺省失去了其所有分配。此外，我们把给下游各方（剩余流量）的分配减少到缺水时期（ADB，2001）立法所定义的紧急最低水量。结果表明，在固定分配之下，有优先权的参与者——即两个土地开垦灌溉局和 ENEL——能够获得所有他们同意的分配，并且因此得到高福利。这明显地体现在分配规则中，但它突显了不同水共享规则的公平含义。从政策的角度可以洞察到这些结果的有趣方面，上游用水户享受的效用收益不足以抵消贝卢诺省和沿岸各方所遭受的效用损失。也就是说，在不确定的水供应下，在按比例的与固定量的分配规则下，如图中最后两个柱状所显示的那样，整体福利偏高。这些结果反映了在按比例分配的情况下，各参与者平等分担了水资源短缺的风险。无论是在变化财产还是在差价方面，他们对广大范围的优先分配可能性参数都是稳健的。

5.8.1.7 评论

这篇文章讲述了为什么在以零和（非赢即输）思维设计谈判时，水谈判会变得更困难。它假设了一种静态的谈判情况而不是考虑价值创造的动态情况。

作者假设各方将以可预见的方式回应不确定性，也假设授权流域管理局（RBA）单方面建立谈判的基本规则，并且如果没有达成协议将强制执行其决定。现实生活中这些假设都是不可能发生的。如果到了特定日期还没有达成协议，那么很有可能什么事也不会发生。

所有参与者被视作一个整体，具有单一的目标功能，该功能代表了他们所想要的和重视的。换句话说，作者所讲到的模型中不允许有以下概念，即各方实际上是复杂的，牵扯不同方向内部派系的非单一实体。

此外，在这种分析中，各方从不会面对面会见。面对作者为每个利益相关团体设置的目标功能，某一方有时会提供"供给"，他们通过循环往复各种"供给"来产生谈判结果。从来不讨论任何交易。换言之，各方之间没有人际交往关系，而这种关系可能会影响各方的选择。各方没有机会重新界定他们所处理的问题，所以不可能有共同学习或适应性管理。

而且，不允许各方组成联盟或考虑可能的协议，尤其是面对不确定性时，通过改变操作条件或改善各方间的关系来获取更多水的观点不会被考虑。换言之，他们没有考虑到多层面水管理网络的存在，这个网络可以创造性解决问题。

总之，这篇文章通过假设零和博弈法是解决水纠纷的唯一可行方法，说明人们如何应对"严重的"水问题。它表明了为什么简化水谈判过程不仅忽视了关键的复杂性，而且失去了创造价值的机会。

5.8.2 《水资源和废水管理技术：技术回顾和规划总结中的技术整合》（Burkhard et al.，2000）

5.8.2.1 导言

这篇文章探讨了不同的废水管理技术，并提出了将其整合到水规划中的可选方法。此外，作者说明了在水谈判中，什么样的雨水管理、国内废水管理以及水和废物回用的技术能够"改变平衡关系状态"。

这篇文章与我们特别相关，因为作者强调了水谈判中新技术作为交易商品的重要性。他们说明了如何通过提高能源效率、创造新就业机会，以及养成社会行为，使新技术的使用可以有多种利益。因此，当利益相关者考虑使用新技术和工艺解决水短缺时，新技术可以"打开大门"创造价值。

5.8.2.2 讨论与结论（第217~218页）

（1）技术

关于水和废水管理的规划有丰富的可用技术，然而大多数都不为主流工程师所了解。高等教育的土木工程本科课程不包括生态处理系统，学生学习传统技术。学生只有在专门的课程里才有机会学习新的技术。这样使得环保解决方案更加难以应用。其他影响水和废水管理的人（也就是规划者和现场开发者）可以得到类似的观察。这些问题很慢地吸引他们的关注，且仍然需要很长的一个过程他们才能得到更好的水问题意识。英国皇家工程院决定把"可持续设计"作为他们课程的核心，以解决社会和环境问题（THES，1999）。同样地，康涅狄格大学土木工程系（Laak，1982）在30多年前引进的一门课程中考虑了以上两方面。

（2）效率

大多数生态技术符合完善技术的性能。在某些情况下，生态技术需更多的土地，这可能成为一个资金问题。从自然可持续的角度考虑效率因素，生态技术会进展更好，因为它们被设计为在建设和运行过程中使用更少的能源。通常，生态技术改善环境、创造新的生境、补充地下水并且可以有很好的社会功能。因此，效率方面可以很好地拓展到这些领域。

（3）经济方面

对废水管理进行更深入的成本和生命周期调查是必要的。在常规处理系统中没有完全分解成本。新颖技术的成本通常难以获得。未来几年由于温室效应的影响，建造成本可能有很大改变。在将来征收二氧化碳税收的情况下，建造和运输价格可能上涨。因此，建造废水处理工程会消耗大量的隐含能源，结果或许会比现在更昂贵，并且这可能会打破减少处理废水甚至减少生活污水的能源密集方式的平衡。

一些技术甚至可以创造税收和就业机会。从这个角度看待经济问题，生态技术会有更好的前景，尤其是当有机会部分或全部替代不可再生能源和化肥时。在建立和维持这些技术（用从传统技术投资中节省下来的钱）中、在技术的升级中、在最终副产品的市场化中可以创造工作机会。

（4）社会方面

大多数的传统技术对用户的行为有很少的或几乎没有影响。这篇文章讨论的每个领域（雨水管理、生活污水、废水回用），生态化的技术对最终用户会有更好的影响。然而很显然，生态雨水管理技术与如堆肥厕所（除了早期提到的安全担忧）技术相比影响力可能更少，意识和接受之间的关系并不清楚。社会接受和社会可持续性是两个领域，其需要深入的研究来确定针对各种技术的不同标准的重要性。参与式民主理论认为"不能孤立地考虑个人和他们的机构"（Pateman，1970）。因此，在规划决策中应该容纳各种各样的观点。这些观点应该包括那些提倡使用创新生态技术的及公共领域发表的各种意见。同时，不仅应该寻找公众意见，而且要尝试理解，而不是简单地将其视为"非理性的民意"。显然也需要制定有效的教育策略来提高各层级的环保意识和行为能力（环境友好行为所必需的理解力和工具），包括在家、在小学、在高等教育中，以及在规划部门或开发商办公室中。洛杉矶在积极进行这些尝试，并设立了示范园向居民展示不用过多的水也可以拥有漂亮的花园（Harasick，1990）。

（5）规划

随着对更多公众参与的需求，如果要实现"全面规划"，就应该考虑将规划系统作为一个整体。因此，土地利用和控制立法对所讨论的这些污染控制技术要求很敏感，无论它如何被定义，仍然需要很长的过程来实现可持续性。

由于过程的复杂性，水和废水综合管理规划需要缜密的考虑。Asano（1991）列出了再生水回用规划的要素。然而，为整合以上所有问题，如Schlumpf等（1999）所建议的那样，需要以参与综合评估的方式制定新的规划方案。Smerdon等（1997）展示了规划和实施分散式供水和污水处理的方法。他们对生态技术应用到单个单元以及房屋、村庄和建筑群进行评估，并且为每种规模推荐最合适的技术。为整合所有以上技术和方面，开发一种能够合并水和废水管理各方面的工具是很重要的。

5.8.2.3 评论

大多数专家都认同，创造价值是个好主意。但是，当面临这么做的机会时，他们通常太致力于艰难的讨价还价而无法做出改变。实际上，一些创造价值的形式几乎都是能够实现的。这意味着水谈判需要弄清楚，当各方困限于狭隘构架的经济和政治争论时，科学和工程需要提供的内容。

作者简述了在选择不同技术时应该考虑的因素。具体而言，他们劝说谈判代表分析中水回用、雨水收集、回收固废物以及废液回用的成本和收益。他们明确要求平衡地响应技术、经济、环境和社会目标的需求，同时满足参与各方的利益。他们还呼吁更"全方位"的多层次方法，增加公众参与的建议将使这些任务变得更加容易。各方可能会惊奇地发现他们给各种技术选择的估价多么得不同。这很好，因为它产生了更多创造价值的交易机会。

这篇文章并没有按我们所建议的创造价值的方式来谈论这些新技术。然而，它确实提示了创造价值的机会。如果以广阔的视角而不是以定点的方式看待水分配和网络管理问题，各方将更有可能创造价值。

价值创造策略要求看到与新技术解决方案相关的财务成本。我们建议各方将讨论焦点拓展到更完整的一系列好处，包括创造就业机会和扩大虚拟水供应，而不是争论回用水太昂贵。

5.8.3 《海水淡化：埃及水安全的必要措施》(El-Sadek，2010)

5.8.3.1 导言

这篇文章简述了埃及关于使用海水淡化技术的政策。淡化技术是应对水缺乏的一种方法，并且被广泛应用于发展中国家。关于如何促进涉及水资源管理的国际合作，这篇文章提供了很好的说明。

以下节选展示了通过淡化生产大量水资源以满足农业和旅游用水需求的挑战。这些短文说明了海水淡化技术如何与更多的传统水管理策略开展竞争。

5.8.3.2 淡化及更多传统水管理策略（第 876~878 页）

（1）简介

埃及的水政策有三个目标：①加强水质保护；②优化高效利用资源；③加强国际合作，并增加尼罗河流域供水。埃及可用水资源的合理使用与多方面政策目标有关，这些政策包括鼓励技术解决方案，如使用封闭管道和引水到新土地，以及经济手段，如通过更多农民参与来回收成本等。政策的目的是提高效率，包括灌溉、基础设施成本回收、推广节水作物（如减少水稻和甘蔗种植面积）、地下水开采、农业排水及污水再利用、苦咸水淡化以及雨洪利用。

然而，以实惠的成本为相对较大群体的持续增长、发展和健康，以及为现代高效农业生产淡化水仍然存在挑战。蒸发和膜技术两个主要方向在脱盐技术的重要发展中坚持了下来。许多国家现在都考虑将脱盐作为一个重要的供水来源。相对于其他国家，埃及的脱盐经验相对较新，尤其是在海湾国家，但随着传统水资源开始完全耗尽，它的重要性开始增加。脱盐水或混合脱盐水与传统供水之间的成本差异在过去 10 多年已经大幅度缩减，尤其是如果开采持续下降的地下水。公众通常会认为脱盐成本没有竞争性，这不仅抑制了供水替代方案的实现，也抑制了脱盐领域的研究和开发，尤其是在发展中国家。因而，为了顺应埃及传统水资源快速下降的事实，公众对脱盐技术的态度已经改变，且在脱盐技术方面取得了显著的进步。这篇文章的目标是将海水淡化作为埃及水缺乏的解决方案进行研究和调查。同时，现在的工作展示了海水淡化对埃及国家发展的重要性。

（2）供需预测

关于提升水资源的供应量和水质，埃及 2017 年综合水资源规划（integrated water resources plan，IWRP）以及水专家的判断已经达成几个增加水资源的重要手段，其中包括：

- 改善储水设施以减少水损失，如修复人工含水层。
- 减少尼罗河沿岸的水量损失。实现这个目标需要与相邻的尼罗河流域国家［可能通过尼罗河流域倡议（Nile basin initiative，NBI）——以联合项目的形式］进行高水平的合作，目标是把尼罗河沿岸水损失最小化。然而，由于尼罗河流域国家人口的迅速增加，以及这些国家治理的高度不稳定、动荡的政局，增加了对尼罗河水的需求，甚至威胁到埃及现有的份额，以未来几年增加埃及的尼罗河水份额为目的的节水项目难以达到预期。
- 提倡公众节约用水。这需要提高公众对节水重要性的意识，尤其是在农村地区，公众对埃及对所面临的水问题无意识。通过公众活动增强意识，以及与用水户尤其是农民进行直接互动可能会对节水量有很大程度的影响。然而，改变水实践不仅需要增强意识，并且是很漫长的过程。
- 最大程度预防水污染。预防水污染的措施目的在于消除来自产品和废物的有害物质，以确保污染物不危害环境。由于农业和工业部门在活动中使用水资源所带来的高度污染，他们提出了这些措施的重点。通过生产使用清洁产品，以及改善厂内工艺流程，未来可把水污染降到最小。
- 水价。通过收取水服务费来恢复水成本是促进水资源合理使用的重要措施。然而，人们不容易接受为曾经免费的资源付费，尤其考虑到在埃及把水资源视为基本人权的观念已经根深蒂固。费用分担措施已经列入农业、工业和生活供水。
- 应用脱盐技术。考虑到沿海地区海水无限量可用，可以在没有更便宜可用资源的地区建立海水淡化厂生产饮用水和工业用水以满足日益增长的需求。然而，如果有足够量的苦咸水可用，由于其盐度更低也可以成为更合适的脱盐资源。

（3）埃及海水淡化简介

埃及的许多地方淡化水可作为生活用水的持续水源，因为在红海和地中海有大约2400千米的海岸线。红海沿海地区实行的海水淡化可为旅游村庄和度假村供应足够的生活用水，因为这些地区每单元水的经济价值要比其脱盐成本高很多。

目前，埃及不仅鼓励公共部门也支持私营部门应用脱盐技术。从历史来看，埃及现代脱盐技术的应用由蒸馏开始，之后是电渗析（ED），最后是反渗透（RO）。现在世界范围内脱盐技术的巨大成就已经使许多脱盐应用的成本由昂贵降至有竞争性。

5.8.3.3 海水淡化的挑战（第879~880页）

（1）私人海水淡化厂引起争论

水相关的交易和投资协议仍在继续。如果允许私人自来水公司经营埃及海岸的海水淡化厂，国家将失去对这些厂的控制权。根据其他国家的经验，一旦允许跨国自来水公司运营海水淡化厂，他们将尽量使用国际法以避开国家和地方法规。当务之急要立法制定关于海水淡化厂的综合政策，包括要求由公营机构运营海水淡化厂。海水淡化对海洋生物及海水水质的影响体现在它对经济增长的潜在拉动作用以及运营海水淡化厂所需的巨大能耗。

僵化的法律和制度安排结束了在淡化项目中涉及私人企业的尝试。在海水淡化市场2005~2015年规划中，有一个在沙姆沙伊赫（Sharm El Sheikh）建立处理量达227 300立方米/天的淡化厂规划仍然没有实现。从长远来看，随着苦咸水脱盐成本降至比从尼罗河引调处理过的水到红海海岸区的成本低，这种保守状态可能会改变。成本现在是有可比性的。从短期和中期看，有可能海水淡化将继续被用于工业和旅游业项目。这将与私人投资相关，也使得对埃及未来的海水淡化需求进行任何准确的预测都是困难的。

（2）海水淡化所需的能源政策

耦合的可再生能源和海水淡化体系为缺水地区带来了增加水供应的巨大希望。这些技术的有效整合将使埃及用国内能源解决水短缺问题，且这些国内能源不会产生空气污染或导致全球气候变化。与此同时，海水淡化和可再生能源体系的成本正在稳步下降而燃油价格在上升，供应却在减少。此外，由可再生能源体系驱动的脱盐装置特别适合为水电设施缺乏的偏远地区供水和供电。

5.8.3.4 评论

这篇文章明确指出了以合理的价格将大量的农业和旅游业用水产品化所面临的挑战，同时指出国际合作是水管理策略的一部分，埃及意识到了这一点。

这篇文章谈及了引进水价的社会和经济挑战，但没有突出降低脱盐成本提供了创造价值机会的事实。同时指出了构建利益相关者知识的重要性，包括节约用水、污染预防，以及综合水资源管理。除非各方对涉及的问题和机会有清晰的意识，否则谈判可能产生难以实行的结果。与邻国的高水平合作要求通过引进新的技术或生产方法以增加供水的数量和质量。跨界项目是一个出路，但联合实情调查应该在决策前进行。作者呼吁联合项目，但对如何达成关于做什么和怎么做的协议讲的很少。

海水淡化受到了越来越多的关注，但它具有政治挑战，主要是海水淡化工厂的私有化与政府保持对其控制权的需求之间的紧张局面。作者只是想象了公共机构依靠"指挥-控制"的市场调节模式，过于缩小合作和创造价值的机会。

5.8.4 《中国的区域贸易和虚拟水流动评估》（Guan and Hubacek，2007）

5.8.4.1 导言

这篇文章描写了中国部分地区水短缺，同时其他地区水充沛的情况。他们使用虚拟水的概念评估从环境中提取出来用于生产各种产品的水量。这些产品被输出到水资源丰富的地区。作者评价了中国区域贸易的模式以及它们以虚拟水流动的形式对用水量和水污染的影响。

该案例说明了虚拟水如何提供了一种看待水（该案例中为中国的农业和工业用水）使用及分配的方式，这可能产生创造价值的机会。中国南北方之间的水交易分析可以用于广泛的跨界情况。当水成为一种昂贵的生产要素时，采用虚拟水的视角可以产生更有效的水量分配机会。在水谈判中寻找创造价值机会时，应该考虑这点。

5.8.4.2 虚拟水（第160页）

"经济奇迹"和虚拟水流动

由于区域间水供应和需求的巨大差异，以及评估区域交易流动的需求，有必要在区域水平上模拟水消费。我们把中国划分为 8 个水文经济区，并基于流域和省级行政边界为每个区域建立水账户（Hubacek and Sun，2001）。在这篇文章中，我们计算和分析了中国两大虚拟水流动的区域：中国北方，其特点是缺水；中国南方，其特点是水资源丰富。该研究的数据集由两类组成，一类是详尽的经济数据（输入-输出表）——调查生产者和消费者间的商品与服务流动以及所有生产部门间的联系；另一类是水文数据——水资源可利用量、淡水利用、淡水消耗系数和每个经济区的废水排放系数。

5.8.4.3　中国地区间的虚拟水流动（第 164～168 页）

虚拟淡水流动

根据计算，我们发现中国北方引进了大量的水密集型产品和服务。例如，1997 年中国北方花费了 358.9 亿元从其他地区购买额外的电，相当于 1.479 亿立方米水量的虚拟输入，这部分水在其他地区被开采并用于生产过程。又如，中国北方通过输出农业产品得到了 446.7 亿元，相当于 73.393 亿立方米的虚拟水被输出到其他地区。然而，我们必须考虑到在中国北方大部分的农业用地是雨水灌溉，其生产了总农业产量的 42%。即使农作物不种植在这块土地上，嵌入在农产品中的雨水量也不是为其他经济生产现成可用的。因此，农业部门虚拟水的有效出口仅包括 42.842 亿立方米的灌溉用水。每年有 45.45 亿立方米的淡水（用于生产输出产品）无形中流出中国北方，不包括农业生产中的雨水。另外，输入的虚拟水仅有 3.196 亿立方米，其减少了流入到其他地区的 42.254 亿立方米的净流量。从节约用水的角度，缺水的中国北方应该引入水密集型产品而不是生产它们。根据上述分析，中国北方将超过其水资源总量 5% 的水用于生产产品并输出到其他地区，主要通过水密集型产品交易，如农作物、食品加工、化肥和化工产品。对比发现，广东有丰富的水资源，但实际上 4.448 亿立方米的淡水是从外地输入的，其中 79% 来自水密集型产品交易（如灌溉的农产品）。另外，广东输出非水密集型产品，如电力设备及商业和社会服务。

通过总结中国北方和南方的虚拟淡水流动，发现交易模式明显不符合我们的原始假设：中国的缺水地区生产并输出水密集型产品，却输入非水密集型产品。同时，水充沛的中国南方输入水密集型产品。第一个可能的解释是，中国经济中水仍未被认为是重要的生产要素，大多数的生产过程中水资源使用的成本很低。第二个可能的解释是，中国北方有适合农作物生长的气候条件、土壤和土地（Heilig et al.，2000）。第三个可能的解释是，经济政策的设计。广东在工业和服务行业有更有利的政策和更好的投资环境。1978 年经济体制改革后，中国南方（包括广东）的许多地方被确定为"经济特区"，带来许多商业机会并引发了区域经济的繁荣。这也体现在改变水消费模式。这些经济诱因导致以相对较低的资源投入获取高附加值产品的区域经济重组。因此广东输入和输出的虚拟水反映了更发达的经济特区的经济结构。另外，中国北方经济增长率相对较低，且在没有这些特殊政策下更侧重于低附加值且高度水密集型产品。

如果考虑现有生产和贸易结构的多重因素，如环境禀赋（如土壤质量）、土地价格和其他社会-经济或政治因素，我们可以发现中国北方有一个生产和输出农业产品的相对优势。从节约用水的角度，有效平衡这些因素很重要。由于其他生产部门不能有效利用雨水，中国北方或许会维持输出雨水灌溉农产品。另外，中国北方或许想重新考虑出口灌溉农产品的水平，以使稀缺的水资源用于其他从附加值和就业方面对经济与社会更有利的用途上。

从用水效率的观点来看，水资源有限的中国北方应该生产和输出每单位水高附加值的商品。中国北方在煤炭开采和加工、锯木和家具生产、机械设备及许多服务业等生产部门有相对优势。此外，广东在生产农业、纺织和金属制品上有相对优势。显然这种需要从其他因素来限定，如熟练劳动力和其他生产要素的可用性，但对水的关注可以提供一个有用的出发点。

5.8.4.4　评论

这篇文章在分析农业和工业用水时考虑了社会-经济和环境因素。当从国家的角度考虑水量分配时，就会出现创造价值的机会（也就是可以用南方丰富的资源解决北方资源的短缺）。主要的问题在于出口导向型政策和节水政策间的矛盾，两者之间的矛盾使寻求可持续水协议更加困难。

这篇文章没能在建设调水基础设施之外发现新的交易机会，涉及虚拟水的贸易协议不一定需要基础设施。虚拟水流动的计算可以促进非零和水谈判方法。

这篇文章也没能识别通过直接涉及利益相关者来寻求谈判方法的机会。在我们看来，如果这点没做到，重要的本地或原著知识将丢失。关于虚拟水交易在传统分配和水质纠纷中作用的讨论，一个专业的协调员或许能很好地成为组织和执行讨论的关键。

5.8.5　《安达卢西亚的水贸易，虚拟水：另一种用水管理方法》（Velázquez，2007）

5.8.5.1　导言

这篇文章描写了安达卢西亚（Andalusia）的水短缺，指出水不仅仅是一种资源，也是区域社会和经济结构的一部分。这个案例描述了社会-经济、农业和工业的虚拟水的使用。虚拟水是减少水资源压力的一种手段，它需要同时作为社会和经济资产来考虑。

5.8.5.2 水短缺（第202页）

（1）安达卢西亚的水短缺：自然短缺或经济短缺？

在地球上的干旱地区，水短缺不仅是自然情况，也是社会和经济现象（Aguilera-Klink，1993），将水资源分配给合适的用途比较困难，完全有必要发现新方法来缓解水资源压力。识别安达卢西亚的水短缺类型以及确定其仅是自然或也是社会、经济短缺很重要。用两个自然元素来定义该地区的水状况，即地理结构和气候条件。安达卢西亚形如一个面向大西洋的三角形洼地，且与两大山脉接壤（谢拉莫雷纳山和科迪勒拉贝蒂卡山）。这种地理结构是形成该区域主要气候特征的条件，即降水在时间空间上的分布不均。另外，我们可以识别安达卢西亚的两大水文区，流域面积超过该区域领土一半以上的瓜达尔基维尔（Guadalquivir）河流域及沿海流域，它们是大西洋流域（瓜迪亚纳河和瓜达莱特河）和地中海流域（苏尔河和塞古拉河）。该区域的水资源大部分来源于地表水（61%），只有21%来源于地下水（Consejería de Obras Públicasy Transportes，1996）。

除自然因素外，关注该区域水资源的使用很重要。安达卢西亚农业部门用水占80%左右，城市用水占12%左右，工业用水超过8%（Consejería de Medio Ambiente，2002）。灌溉农业是最重要的专业从属行业，其在夏季与城市供水会有竞争。这种情况导致安达卢西亚成为一个贫水区，并且引发了严重的经济问题和环境问题。总之，虽然安达卢西亚以严重的自然水短缺为特征，但其在耗水量极高的行业中已经逐渐专业化（Velázquez，2006）。同样需要重点指出的是，安达卢西亚不仅仅从事密集用水行业，也是水净输出经济区（Dietzenbacher and Velázquez，2006）。

有两个其他的因素要指出：水价和水优惠。关于水价，安达卢西亚的农业用水不是根据消耗量来支付的，而是依据灌溉公顷数。其结果是在区域资源真实成本上没有做到问心无愧以致其贬值。同时，不同的水区域联合会在相当长的时期内（平均50年）授予水优惠，在资源管理中引入了扭曲因素。因此生产专业化、制度和经济的不足加剧了安达卢西亚的自然水短缺。

在这种明显不合理的状况面前，有必要进行反思以更可持续的方式实际管理区域水资源的可能性。一方面，引调大量的水是困难的、高成本的、费时的、完全不可持续的。另一方面，从社会和环境的角度，建设水利基础设施是昂贵的和有问题的。此外，尽管供应在增加，需求最终总是不满意的结局。这篇文章支持了保护虚拟水是减轻水资源压力的一种手段的观点。最合理的事情似乎是进口水密集型产品到水资源成本很高的地区，并且出口不耗水的产品。

（2）研究目的和结构

这篇文章深入分析了农业生产及其商业交易与耗水量的关系。因此，我们的第一个目标是通过虚拟水估值的方法发现最耗水的输出作物。同样地，我们分析有利于节水的输入作物。我们的第二个目标是通过虚拟水交易推进节水的新方法，并且关注致力于改善水状况的部门。我们知道这篇文章的目标太高，并且只有做更多的综合性工作才有可能。显然，我们关于社会－经济和环境方面的政策建议将由于经济、社会、环境、技术和制度因素而有偏差。这篇文章通过对未来的研究提出新问题并开辟新空间，以便努力在该领域推进一步。

5.8.5.3 评论

这篇文章讨论了虚拟水在农业和工业部门的使用，解释了寻求可持续方法解决水冲突的困难。水的自然短缺由于制度和经济限制而加剧。虚拟水在社会－经济、农业和工业使用可以克服一些障碍。这篇文章也谈到了水价和水优惠，当水谈判没有充分意识到水的实际成本以及长期给予水优惠的影响时，它们可以削弱创造价值的可能性。

5.8.6 《适应性管理和协作水政策：加利福尼亚州卡弗德海湾三角洲项目》（Kallis et al.，2009）

5.8.6.1 导言

这篇文章关注了加利福尼亚州的水系统且更具体的是关于卡弗德海湾三角洲项目。卡弗德海湾三角洲项目是有记录以来水谈判最好的案例之一。相关决策者致力于用适应性管理的承诺来整合协作。这篇文章讨论了其开展的方式及成功的前提条件，描述了已经实施的制度安排。对协作适应性管理（collaborative adaptive management，CAM）作为解决水纠纷方法的局限性提出了观点。

案例部分将卡弗德的协作适应性管理定位在更大的制度环境中，认为只有合适的市场条件及各方间的关系已经到位，协作适应性管理才能起作用。

5.8.6.2 协作（第636～637页）

协作是适应性管理的核心。协作意味着共同劳动、携手合作（O'Leary et al.，2006）。它不只是权力经纪，即在预定义利益间交易以发现最佳契合点（Fuller，2009）。参与和互动可以创造新的价值以及相互的社会学习。卡弗德项目的合作各方表示对用水户在"我们想要这个流域做什么？"这个共同的问题上的权力进行了争论（Freeman and Farber，2005）。这种争论允许并不极端的新想法出现。

在这方面常提及的一个例子是环境用水账户（environmental water account，EWA）（Freeman and Farber，2005；Ingram and Fraser，2006；Innes et al.，2007；Lejano and Ingram，2009）。环境和水务机构将渔业用水、饮用水及农业用水在环境用水账户实时进行交易。一些学者认为，类似环境用水账户的创新想法最容易通过机构和利益相关者间（如卡弗德工作组中的成员）的信息互动来构思（Ingram and Fraser，2006；Innes et al.，2007）。这样的互动不仅能产生创新，也能创建具有长期积极影响的"态度、行为和行动的系列变化"及"社会和政治资本"（Connick and Innes，2003）。

然而在这个问题上我们想要更进一步，不仅要了解如何合作，也要了解其"阴暗面"和缺点（McGuire，2006）。因为合作是新的，或因为它产生新的结果，这并不意味着它本身必须是可取的（McGuire，2006）。

虽然通常强调合作、适应性治理与分级国家调控和竞争性市场间的区别，但在现实世界中这三种形式并存并相互依赖（Jessop，1998）。例如，卡弗德项目没有取代但合并了传统的监管机构项目，在这个过程中允许他们发展新的连接和创新。治理需要国家形式的治理，如法院决定形成了谈判桌边的卡弗德成员所需的背景权力（Freeman and Farber，2005）。财政的和象征性的国家支持是至关重要的，确保协议实施的国家保障也如此。此外，国家提供了一个治理过程中的民主合法性，否则考虑到参与者的特殊选择将缺乏合法性。反之亦然，治理面临国家行政机构的缺陷，且很容易受到外部的政治变化（Thompson and Perry，2006）。例如，卡弗德项目的许多缺点已经关系到参与机构和CBDA中公共管理的一般问题，如人员不足、预算管理流程、州和联邦机构之间的竞争或根深蒂固的机构心态（Lurie，2004）。政治变化，如签署ROD后的布什政府选举以及此后不久的加州预算危机，也破坏了卡弗德项目（LHC，2005）。然而，这种变化不能被视为耽搁了原本成功的治理项目的意外偏差；在现实世界中政府变化并且会发生危机。政府干预也不能被看作"搞乱"一个原本无害的治理过程；治理需要国家支持。因此，治理进程必须放在真实世界的制度环境中，并以其真实的、凌乱的、混合的形式加以研究。

协作治理以及适应性管理何时且如何运行？

网络化、协同治理安排对于适应性试验的文化和实践至关重要（Folke et al.，2005；Gunderson and Light，2006）。它们出现的有利条件包括陷入僵局的对立各派准备好谈判的可选择方案（即"由失败到合作"）（Bryson et al.，2006）；一个相对平衡的法律，经济和/或政治权力（Duane，1997）；预先存在的社会资本和网络；有资源的利益相关者及产生新解决方案所必需的专业知识；政治任务、压力和支持；否则将无法用于参与者的现有的或具有前景的外部财政资源（Freeman and Farber，2005；Bryson et al.，2006）。这些条件在卡弗德项目中得到了很大程度的实现（Freeman and Farber，2005；Innes et al.，2007）。外围运河组织的选票失败以及一系列的法律决定授权给环保团体，造成了法律和政治僵局。专门技术和科学知识分布在机构与大学之外。利益相关者已经开始在旧金山河口项目及三通进程中建立工作关系（Connick，2003）。联邦和州领导人，最突出的是克林顿政府的内政部长布鲁斯·巴比特（Bruce Babbitt），推进了这个过程并用联邦补贴和国家债券给予帮助。

如果这些条件将利益相关者带至谈判桌边，他们自己是不足以建立成功的合作和伙伴关系的（Fuller，2009）。Innes 和 Booher（1999）、Bryson 等（2006）确定了几个重要的进行有效合作的程序特征，如共享实际任务的存在；初步协议；自我组织，而不是依赖外部强加的结构；使用高品质的、一致同意的信息来源；在有压倒性支持时进行协议；过程的外部合法性；资源和承诺，以平衡参与者之间的权力差异；持续信任建设活动，并真正参与富有成效的对话。在这个问题上的贡献进一步阐述了协作如何以及何时起作用。

向内探寻协作过程

参与者听取 Agranoff（2006）的呼吁，"超越预示合作的重要性以便向内探寻其运行。"他们参与如何以及何时创新协议结果的问题，查看卡弗德中的流程和工作组产生突破性的成果，而其他项目明确失败（Lejano and Ingram，2009；Fuller，2009）。这个问题的贡献是深入钻研了协作过程如何工作的，训练了用放大镜看待大型卡弗德项目内子过程的技术细节。他们的共同出发点是"共享的学习过程是至关重要的"（Norgaard et al.，2009）。

鼓励共享学习的关键制度是边界组织的创造。这些是指制度化的论坛，在这里不同的知识和利益相关者共同努力以弥补不同框架和观点之间的差距。科学项目（Taylor and Short，2009；Norgaard et al.，2009）或环境用水账户（Lejano and Ingram，2009）担任边界组织。他们提供给科学家和利益相关者直接的、个人的和可持续参与的机会，促进了观念转变和谈论问题与解决方案的新语言的出现（Taylor and Short，2009）。

在边界组织内，边界对象用来开发共同的语言——用 Fuller（2009）的话来说是"中介语言"。边界对象是"个人工作的作品，跨学科或文化障碍"（Carlile，2002；Fuller，2009），如模型、地图、报告、电子表格或电子演示文稿，甚至是创造互动空间的会议和研讨会。边界对象为利益相关者提供了一个新的谈论问题的词汇，以及以从各个角度均可接受的方式修改和重组织观念的平台（Fuller，2009；Lejano and Ingram，2009）。例如，在环境用水账户，游戏和取水场景及其对鱼类的影响的模型模拟，使得利益相关者理解了水交易的意思，并提供了谈判和协议的基础（Hudgik and Arch，2003；Innes et al.，2007）。识别卡弗德和全球科学评估的共性，Norgaard 等（2009）强调共同语言如何以新的元模型或互补使用具有不同规模和功能的多种分析模型的形式，使参与者跨学科交流。

然而，Lejano 和 Ingram（2009）研究表明，不同利益相关者的叙述和观点不仅仅通过创造与使用主框架来调解和整合，而是在不同知识的对话、翻译和交流，即观念的辩证并列中发生"奇迹"的，而不是每个阵营存储知识的单纯结合（Lejano and Ingram，2009）。

5.8.6.3　评论

作者表示，在协作适应性管理的成功中制度因素的重要性被低估了。他们通过分析国家调控的协作和适应方法与创造有竞争力的市场之间的重要区别来进行说明。他们担心通过强调成功的协作流程，政策分析者可能忽视法院和市场条件的重要性。

他们似乎有一个相当呆板的建立共识的观点，只注重各方在何种程度上满意协议的内容，忽视了可能已经建立的关系，或所建立的不断提高的信任水平。

建立共识不仅仅涉及参与的利益相关者"达成交易"，还需要评估现实世界中实施的限制条件，看关系是否能改善到以前固定的限制条件可以克服的地步。作者承认创造价值的重要性，他们认为这是通过"重新规划"以产生共同承诺的一种社会过程，也承认利益相关者之间的非正式互动作为一种改变态度和行为的手段的重要性。

他们指出了协作过程的局限性和所谓的传统治理的重要性，指出了"边界组织"发挥的重要作用，分组给予科学家和利益相关者直接的、个人的及可持续参与机会。这些可以是非正式解决问题的关键。作者解构了建立共识过程的元素，包括中立的作用，没有看到所有部分如何整合在一起。他们假设适应性治理的协作只是权力中介，即"在预定义的利益之间交易并找到一个最佳的契合点。"他们不重视如何通过面对面的互动和联合动力，改变各方的自身利益排名以及它对他人利益的响应。

5.8.7　《显然不可调和的差异下的惊人合作：农业用水效率和卡弗德》（Fuller，2009）

5.8.7.1　导言

这篇文章介绍了卡弗德海湾三角洲项目的决策者遇到的挑战和突破。作者描述了利益相关者、召集人、协调员如何调解"显然不可调和的差异"。这篇文章说明建立共识如何使各方从僵局到达成协议，还从谈判理论引入了几个概念——就像中介语言——显示了它们是如何被应用的。以下案例说明如何通过建立共识和使用协调员以产生协议。与以前讨论相同案例的作者相反，Fuller 对在卡弗德发生的协作适应性努力有更深入的看法。

5.8.7.2 卡弗德和协作适应性管理（第 668~672 页）

指导委员会的最初任务是为卡弗德项目经理提供反馈意见和建议，而不是寻求共识。然而，巴比特–邓恩（Babbitt-Dunn）团队，一个对卡弗德项目中某些元素进行谈判的高水平联邦–州政策团队，因为其开始审议事项而给指导委员会提出了一个挑战：如果指导委员会可以起草并同意农业用水效率计划（项目）的纲要，巴比特–邓恩团队很可能将其纳入修订的卡弗德二期报告。如果没有，巴比特–邓恩团队将找别人做这件事。指导委员会的第一反应是拒绝提议；然而，他们无法拒绝这个直接输入到政策起草中的难得机会，尤其是（正如我们下面将看到的）一旦他们发现了一个新的推进框架。不管之前严峻的挑战和失败，以及缺乏寻求共识的授权，指导委员会决定试试。经过一些天的紧张工作后，他们起草了一个非常不同的农业用水效率计划，使自己和他人感到惊讶。不仅如此，在接下来的两年里，他们制定了创新的且利益相关者支持的农业用水效率计划。

指导委员会是怎么做到的？答案不仅仅是交易谈判理论中的利益、学习和重构棘手冲突理论中的发现，以及建立共识理论所主张的联合实情调查。

（1）得到新的项目概念模型

工作组被解散后，卡弗德决定召集农业节水潜力（小组）的独立审查小组，以希望其可以解决目前关于农业节水潜力估计的分歧，高效的水资源管理实践是最合适……卡弗德开始组合这个小组的同时召集指导委员会。

利益相关者和协调员在小组中发挥了积极而关键的作用。例如，小组被设计为包括农业和环境利益相关者选定的技术顾问。技术顾问的作用是向小组成员提问，提供所需的信息，并作为选区的技术监督。此外，在协调员和非政府利益相关者要求下，卡弗德将小组审议扩展为包括一个预先审议的预备会议。

预备会议在指导委员会第一次会议的前一周举行。召开预备会议是为了给利益相关者和公共成员提供关于小组与卡弗德召集会议的原因的信息，以及提供对小组的结构和准备工作的投入。其影响很大，在很大程度上为小组提供了一个总体框架，弥补了利益相关者的不同利益和观点（Susskind and Field，1996）。

在预备会议上，小组没有专注于 EWMPs，而是建议卡弗德设置下游目标（如特定生境的恢复），确定具体的量化目标（QO_S），这有助于实现目标（如进入生境的含盐的最大量），然后争取逐案确定干预，上游因此可以最好地满足量化目标。这种方法迅速成为指导委员会使用的关键框架之一，他们用它来起草巴比特–邓恩组要求的修订二期报告项目的纲要。

小组建议的概念已经整合并在农业和环境的利益相关者之间的几个关键症结点上发挥了作用。第一，它确认和规定环境目标为项目的关键驱动，这是环保人士一直希望的。第二，小组关于逐案处理满足量化目标的建议解决了农业利益相关者关心的两个基本问题：①允许每个水区采用适合其特定当地条件（土壤、水、气候、经济等）的节水方法；②在农业被要求采取行动之前，必须有一些与下游利益行为联系明确的框架，这反过来为指导委员会探索更加细致的分配成本和收益的方法创造了条件。

为了体会预备会议中小组建议带来的影响，理解背景情况很重要。指导委员会只有两周时间，其间他们组织了4个工作日为农业用水效率计划起草项目作说明。虽然指导委员会担心该文本被滥用，以及没有足够的时间来咨询他们的支持者，但他们意识到这是一个直接影响卡弗德决策的难得机会。最后打破平衡的是新的框架，各方发现他们可以接受其作为未来政策工作的一个起点。

然而，说小组的想法因为是新的而有影响力将是一个错误。事实上，个体农业和环境利益相关者在工作组会议期间已经建议过类似的想法，虽然这些想法影响很小。那么，为什么小组的建议如此有影响力？

通过访谈利益相关者，答案在于小组的特点。总体而言，利益相关者认为小组是明智的（使用可能的最佳信息，包括内外专家）和公正的（小组成员均是由支持者审核的局外人并且由利益相关者的技术顾问监督）。

然而，在这里有另外一个很容易被忽视的方面，且对扭转上述问题是非常有用的，即为什么同样的想法在工作组没有获得支持？如前所述，部分答案在于工作组内的利益相关者不会探索危险和不太可能会合作。

（2）闭门创造机会

他们告诉我们，"嗯，［这个想法］不只是要发散。我希望它可以但它只是不会。"我们有足够的信任知道他们不只是设置障碍；这确实是一个事实。如果这种方法不起作用，还有别的起作用的方法吗？这为什么是敏感的？这些［利益相关者］面临的问题是什么？现在我们有这个，并且现在我们知道为什么我们正在这样感知它，现在，有什么我们可以做的事吗？（采访指导委员会委员，2004年）。

上面这位指导委员会委员的发言突出了指导委员会的一个主要特性：其成员表达意见和发掘想法的开放性，不担心即时的惩罚。

上面引言的第一句在开放性真的很突出。在此之前，利益相关者代表往往不能也不愿进行尝试。与此相反，一个利益相关者引述上面同意的想法，但声称它不会被其支持者接受。引人注目的是，指导委员会的同行似乎相信他，愿意和他一起工作来了解阻力来源，用新的思路来解决这些问题。

相比于工作组内共享的缺乏，指导委员会中利益相关者彼此信任的意愿是一个显著的变化。为什么利益相关者能够更加开放，且有效探索他们的分歧和差异呢？其中一个重要原因是在协调员和卡弗德项目经理决定对外关闭指导委员会的会议后，他们的审议没有发生在直接的公众监察下。远离了同事每天的监察后，指导委员会成员能够建立关系，并开拓创新的想法，否则这是不可能的。

在法律上，他们能够这样做是由于 BDAC 的存在，BDAC 依然是公众参与最终的官方的点，并且将审查指导委员会的所为。卡弗德和协调员也很小心的选择参与者，与各方一起确定受尊敬的代表，支持者觉得这些代表可以有效为他们所关注的问题代言。

指导委员会成员通过他们在审议过程中的行动赢得了同行的信任。他们说这并不是利益相关者之间的差异消失了，反而表明建立信任是重复递进的。每个提案都建立在前一个之上，并且随着信任的加深，代表更愿意将他们的差异当作约束条件对待，其中的问题将得到解决而不是出现不可逾越的障碍。

就像卡弗德上述的决定，小组在建立共识中关于目的性和透明度的选择日益受到关注。闭门会议为代表提供了喘息的空间，但出现了吸纳和问责问题。类似于卡弗德的 BDAC 和指导委员会的组织机构，Susskind 等（2003）提议将非正式的、集思广益的讨论从比较正式的审查和决策谈判中分离出来，以便在有争议的谈判中为创造力创造空间。

然而，在解决问题中，这些选择不是唯一的因素。考虑下面召集指导委员会的卡弗德项目经理的话。

> ［协调员］真的很努力去维持一些不涉及想法的所有权的规则。这真的变得很普遍。有时［协调员］综合［你的想法］与其他人所说过的东西，这种新的方向开始出现。该小组感觉到他们发明了它，并做到了，真正地做到了……在某些情况下，我们从字面上发明了新的话，或者我应该说新的流行语。（采访 AgWUE 项目经理，2003 年）。

回想一下以前有问题的话和风格是怎么样的。在指导委员会里，通过探索关注的问题与产生的想法的过程，以及在一套规范下使用一套新的或重新定义的词语及被创造和应用的概念的解决方案，使之在群体的行为中变得根深蒂固。有些词语、概念和规则是正式的；其他非正式的也出现在这些过程中，如认真地倾听以及没有所有权的想法。小组创造的"中介语言"（Galison，1997）——包括词语和概念以及规则和规范——提供工作组以前处理日常和困难情况所缺乏的可接受的方法——例如，去描述现场情况，去表达或去识别和管理在个别问题上的僵局。

　　首先，不存在中介语言。通过深入讨论甚至审核支持者，费尽周折地创建或重新定义词语和概念。基本规则是由协调员制定并在过程的开始由利益相关者修改和审核的。其次，通过指导委员会的审议经验来形成非正式的规范和习惯。许多指导委员会成员指出小组的协调员模拟行为——如给予尊重——小组其他人员随着时间的推移而接受。在其他一些情况下，指导委员会成员或卡弗德人员是发起人。然而，无论其来源是什么，这些规范和规则允许各方更有效地进行商议并避免在讨论变得困难时冲突不断升级。

　　（3）从点滴开始起草解决方案

　　创造一个安全的商议空间可以增加各方对话的意愿，但它不保证该小组将有能力有效地定义、分析并解决他们所面临的难题。谈判和建立共识理论通过开发不同价值利益间的交易和追求共同利益来促进合作（Susskind，1999）。然而，这些理论所设想的经济交易似乎很少在指导委员会的商议中提出，正如接下来这位指导委员会成员的话帮助我们开始探讨：

　　　　协调员总是煞费苦心地确保这场头脑风暴，发生在概念框架的背景下，并且被抓获在概念框架中，这个概念框架合乎情理，并且被参与者理解和赞成。他们将确保项目目标和工具之间的关系始终可以用概念模型来表现。不同类型的项目和不同类型的资金之间的关系总是架构的一部分。项目中各种实体的参与和这种参与的体制、法律、政治影响——根据保证和其他问题来看——之间的关系总是架构的一部分。这是非常有用的，因为这样的小组通常会想出一些不必作为连贯一致整体的一部分的好概念。（采访环境代表，2003 年）。

　　我们从上面的引言中明白，指导委员会成员确定、分析和重新配置了大量的"零件"——不仅包括思想和利益，也有政治、法律、程序和其他元素——作为构建项目的一部分。同时，协调员帮助利益相关者构建一个"架构"，其中各个零件可以被看作关系到其他部分的"连贯和一致整体"的一部分。

　　可是引言漏掉了架构的另一个重要部分。当指导委员会开发他们的项目时，它也与卡弗德合作开发科学的框架，计算可量化目标以及他们和上游拟建项目之间的联系需要这个框架。

　　科学也是一点一滴建立起来的，每个元素都加入到一个流程概念模型。为了使新概念被有很少技术背景的人理解，有些部件采用新语言的形式。电子表格和PowerPoint 演示文稿也抓住了重要部件与它们之间的关系。例如，PowerPoint 演示文稿提供图表和其他可视化聚焦主要观点的简洁方式，这些主要观点是利益相关者在建立理解和协议中发现的关键。另外，电子表格提供了一种体系结构，其中不同的元素被当作变量，并通过方程链接。上面提到的架构和电子表格是描绘复杂世界的快照，其中卡弗德工作并提供手段以将其重新构造成一个更理想的结果。简单地说，人们可以经常用乐高（积木玩具）来模拟房子、汽车和其他想象和想要的产品，即使他们不分享共同的看法。Innes 和 Booher（1999）已经在其他谈判中观察到这个过程，并把它称为"拼装"，这里提到的部件是 Carlile（2002）的"边界对象"。

然而，把上述架构想象成静态的将是一个错误。考虑卡弗德 AgWUE 项目经理的话，如他介绍了科学如何发展。

> 实际上我们就不得不发明背后的科学。发明科学并不断在组内审查它，这个小组不是技术性的，实际上是一个有宽泛技术背景的政策层面的小组，一路从外行到专家——是艰难的……我们不断挑战自己去做好工作，但以这个政策小组可理解的方式呈现它……我们挑战的政策小组告诉我们，"好吧伙计，你得不断盘问我们，直到我们真的确定你为什么不喜欢这个。"然后我们会跟进挑战，"好吧，现在你必须告诉我们呈现它的正确方式"（采访卡弗德 AgWUE 项目经理，2002 年）。

指导委员会、卡弗德及一些专家开发科学框架和其他的概念结构，这些是支持他们对起草项目的设计进行审议时所需要的。例如，专家不断介绍作品的最新草案——包括电子表格、PowerPoint 演示文稿、概念图，甚至更多——给指导委员会以得到他们的审批和反馈，指导委员会对这些作品进行审议并建议修改，使科学符合他们一系列的利益。

此外，上面的引言也告诉我们另一个层面的互动，即支持者、卡弗德和指导委员会协作努力之间的互动。正如上面项目经理所提到的，"好吧，现在你必须告诉我们呈现它的正确方式。"指导委员会决定，卡弗德将提交项目的最终草案给支持者，部分原因是他们担心如果农业和环境的支持者认为想法来自另一方成员，他们可能轻率地拒绝这些想法。指导委员知道该消息必须正好针对每个选区的利益和观点，从而说清楚为什么它的成员应该支持它。为了实现这一目标，指导委员会和卡弗德共同开发演示。他们对术语进行了修改和澄清，设计了图表和进行审查以抓住关键概念，并且精心策划所有其他元素以加强使用特定选区观点和语言的信息。

（4）连接支持者

把最终拟议的策划传达给支持者只是向不同支持者传达想法并从其得到反馈的许多努力之一。早些时候我认为，卡弗德使指导委员会的会议大门紧闭的决定对创造安全的探究空间至关重要。没有看到指导委员会如何与不同支持者的互动就不能理解这个决定的成功。利益相关者认为，如果没有指导委员会为了保持每个选区的关键成员而做得细致工作，包括决策者和专家参与改善解决方案及其所属架构，指导委员会将不会成功。而且，随着可能的阻力点在一个或多个选区被确定，指导委员会将通过正确包装或找到另一种实现他们目标的方法，来找到一种使计划可接受的方法。

在指导委员会的整个审议中，与支持者的交流是持续进行的。每个成员都非常活跃的使用电子邮件和电话——他们的"热线"，得到他们选区特定人员对新兴计划的反馈和想法。随着计划的发展，谈判桌和支持者之间的联系变得越来越多样化。例如，随着小组开始在具体程序上工作并且计算他们的项目，他们召集了一批区域联络员提供所需区域性特定的专业知识。该组成员主要来自农业团体，很显然这是各方之间越来越信任的标志。

Lewicki 等（2003）、Schon 和 Rein（1994）研究表明，支持者的细致工作也显示了转换和重构方法的限制，这主要注重个人在谈判桌上的认识和理解，以及这些如何改变为鼓励解决方案。回想下一部分较早的引言：

> 他们告诉我们，"嗯，这个想法只是不能飞。我希望它可以，但它不会。"

当支持者正被代表时改变想法是不够的，甚至可能不是正确的路径。战略思维和沟通是必需的，无论是从审查和提炼思想方面，还是映射可考虑的解决方案的界限。

（5）不只是激励

人们可以指出现有重要的激励、积极和消极，作为鼓励这个特定协议的主要因素。卡弗德当然有可用于计划的重大基金，所有相关州和联邦机构的出席代表以及利益相关者肯定疲于数十年之久的冲突。然而，在工作组审议期间这些激励也存在。巴比特局长对指导委员会的挑战（当然重要）很难单独挑出。非政府利益相关者的第一反应是拒绝。他们最终提供给巴比特文字要求主要是由于以下的事实，即这里描述的过程，帮助他们找到一个突破痛苦僵持的有吸引力的方式。

因此，尽管潜在的可用资金和现有主要机构鼓励各方满足并寻求解决方案，但他们无法解释为什么指导委员会达成了协议，而工作组没有。

5.8.7.3 经验教训

参与协同决策的召集人、协调员、参与者和支持者从指导委员会的经验中可以学到什么呢？这篇文章表明，利益相关者之间存在明显不可调和的分歧，利益相关者可以在困难和有争议的政策问题上取得进展。当决策者认识到利益相关者对如何定义和解决问题有明显差异时，他们通常组织协同决策工作。这里的发现对于设计和促进今后的工作是关键的，特别是在利益相关者的分歧似乎是不可调和时。

这篇文章提出了几个关键的及相关的经验教训。

第一，也是最广泛地，正确的利益相关者和激励机制的存在可能是不够的。工作小组成员有与指导委员会非常相似的激励，但未能取得进展。

第二，尽管很明确，利益相关者代表要学习更多，且有时候要重构关于问题及其解决方案的个人思想观念，而关于相互的仔细考虑，他们需要做得更多。指导委员会所做的是创建中介语言（词和概念），以及有效使用习惯、规则和程序。那些可以帮助利益相关者代表互相理解和解决问题。

第三，指导委员会成员通过识别、修改和组织概念（使用边界对象）直到发现一个从各个角度看着都可接受的组合来开发他们的解决方案，而不是让个人进行利益交易。引人注目的是，创造词、边界对象和习惯以支持解决方案与制定解决方案并行发生。

第四，边界对象——如电子表格、PowerPoint 演示文稿、概念图表以及其他材料产品——可以发挥重要作用，将世界各方面带到谈判桌边，使它们成为可被操纵和结合来起草解决方案的拼图块。这些材料物品支持解决真正被代表的现象所不能的问题。直到河流和生态系统被带到谈判桌边作为大拼图的一部分，利益相关者才有了谈论他们的常用手段。当利益相关者有相矛盾和分歧的观点时，这里的发现提出了关于在促成解决问题和谈判方面物品的作用的有趣问题。

第五，在矛盾显然不可调和的情况下，召集人和协调员需要从战略上设计支持者如何在建立共识的小组中被代表。更具体地，他们需要在寻求创造解决问题的安全空间时平衡小组的透明性，并且仍然保持结果立足于情况的政治现实性。在这种情况下，指导委员会让观察员缺席会议，但让支持者通过正式和非正式的沟通参与整个审议。因此，成员创造力和学习的产品成为接触支持者的手段与焦点，并且这些产品又依次被测试和重新扎根于每个选区的现实。实际上，这意味着拼块、构造和最终解决方案需要分别在谈判桌外以及共同在谈判桌上对每个选区都有意义。在这种情况下，不同的世界观的复杂协调在很大程度上得益于材料物品的使用，这些材料物品由利益相关者精心打造作为接触不同选区的手段。

第六，注意事项。就像一个漫长而艰难的政策过程中的任何元素，建立共识过程中达成的协议不是最终步骤。多数可以在实施过程中改变，正如在卡弗德那样，尤其是当行政管理发生变化。尽管强大的利益相关者支持该计划，布什政府和国会从未提供克林顿时代的前辈所承诺的金融支持。这篇文章给出了一些方法来提高建立共识过程的能力以达成利益相关者所支持的协议。对于由改变行政管理和步履蹒跚的资金所带来的问题，这篇文章没有提供一个完整的答案，这困扰着所有决策的努力。

5.8.7.4 评论

这篇文章认为建立信任是重要的。利益相关者增加指导委员会之间信任程度的能力是显著的，尤其是相比于先前的工作组遇到的信任问题。信任的建立是连续的。每个序曲都建立于前面，随着信任的增长，代表越来越愿意把他们的差异当作问题解决方案可能发生的限制条件。

小组努力将非正式的讨论与正式的审查和决策区分开，以创造解决问题的空间。他们收集、分析并重新配置了大量的"拼块"——不仅包括思想和利益，也包括政治、法律、规划和其他元素。最终探索问题、产生新想法以及重新规划成为小组的新行为。

这篇文章强调了利益相关者代表和他们的支持者间不断沟通的重要性。这种沟通是持续进行的，不只是当他们有临时协议时在指导委员会审议的最后进行。小组采用协调员来综合思想并创造成为小组中介语言的新概念。协调员也强调安全空间的重要性，在安全空间里，利益相关者摆脱了每次在公众视野下不得不保持的象征性角色。另外，"封门"构成一个权衡：他们为共同解决问题提供了一个安全的环境，但有疏远外人的风险，每当透明度下降时这些外人就会担心。

5.8.8 《在以色列–巴基斯坦和平协议中面临的水》(Brooks and Trottier，2010)

5.8.8.1 导言

这篇文章从持续联合管理的角度看待跨界水协定，这种持续联合管理允许在转移水需求和用途之间进行连续的决议。他们详述了共享水资源管理的五个关键原则：水量分配不是固定的，而是随时间变化；平等权利和责任；需求管理优先于供应管理；连续监测水质和水量；调解淡水的竞争使用。这篇文章关注了以色列和巴勒斯坦之间的水资源共享，且他们的做法有普遍的应用。作者的目的是表明如果使用冲突解决机制把所有的政治、经济、社会、农业、环境突发事件考虑到，有关共享水资源的协议是可能的。

该案例说明了如何采用价值创造化解两方或多方关于跨界水资源的分歧。

5.8.8.2 共享水管理的原则（第 109～113 页）

必须采取原则指导共享水联合管理体制结构的设计，如公平合理使用，在所有形式的跨界水管理中是常见的（Rahaman，2009）。这里我们着重谈一下五个补充原则，其与我们的联合管理以色列和巴勒斯坦共享水源的提议极度相关，即

- 水权的定义；
- 平等的权利和责任；
- 需求管理优先；
- 接受当地管理形式的历史地位；
- 连续监测所有共享水源的水量水质，并调解竞争性的用途、需求和实践。

（1）水权的定义

在以色列–巴勒斯坦方面，水权被认为是分配给一方或另一方固定的和永久数量的水。这种水权的定义可以作为一个政治口号，但流量的变化和水源之间的互联使其有问题。更恰当的水权定义依赖于承认双方在维持所有共享水的质量和数量上的相互依存。

根据一系列的机制，水权被定义为管理水的捆绑的权力和责任，这些机制即各方都有权利或义务获取水、使用水、处理水、排放废水，以及设置获取、使用、处理及排放的必要限定条件，在受自然条件设置（或许改变）的限制范围内的所有共享水资源按照保持水量和水质的方式。

双方公民和机构并行的权利与义务意味着现有的用水模式和用水量在这种捆绑内有一定的地位。这个原则到目前为止并没有延伸给予那些模式和用水量永久地位。然而，只有在考虑到影响后，他们才可以被改变，并且必须逐步实施变化以便有时间进行调整。

（2）平等的权利和责任

在管理、开发和利用共享水方面，以色列和巴勒斯坦必须有平等的权利与责任。奥斯陆协议创建了联合水委员会（joint water committee，JWC），由相等数目的以色列人和巴勒斯坦人组成，当进行涉水的决策时，在协商一致的基础上运行，然而它的作用被缩减。联合水委员会只进行在占领区关于巴勒斯坦水管理和开发的决策，关于以色列实施的水管理或开发不起作用。显然，目前的制度设计未能满足平等权利和责任的原则。与此相反，我们提议中的这套制度从一开始就被设计为适应原则。正如平等的目标，这并不意味着每一方都可以指望得到等量的水。它的意思是在每个共享水体联合管理的制度内，各方将有平等的地位。

（3）需求管理优先

在以色列和巴勒斯坦共享的区域有足够的水满足他们所有的需求，并可提供高品质的生活，但远低于足以满足他们的所有欲望。因此，水管理的重点必须从供给转向需求。需求管理是一个宽泛的概念，包括数量和质量，以及使用时间（Brooks，2006；Brooks et al.，2007）。从管理的角度，当提出需要更多水的请求时，注意必须首先确定在不增加供水的情况下是否可以按提议使用水。所有为新的供水提供资金的请求必须考虑与之相反的政策和方案选项，包括减少额外水需求、降低最终用水的质量，或将使用时间转移到非高峰时段。此外，各方必须认识到，尽管一个国家的用水和定价都在该国的主权权力内，但通过需求管理努力减少用水对于他们各自的未来是如此根本，以致它们是谈判的合适议题。

需求管理的优先权当然是远不同于通常遍及整个地区政府机构的供应管理心态（Brooks and Wolfe，2007）。无论焦点是城市饮用水还是农场灌溉用水，即使到处都有减少用水的机会，规划者也总是首先关注新的供应（Brooks et al.，2007）。在整个中东地区都有一个主要任务：水需求管理的政府机构被给予官僚地位和预算以使其发挥有效作用（Brooks and Wolfe，2007）。

（4）接受当地管理形式的历史地位

当地水管理形式必须获得正式地位。实际上，这个原则传达了什么是"软"或非正式的水权。一直存在的当地水管理的公共形式在以色列已消失，但在巴勒斯坦依然常见。尽管证据表明它们能够高效且有效运行（Trottier，1999），但水管理的公共形式也越来越被视为过去不得不让位给中央机构的痕迹。以色列自上而下的集中管理模式可能便于巴勒斯坦水务局的官员用来取代现有的自下而上模式。然而，该地区和世界其他地方的证据都表明，这种变化通常会损害实际的可执行的水安排目标（Buckles，1999；Mabry，1996）。

现有的地方和公共管理机构，不论是正式或非正式的，至少应该得到一个机会在巴勒斯坦国家来证明自己。诚然，需要一些最起码的结构来表明哪些机构是有地位的，哪些是没有的，有些事情可能引起争议。然而，这个过程可以在较快又敏感且透明的方式下进行，它远可以避免集权的不足。

（5）连续监测所有共享水源的水量水质，并调解竞争性的用途、需求和实践

连续监测和持续调解过程构成了确保实现公平、效率和可持续发展目标的主要管理工具。这一原则不只是一个技术细节，相反它是实现决策的基础，这些决策关于调整每个水井或蓄水池的取水量或是修改春季用水。它有许多影响，包括公平对待被要求减少取水率的用水户的需求。例如，家用水井的用户或许需要立即更换其他来源的水。与此相反，灌溉水井的用户在一年的某些时间可能会被要

求削减用水或接受改为雨水灌溉的货币补偿（连同技术建议），也必须考虑与水没有直接联系但影响水可用性和质量的实践。例如，城市发展增加了不透水表面所覆盖的区域，或者务农耕作使污水流入地下含水层，作为不可取的土地利用变化而带来挑战，需要在水管理和土地管理官员之间进行协调。

强调不是只连续监测而是连续监测和调解这一原则很重要。调解意味着与涉及的团体讨论以及根据辅助性原则在尽可能低的水平制定解决方案。例如，使用井水灌溉的农民管理机构最合适为将农作物损失降到最低而提议新的开采议程，同时尊重新的、更低的开采率。持续调解也可以允许类似的组织为了保护春季补给区而请求停止邻近城市的发展。最重要的是，持续调解意味着所有参与者可以上诉到提议的调解委员会，无论他们是自认为环境代言人的科学家，还是水管理机构的成员，无论这些机构是国家机构、私人机构还是公共机构。水调解委员会为科学主张和社会及政治主张之间的相互作用提供透明度。这打破了通常把水科学家（或其他专家）放在对水和环境很开明的君主位置上的做法，有效地在与科学主张的互动中独自依赖科学家的政治和社会价值观。

凭借平等的第二原则，连续监测和调解机制将适用于双方，也将适用于开采任何的共享水，无论系统是私有的、公共的还是公众的。然而，调解机制将与现有的巴勒斯坦而不是以色列机构更相关，因为后者的管理过于集中。

（6）体制结构

四项目标及五项原则指导我们设计以色列–巴勒斯坦联合共享水管理体制结构。由此产生的结构沿多个层级划分水权：

- 以色列和巴勒斯坦政府之间；
- 以色列–巴勒斯坦多个联合机构之间；
- 科学的和政治的管理要素之间；
- 是地方的还是国家的；
- 跨多层级工作的机构之间。

这种权力划分由寻求解决竞争性主张的调解机制系统完成。具体而言，它被设计为允许各方民主化决策并把水当作一种资源，这种资源是许多不同参与者竞争的目标，在不同的层级上参与，并且涉及不仅仅由民族主义路线决定的政治、社会和经济关系。在许多方面，水协议的成功将以许多纠纷如何和平解决的记录来衡量，它少于纠纷因被避免和从未进行调解而未予以记录的数量。

（7）双边水委员会

双边水委员会（Bilateral Water Commission，BWC）将取代现有的联合水委员会，对所有的共享水负责，而不只是巴勒斯坦的水（这正是联合水委员会目前的情况）。它以重要的和关键的但有限的授权将直接向以色列和巴勒斯坦政府报告。它的任务包括：

- 根据高级科学顾问的建议，设立取水限制条件、水处理标准以及从地下含水层取水的目标。
- 根据高级科学顾问的建议，授予新的钻井项目许可。
- 制定不可再生的地下含水层的开采率，从而均衡开采，并开发替代水源，或者减少需水量。

双边水委员会可以拒绝高级科学顾问的建议，但不能自行做出决策。相反，它必须解释其拒绝高级科学顾问的原因，并等待新的建议。如果交换两次意见后，双边水委员会发现其不可能与高级科学顾问达成一致，则可以将此事转交给水调解委员会（Water Mediation Board，WMB），在任何情况下，水调解委员会都可以就这些限制和标准的科学合理性给出自己的决定。

正如其与高级科学顾问的关系，双边水委员会对水调解委员会的决策将有最终的接受或拒绝权，但不调整或修改。当拒绝水调解委员会的决定时，双边水委员会将被要求给出拒绝的理由。然后水调解委员会根据这个理由重新审视其决定并给双边水委员会提出新的决定。总之，双边水委员会的责任完全是为了确认上述限制、许可和标准，并确保它们的实施。

除了对水调解委员会的决策有最终的接受或拒绝权，但不能调整或修改外，双边水委员会的剩余职权一般在别处。任何没有在协议中具体详述的责任都属于剩余职权。保留剩余职权的机构保留了其所有的职责，除了那些明确归属于另一家机构的。

双边水委员会由7名成员组成，其中双方政府各选出3名，再加上由来自双方之外的其他任何国家的6人选出的一名成员。双边水委员会的决议按照少数服从多数的原则制定，即双方选择的3个成员中至少有2名支持这个决议。

（8）水调解委员会

水调解委员会将接收任何社区或机构的投诉，只要其他社区或机构已建或在建的水工程项目会造成负面影响，包括一些与水资源管理无直接关系的项目，如城市规划。水调解委员会也接收分配不公或水质不达标的相关投诉。对于以上这些情况，水调解委员会的主要角色是与投诉所涉及的各方接触，受理他们各自的案件，然后尝试进行调解。

当调解程序失败或投诉中被指控的机构带来的负面影响无法证明是否影响投诉机构时，水调解委员会将负责投诉的独立调查。调查包括这些社区或团体遭受的巨大损失，以及这些巨大损失的经济分析和其他社会科学分析。开放论坛或举行公开听证，尝试各种解决纠纷的选项。所有听证会记录都要保存和印发，所有对于和来自水调解委员会的建议将予以公示。

水调解委员会的最终决定将以一项具有约束力的方式实施，必要时，与当地水行业外诸如土地利用或城市发展等在城市规划领域有能力和职权的部门机构协商，确定如何更好地执行决定。

水调解委员会由两名以色列成员和两名巴勒斯坦成员组成，双方各自的司法部提名一位，另一位从各自当地水管理委员会（Local Water Management Board，LWMB）的成员中选举产生。

（9）科学顾问办公室

科学顾问办公室包括两个高级科学顾问，每名顾问及其辅助人员都由双方国家政府从适当机构选派。办公室负责向双边水委员会报告水质和水量的相关问题与提供取水许可及钻井限制方面的适当建议。除了其他职能外，两个高级科学顾问将向双边水委员会提供三大方面信息的评论：水量数据（包括绘图）、水质数据和取水量、废水处理的生态限制。办公室的作用不是维护独立数据库，而是确保双方维护数据库的可访问性。他们将向双边水委员会和建立在本协议下的其他机构提供报告。

高级科学顾问还将负责建立、监控生态红线，即定义的维持共享水流域生态健康的水质和流量警戒值。官方对红线和流量审查后，双边水委员会可以对之前取水量和排泄量的决定做出调整。当现有限额已经超过了年降水的可用水量，或水质恶化超过现有定额水平，双边水委员会将与限额制定者协商以适当调整限额。在以色列占领领土上的巴勒斯坦水井被引入限额。他们确定每口井可以持续取水的最大年提取量。限额根据上一年的提取计量相应地设定，它不是通过限制含水层的影响模型来确定的。该提议的独特之处包括：第一，以使用量函数和对环境的影响函数来确定现有配额；第二，联合处理适用于巴勒斯坦和以色列两国的水井。目前，巴勒斯坦人对以色列提取没有意见。在这项提议中，家用水被设定为最高优先权，依据"水作为人权"的原则，将以家用最低分配额保障双方的每个家庭的用水。所有共享水的取水量限制和合适的水流的变化都将由双边水委员会公示。

社区、当地水机构和非政府组织都可以向水调解委员会抗议对取水量或水流状态过度的或不适当的限制。

（10）山地含水层管理局

山地含水层是最重要的也是最脆弱的共享水体，需要特别注意。因此提议成立山地含水层管理局作为山地含水层西部和东北部块区的双边水委员会代表，并且为东部块区提供意见，按照"什么水是共享的，什么不是"一节中所指出的，东部块区不是共享水。山地含水层管理局的基本目标是保护含水层不被过度开采和污染，实际上是以双边水委员会的角色为了相同的关键功能来服务，但特别关注含水层的完整性。此外，山地含水层管理局将与两国政府机构合作，以限制被污染的地表水流或未适当处理的污水流进入含水层。以上这些将被完成的优先事项优先于促进地方和国家的经济发展的次优先级事项。

在加拿大国际发展研究中心的资助下，山地含水层管理局的设计和结构被以色列、巴勒斯坦科学家持续研究了6年多，所以没有必要在这里进一步讨论，该成果已通过多种方式发表（Feitelson and Haddad，1998，2000）。

（11）当地水管理委员会

当地水管理委员会将认证和登记所有机构、家庭、社区或私人团体，管理当地的水资源和分配水给社区。认证标准采用本地"在用"规则。"在用"规则依据一个资源在特定情况下被一个组织实际管理，不同于公认的书面标准规则。这种规则可以是口头的，或者在社区内被严格遵守。实际上，当地水机构注册的过程，就是在随后与上述团体的互动过程中给予他们的地位。

当水调解委员会有投诉时，当地水管理委员会将按照要求协助水管理委员会的专家确认涉及争议的水资源管理机构，确保所有涉及机构在水调解委员会的主持下全部接受咨询。它将进一步确保水调解委员会和双边水委员会最终达成的结论与建议传达给当地群众或机构。当这些结论与建议涉及影响这些机构的变化时，如提取量的减少，当地水管理委员会将与这些机构协商制定一个实施变更的时间表，或者某种形式的补偿。这种补偿不涉及金钱，旨在制定尽可能地减轻变更带来的消极后果的机制。

当地水管理委员会由4个成员组成。最初，两名成员由巴勒斯坦当地政府选定，另外两名成员由以色列社会事务部选定。成立的3年内，每个注册的当地管理机构均有一票选举权，选出当地水管理委员会未来的成员。

5.8.8.3 评论

这篇文章的作者强调了在共享水各方的相互依存中水权的重要性。根据如何定义水权，各方能够通过合作解决问题使收益最大化。作者也认为透明度是创造有效合作伙伴关系的关键。

在某种程度上，权力的不平等可以通过调解解决。各方必须将水去安全化，并把水作为一种资源，这种资源是各方在不同尺度决策中争夺份额的竞争目标。

参 考 文 献

Abukhater, A. 2009. Fostering citizen participation, *GIS Development*（*Neogeography*），*February，2010.*

ADB. 2001. Annex A of Decision N. 4/2001：Adozione Delle Misure di Salvaguardia Relative al

Piano Stralcio per la Gestione Delle Risorse Idriche. Autorità di Bacino dei Fiumi Isonzo, Tagliamento, Livenza, Piave, Brenta-Bacchiglione, Venice.

Agranoff, R. 2006. Inside Collaborative Networks: The Lessons for Public Managers, *Public Administration Review*, (*Special issue*): 56-65.

Aguilera-Klink, F. 1993. El Problema de la Planificación Hidrológica: Una Perspectiva Diferente, *Revista de Economía Aplicada*, 2 (1): 209-216.

Allan, J. 1994. Overall perspective on countries and regions, in P. Rogers and P. Lydon (eds.) *Water in the Arab World: Perspectives and Progress*. Cambridge, MA: Harvard University Press.

Allan, J. 1998. Virtual water: A strategic resource, global solutions to regional deficits, *Ground Water*, 36 (4): 545-546.

Arnold, C. A. and Jewell, L. 2003. *Beyond Litigation: Case Studies in Water Rights Disputes*. Washington, DC: Environmental Law Institute.

Asano, T. 1991. Planning and implementation of water re-use projects, in R. Mujeriego and T. Asano (eds.) *Water Science and Technology*, 24 (9): 1-10.

Barrett, S. 2003. *Environment and Statecraft: The Strategy of Environmental Treaty-Making*. Oxford: Oxford University Press.

Baruffi, R, Ferla, M., and Rusconi, A. 2002. "Autorità di bacino dei fiumi Isonzo, Tagliamento, Livenza, Piave, Brenta-Bacchiglione: Management of the Water Resources of the Piave River Amid Conflict and Planning." Second International Conference on New trends in Water and Environmental Engineering for Safety and Life: Eco-compatible solutions for Aquatic Environments, Capri, Italy, 24-28 June 2002.

Bernauer, T. 2002. Explaining success and failure in international river management, *Aquatic Science*, 64: 1-19.

Bingham, G., Wolf, A., and Wohlgenant, T. 1994. *Resolving Water Disputes: Conflict and Cooperation in the United States, the Near East, and Asia*. Arlington, VA: ISPAN for USAID.

Bingham, L. B. and O'Leary, R. 2008. *Big Ideas in Collaborative Public Management*. Armonk, NY: M. E. Sharpe, Inc.

Biswas, A. K. 1993. Management of international waters: problems and perspective, *International Journal of Water Resources Development*, 9 (2): 167-188.

Boswell, M. R. 2005. Everglades restoration and the south Florida ecosystem, in J. T. Scholz and B. Stiftel (eds) *Adaptive Governance and Water Conflict: New Institutions for Collaborative Planning* (pp. 89-99). Washington, DC: RFF.

Brooks, D. B. 2006. An operational definition of water demand management, *International Journal of Water Resources Development*, 22 (4): 521-528.

Brooks, D. B., Thompson, L., and El Fattal, L. 2007. Water demand management in the Middle East and North Africa: Observations from the IDRC forums and lessons for the future, *Water International*, 32 (2): 193-204.

Brooks, D. and Trottier, J. 2010. Confronting water in an Israeli-Palestinian peace agreement,

Journal of Hydrology, 382 (1-4): 103-114.

Brooks, D. B. and Wolfe, S. E. 2007. "Institutional Assessment for Effective WDM Implementation and Capacity Development. Water Demand Management Research Series," International Development Research Centre, Cairo, Egypt.

Briscoe, J. 2010. Perspectives: Troubled waters-Can a bridge be built over the Indus?, *Economic & Political Weekly*, 45 (50): 28-32.

Briscoe, J. 2009. Water security, why it matters and what to do about it, *Innovations*, 4 (3): 3-28.

Bryson, J. M., Crosby, B. C., and Stone, M. M. 2006. The design and implementation of cross-scale collaborations: Propositions from the literature, *Public Administration Review*: 44-55.

Buckles, D. (ed.). 1999. *Cultivating Peace: Conflict and Collaboration in Natural Resource Management.* Ottawa: International Development Research Centre.

Burkhard, R., Deletic, A., and Craig, A. 2000. Techniques for water and wastewater management: A review of techniques and their integration in planning review, *Urban Water*, 2 (3): 197-221.

Carlile, P. R., 2002. A pragmatic view of knowledge and boundaries: Boundary objects in new product development, *Organization Science*, 13 (4): 442-455.

Cascão, A. E. 2009. Changing power relations in the Nile river basin: Unilateralism vs. cooperation?, *Water Alternatives*, 2 (2): 245-268.

Cash, D. W., Clark, W. C., Alcock, F., Dickson, N. M., Eckley, N., Guston, D. H., Jager, J., and Mitchell, R. B. 2003. Knowledge systems for sustainable development, *Proceedings of the National Academy of Science*, 100 (14): 8086-8091.

Chayes, A. and Chayes, A. H. 1991. Compliance without enforcement: State behavior under regulatory treaties, *Negotiation Journal*, 7 (3): 311-330.

Chayes, A. and Chayes, A. H. 1993. On compliance, *International Organization*, 47 (2): 175-205.

Coase, R. 1960. The problem of social cost, *Journal of Law and Economics*, 3: 1-44.

Connick, S. 2003. "The Use of Collaborative Processes in the Making of California Water Policy: The San Francisco Estuary Project, the CALFED Bay-Delta Program, and the Sacramento Area Water Forum." Environmental science, Policy and Management. Ph. D. Dissertation. University of California, Berkeley.

Connick, S. and Innes, J. 2003. Outcomes of collaborative water policy making: Applying complexity thinking to evaluation, *Journal of Environmental Planning and Management*, 46 (2): 177-197.

Consejería de Medio Ambiente. 2002. *Junta de Andalucía.* http://www. cma-juntaandalucia. es.

Consejería de Obras Públicas y Transportes, Junta de Andalucía. 1996. *El Agua en Andalucía. Doce años de gestión autonómica 1984-1995.* Junta de Andalucía.

Dalla Valle, F. and Saccardo, I. 1996. *Caratterizzazione Idrologica del Piave.* Venezia: ENEL.

Daoudy, M. 2005. *Le Partage des Eaux entre la Syrie, l'Irak et la Turquie: Négociation, Sécurité et*

Asymétrie des Pouvoirs, *Moyen-Orient*. Paris: CNRS.

Datta, A. 2005. The Bangladesh-India treaty on sharing of the Ganges water: Potentials and challenges, in S. P. Subedi (ed.) *International Watercourses Law for the 21st Century: The Case of the River Ganges Basin* (pp. 63-104). Andover: Ashgate Publishing, Ltd.

Deutsch, M. 1973. *The Resolution of Conflict*. New Haven, CT: Yale University Press.

Dietzenbacher, E. and Velázquez, E. 2006. Analyzing Andalusian virtual water trade in an input-output framework, *Regional Studies*, 41 (2): 185-196.

Dinar, S. 2008. *International Water Treaties: Negotiation and Cooperation along Transboundary Rivers*. London: Routledge.

Dixit, A. and Gyawali, D. 2010. Nepal's constructive dialogue on dams and development, *Water Alternatives*, 3: 106-123.

Dlamini, E. M. 2006. Decision support system for managing the water resources of the Komati River Basin. Presentation at the Enhancing equitable livelihood benefits of dams using decision support systems Working Conference held by CGIAR Challenge Program on Water and Food on January 23-26, 2006 in Adama/Nazareth, Ethiopia. Environmental Consulting Services (ECS) (undated) The Maguga Dam Project, ECS webpage available at www. ecs. co. sz/magugadam/index. htm.

Duane, T. P. 1997. Community participation in ecosystem management, *Ecology Law Quarterly*, 24: 771-797.

Earle, A. and Malzbender, D. (eds.) 2006. *Stakeholder Participation in Transboundary Water Management*. South Africa: African Centre for Water Research.

Elkind, E. N. 2011. "Drops of Enery: Conserving Urban Water in California to Reduce Greenhouse Gas Emissions. " Report from the Emmett Center on Climate Change and the Environment and the Environmental Law Center at UCLA School of Law, and the Center for Law, Energy and the Environment at the UC Berkeley School of Law, (available at http://www. law. berkeley. edu/files/Drops_of_Energy_May_20ll_vl. pdf).

El-Sadek, A. 2010. Water desalination: An imperative measure for water security in Egypt, *Desalination*, 250 (3): 876-884.

Feitelson, E. and Haddad, M. 1998. *Identification of Joint Management Structures for Shared Aquifers: A Cooperative Palestinian-Israeli Effort*. World Bank Technical Paper No. 415. Washington, DC: The World Bank.

Feitelson, E. and Haddad, M. (eds.) 2000. *Management of Shared Groundwater Resources: The Israeli-Palestinian Case with an International Perspective*. Ottawa: Kluwer Academic Publishers.

Fishelson, G. 1994. The allocation of marginal value product of water in Israel agriculture, in J. Isaac and H. Sshuval (eds.) *Water and Peace in the Middle East* (pp. 427-440). Amsterdam: Elsevier Science B. V.

Fisher, R. 1983. Negotiating power: Getting and using influence, *American Behavioral Scientist*, 27 (2): 149-166.

Fisher, R., Ury, W. L., and Patton, B. 1981. *Getting to Yes: Negotiating Agreement without Giving*

In. New York, NY: Penguin Books.

Folke, C., Hahn, T., Olsson, P., and Norberg, J. 2005. Adaptive governance of socio- ecological systems, *Annual Review of Environment and Resources*, 30: 441-473.

Foster- Fishman, P. G., Berkowitz, S. L., Lounsbury, D. W., Jacobson, S., and Allen, N. A. 2001. Building collaborative capacity in community coalitions: A review and integrative framework, *Journal of Community Psychology*, 29 (2): 241-261.

Franzin, R., Fiori, M. and Reolon, S. 2000. "I Conflitti dell'acqua: Il Caso Piave", mimeo.

Freeman, J. and Farber, D. A. (2005). Modular environmental regulation, *Duke Law Journal*, 54: 795-912.

Fuller, B. W. 2009. Surprising cooperation despite apparently irreconcilable differences: Agricultural water use efficiency and CALFED, *Environmental Science and Policy*, 12 (6): 663-673.

Fuller, B. W. 2006. "Trading Zones: Cooperating for Water Resource and Ecosystem Management when Stakeholders have Apparently Irreconcilable Differences". Dissertation, Department of Urban Studies and Planning, Massachusetts Institute of Technology.

Furlong, K. and Gleditsch, N. P. 2003. The boundary dataset: Description and discussion, *Conflict Management and Peace Science*, 20 (1): 92-117.

Galison, P., 1997. *Image and Logic: A Material Culture of Microphysics*. Chicago: University of Chicago Press.

Gelfand, M. J., Major, V. S., Raver, J., Nishii, L., and O'Brien, K. M. 2007. Negotiating relationally: The dynamics of the relational sell in negotiations, *Academy of Management Review*, 31 (2): 427-451.

Guan, D. and Hubacek, K. 2007. Assessment of regional trade and virtual water flows in China, *Ecological Economics*, 61: 159-170.

Gunderson, L. H. and Light, S. S. 2006. Adaptive management and adaptive governance in the Everglades, *Policy Sciences*, 39 (A): 323-334.

Haftendorn, H. 2000. Water and international conflict, *Third World Quarterly*, 21 (1): 51-68.

Harasick, R. F. 1990. Water conservation in Los Angeles, in H. R. French (ed.) *Proceedings of the International Symposium on Hydraulics/Hydrology of Arid Lands*. New York: ASCE.

Heilig, G. K., Fischer, G., et al. 2000. Can China feed itself? An analysis of China's food prospects with special reference to water resources, *International Journal of Sustainable Development and World Ecology*, 7: 153-172.

Hubacek, K. and Sun, L. 2001. A scenario analysis of China's land use change: Incorporating biophysical information into input-output modeling, *Structural Change and Economic Dynamics*, 12 (4): 367-397.

Hudgik, C. M. and Arch, M. A. 2003. "Evaluating the Effectiveness of Collaboration in Water Resources Planning in California: A Case Study of CALFED." IURD Working Paper Series, WP 2003-06.

Ingram, H. and Fraser, L. 2006. Path dependency and adroit innovation: The case of California water, in R. Repetto, （ed.） *Punctuated Equilibrium and the Dynamics of U. S. Environmental Policy* （pp. 78-109）. New Haven, CT: Yale University Press.

Innes, J. E. and Booher, D. 1999. Consensus building and complex adaptive systems: A framework for evaluating collaborative planning, *Journal of the American Planning Association*, 65 （3）: 412-423.

Innes, J. E. and Booher, D. 2010. *Planning with Complexity.* New York: Routledge.

Innes, J. E. and Connick, S. 1999. San Francisco estuary project, in L. Susskind, S. McKearnan, and J. Thomas- Larmer （eds.） *The Consensus Building Handbook: A Comprehensive Guide to Reaching Agreement* （pp. 801-828）. Thousand Oaks, CA: Sage Publications.

Innes, J. E., Connick, S., et al. 2007. Informality as a planning strategy, *Journal of the American Planning Association*, 73 （2）: 195-210.

Issa, S. 2002. Access to Lake Chad and Cameroon- Nigeria Border conflict: A historical perspective, in S. Castelein and A. Otte （eds.） *Conflict and Cooperation Related to International Water* （pp. 67-75）. IHP- VI （Technical Documents in Hydrology （TDH） No. 62. Paris: UNESCO.

Jansky, L. and Uitto, J. I. 2005. *Enhancing Participation and Governance in Water Resources Management: Conventional Approaches and Information Technology.* Tokyo: United Nations University.

Jessop, B. 1998. The rise of governance and the risks of failure, *International Social Science Journal*, 155: 29-45.

Kallis, G., Kiparsky, M., and Norgaard, R. B. 2009. Adaptive governance and collaborative water policy: California's CALFED bay- delta program, *Environmental Science and Policy*, 12 （6）: 631-643.

Kiker, C. F, Milon, J. W., and Hodges, A. W. 2001. Adaptive learning for science- based policy: The Everglades restoration, *Ecological Economics*, 37: 403-416.

Kock, B. 2010. "Addressing Agricultural Salinity in the American West: Harnessing Behavioral Diversity to Institutional Design." Dissertation, Department of Urban Studies and Planning, Massachusetts Institute of Technology.

Laak, R. 1982. Integrating onsite system design into sanitary and environmental curricula, in L. Waldorf and J. L. Evans （eds.）, *Proceedings of Eighth National Conference on Individual Onsite Wastewater Systems*, Ann Arbor, MI: University of Michigan Press.

Lax, D. A. and Sebenius, J. K. 1986. *The Manager as Negotiator: Bargaining for Cooperation and Competitive Gain.* New York: The Free Press.

Lejano, R. P. and Ingram, H. 2009. Collaborative networks and new ways of knowing, *Environmental Science and Policy*, 12 （6）: 653-662.

Lewicki, R. J., Gray, B., and Elliott, M. （eds.）. 2003. *Making Sense of Intractable Environmental Conflict: Concepts and Cases.* Washington, DC: Island Press.

LHC （Little Hoover Commission） 2005. "Still Imperiled, Still Important: The Little Hoover Commission's Review of the CALFED Bay- Delta Program," Little Hoover Commission Report #183.

http://www. lhc. ca. gov/lhcdir/reportl83. html.

Lund, J. and Palmer, R. 1997. Water resources system modeling for conflict resolution, *Water Resource*, 108: 70-82.

Lurie, S. 2004. "Interorganizational Dynamics in Large- scale Integrated Resources Management Networks: Insights from the CALFED Bay- Delta Program," Unpublished Ph. D. Thesis. University of Michigan.

Mabry, J. B. (ed.) 1996. *Canals and Communities Small-scale Irrigation Systems.* Tucson: University of Arizona Press.

Margerum, R. D. 2008. A typology of collaboration efforts in environmental management, *Environmental Management*, 41 (4): 487-500.

Margerum, R. D. 2011. Beyond Consensus: *Improving Collaborative Planning and Management.* Cambridge, MA: The MIT Press.

Martinez, J. and Susskind, L. 2000. Parallel informal negotiation: An alternative to second track diplomacy, *International Negotiation*, 5 (3): 569-586.

McCarthy, J., Canziani, O. F., Leary, N. A., Dokken D. J., and White, K. S. 2001. *Climate Change* 2001: *Impacts, Adaptation, and Vulnerability: Contribution of Working Group II to the Third Assessment Report of the Intergovernmental Panel on Climate Change.* Cambridge, UK: Cambridge University Press.

McGuire, M. 2006. Collaborative public management: Assessing what we know and how we know it, *Public Administration Review*, 66: 33-42.

McKinney, M. J. 1990. State water planning: A forum for proactively resolving water policy disputes, *Water Resources Bulletin*, 26 (2): 323-331.

Megdal, S. 2007. Arizona's recharge and recovery policies and programs, in B. G. Colby and K. L. Jacobs (eds.) *Arizona Water Policy: Management Innovations in an Urbanizing, Arid Region.* Washington, DC: RFF Press.

Menkel-Meadow, C. 2008. Getting to "Let's Talk": Comments on collaborative environmental dispute resolution processes, *Nevada Law Journal*, 8: 835-852.

Mustafa, D. 2002. To each according to his power? Access to irrigation water and vulnerability to flood hazard in Pakistan, *Environment and Planning D: Society and Space*, 20 (6): 737-752.

Nishat, A. 2001. Development and management of water resources in Bangladesh: Post- 1996 treaty opportunities, in A. K. Biswas and J. I. Uitto (eds.) *Sustainable Development of the Ganges-Brahmaputra-Meghna Basins* (pp. 80-99). New York: United Nations University Press.

Nishat, A. and Pasha, M. F. K. 2001. "A review of the Ganges treaty of 1996". Presented to The Globalization and Water Resources Management: The Changing Value of Water AWRA/IWLRI-University of Dundee International Specialty Conference.

Norgaard, R. B., Kallis, G., Kiparsky, M., 2009. Collectively Engaging Complex Socio- Ecological Systems: Re- envisioning Science, Governance, and the California Delta. *Environmental Science and Policy*, 12 (6): 644-652.

O'Leary, R., Gerard, C., and Blomgren Bingham, L. 2006. Introduction to the symposium on collaborative public management, *Public Administration Review*, (*Special issue*), 66: 6-9.

Ostrom, E. 2003. Toward a behavioral theory linking trust, reciprocity, and recognition, in E. Ostrom and J. Walker (eds.) *Trust and Reciprocity* (pp. 19-79). New York: Russell Sage.

Pateman, C. 1970. *Participation and Democratic Theory*. Cambridge: Cambridge University Press.

Pokharel, J. C. 1996. *Environmental Resources: Negotiation Between Unequal Powers*. Noida, India: Vikas Pub. House.

Priscoli, J. D. and Wolf, A. T. 2009. *Managing and Transforming Water Conflicts*. Cambridge, UK: Cambridge University Press.

Putnam, L. L. and Wilson, S. 1989. Argumentation and bargaining strategies as discriminators of integrative outcomes, in M. A. Rahim (ed.) *Managing Conflict: An Interdisciplinary Approach* (pp. 549-599). Newbury Park, CA: Sage.

Putnam, R. D. 1988. Diplomacy and domestic politics: The logic of two-level games, *International Organization*, 42: 427-460.

Radosevich, G. E. and Olson, D. C. (1999). "Existing and Emerging Basin Arrangements in Asia: Mekong River Commission Case Study." Third Workshop on River Basin Institution Development June 24, 1999. Washington, DC: The World Bank.

Rahaman, M. M. 2009. Shared water- shared opportunities: associated management principles, *International Water Resources Update*, 22 (2): 14-18.

Raiffa, H. 1982. *The Art and Science of Negotiation*. Cambridge, MA: Harvard University Press, Belknap Press.

Sadoff, C. and Grey, D. 2002. Beyond the river: The benefits of cooperation on international rivers, *Water Policy*, 4 (5): 389-403.

Sadoff, C. and Grey, D. 2005. Cooperation on international rivers: A continuum for securing and sharing benefits, *Water International*, 30 (4): 420-427.

Schelling, T. 1960. *The Strategy of Conflict*. Cambridge, MA: Harvard University Press.

Scholz, J. T. and Stiftel, B. 2005. *Adaptive Governance and Water Conflict: New Institutions for Collaborative Planning*. Washington, DC: RFF Press.

Schlumpf, C., Behringer, J., Durrenberger, G., and Pahl- Wostl, C. 1999. The personal CO_2 calculator: A modelling tool for participatory integrated assessment methods, *Environmental Modelling and Assessment*, 4: 1-12.

Schon, D. A. and Rein, M. 1994. Frame Reflection: *Toward the Resolution of Intractable Policy Controversies*. New York: Basic Books.

Sebenius, J. K. 1983. Negotiation arithmetic: Adding and subtracting issues and parties, *International Organization*, 37 (2): 281-316.

Sgobbi, A. and Carraro, C. 2011. A stochastic multiple players multi-issues bargaining model for the Piave river basin, *Strategic Behavior and the Environment*, 1 (2): 119-150.

Sheer, D. P., Ulrich, T. J., and Houck, M. G. 1992. Managing the lower Colorado river, *Journal of Water Resources Planning and Management*, 118 (3): 324-336.

Smerdon, T., Wagget, R., and Grey, R. 1997. Sustainable Housing: Options for Independent Energy, *Water Supply and Sewage*. Bracknell: BSRIA.

Susskind, L. and Ashcraft, C. 2010. Consensus building, in J. Dore, J. Robinson, and M. Smith (eds.) *Negotiate-Reaching Agreements over Water*. Gland, Switzerland: IUCN.

Susskind, L. and Crump, 1. 2009. *Multiparty Negotiation: An Introduction to Theory and Practice*. Volumes I-IV, Thousand Oaks, CA: Sage Publications.

Susskind, L., Fuller, B., Fairman, D., and Ferenz, M. 2003. The organization and usefulness of multi-stakeholder dialogues at the global scale, *International Negotiation: A Journal of Theory and Practice*, 8 (2): 235-266.

Susskind, L, McKernan, S., and Thomas-Larmer, S. 1999. *The Consensus Building Handbook*. Thousand Oaks, CA: Sage Publications.

Susskind, L. 1999. A short guide to consensus building, in L. Susskind, S. McKearnan, and Thomas-Larmer J. (eds.) *The Consensus Building Handbook: A Comprehensive Guide to Reaching Agreement*. Thousand Oaks, CA: Sage Publications.

Susskind, L. and Field, P. 1996. *Dealing with an Angry Public: The Mutual Gains Approach to Resolving Disputes*. New York: The Free Press.

Susskind, L. 1994. *Environmental Diplomacy: Negotiating More Effective Global Agreements*. New York: Oxford University Press.

Susskind, L. and Cruikshank J. L. 1987. *Breaking the Impasse: Consensual Approaches to Resolving Public Disputes*. New York: Basic Books.

Taylor, K. and Short, A. 2009. Integrating scientific knowledge into large-scale restoration programs-the CALFED Bay-delta program experience, *Environmental Science and Policy*, 12 (6): 674-683.

Thompson, A. M. and Perry, J. L. 2006. Collaboration processes: Inside the black box, *Public Administration Review*, (Special issue), 66: 20-32.

Tilmant, A., Van der Zaag, P., and Fortemps, P. 2007. Modeling and analysis of collective management of water resources, *Hydrology and Earth System Sciences*, 11: 711-720.

Times Higher EducationSupplemment (THES). Analysis. 29 October 1999.

Trottier, J. 1999. *Hydropolitics in the West Bank and Gaza Strip*. Jerusalem: Palestinian Academic Society for the Study of International Affairs.

Velázquez, E. 2007. Water trade in Andalusia virtual water: An alternative way to manage water use, *Ecological Economics*, 63 (1): 201-208.

Velázquez, E. 2006. An input-output model of water consumption: Analysing intersectoral water relationships in Andalusia, *Ecological Economics*, 56: 226-240.

Vileisis, A. 1997. *Discovering the Unknown Landscape: A History of America's Wetlands*. Washington DC: Island Press.

Wolf, A. T. 2002. *Conflict Prevention and Resolution in Water Systems*. Cheltenham, UK: Elgar.

Wolf, A. T. 1995. *Hydropolitics along the Jordan River: Scarce Water and Its Impact on the Arab-*

Israeli Conflict. New York: United Nations University Press.

Yu, W. 2008. "Benefit Sharing in International Rivers: Findings from the Senegal River Basin, the Columbia River Basin, and the Lesotho Highlands Water Project. " World Bank AFTWR Working Paper 1, November.

Zeitoun, M. and Mirumachi, N. 2008. Trans-boundary water interaction I: Reconsidering conflict and cooperation, *International Environmental Agreements*, 8: 297-316.

Zeitoun, M. and Warner, J. 2006. Hydro-hegemony: A framework for analysis of trans-boundary water conflicts, *Water Policy*, 8: 435-460.

5

水谈判的非零和方法

水外交实践概述

（Elizabeth Fierman）

　　水外交实践的核心有六个重点任务。每一个任务在之前的各章中已简要描述。本章将从更加实用的角度讨论在世界不同的地方如何实现这些想法。

　　第一，确保识别适当的利益相关者和网络利益团体并在水管理工作中加以充分体现，这样就可以了解所有的观点和利用所有可用的本地知识。第二，需要使他们参与联合调查，以对自然、社会和政治领域的关键变量在各自的特定环境下如何相互作用达成共识。关于事实分歧，尤其是由不确定性和复杂性引起的事实分歧，需要加以讨论，但不一定要解决。第三，相关各方需要创造尽可能多的价值。这通常要寻求扩大水资源可利用量或者使用范围的方法，如引入新的水管理方法或技术，考虑如何以虚拟水或内含水改变现状以及各种类型的交易。当使用互利的方法来谈判，并由专业中介或协助者来组织对话时，价值创造往往是最成功的。第四，应该采用非正式的解决问题方法，以确保非正式讨论的结果得到正式的决策过程的考虑。水谈判的结果应该采用建议的形式（几乎由所有各方同意的），当谈判代表有机会和委托人审查这些建议时，应将建议提交给相应的政府官员采取行动。第五，各方需要建议如何组织后续的工作，以确保初步结果明晰后能够修改或改进任何已经采取的行动。我们把这种做法称作协作适应性管理。第六，参与水协议谈判的个人、团体和组织应该共同花点时间反思他们学到了什么，这样进一步的能力建设才是可能的。

　　本章考虑水外交的"最佳实践"，从说明的角度逐项分析这些任务。分析之后附上了一组文章，说明每一项任务在实践中如何操作。

6.1　利益相关者代表

　　水网络管理的第一个任务是选择代表，这一内容在第 2 章和第 5 章进行了讨论。目标是确定所有网络利益团体并邀请这些团体所选择的代言人。水管理网络的利益相关者或节点应该包括受到或预期会受到水分配、水管理或水政策决定影响的个人和团体。代表所有的利益相关者的利益，对每一次水外交努力的可信度都是至关重要的。正如我们在前面的章节中指出的，被排除在外的个人或团体可能拥有重要的地方知识，如果他们不参与，这些知识就被遗漏了。此外，如果受影响的每个团体都有机会表达他们的利益，这些团体达成的协议会更容易执行。被排除在外的团体，也许会阻止谈判结果的执行，其理由是不允许他们参与，该结果就是非法的。

为确保有足够的利益相关者代表，第 5 章中描述的利益相关者评估，应该由专业的中立机构进行。这类评估不仅可以帮助确定谁应该参与，而且也是使利益相关者团体参与随后的非正式问题解决过程设计的一种手段。利益相关者评估通常需要由一个中立的机构秘密会见扩大范围的可能利益相关的团体。评估人员需要草拟一份文件，总结他（或她）的发现，并将文件发送给他（或她）会见的每一个人并请他们审阅。因为所有的采访都是保密的，被会见的人不会在文件中看到他们的名字，但是因为他们关心的事和对各种问题的关切点都在评估人员提出的解决问题的建议中得到了体现，他们对此应当是满意的。一旦确定了所有相关的网络利益团体，然后可加上很难归类的可能需要确定代理人的团体（Susskind et al.，1999）。

利益相关者团体已确定并有机会审查评估人员建议的议程、时间表、基本规则和预算后，主持机构必须决定是否继续开展下一步工作。如果决定是，在确信所有关键的各方都已同意来参会的情况下，它可以遵循参与者帮助设计的流程。召集人可能需要召开较大利益相关者类别的核心会议，如环保人士的会议，选出一个代表在而后的解决问题的过程中为他们说话。最好的办法是由利益相关者类别中的各方选择自己的代表，而不是由召集机构挑选喜欢的人。

一些团体可能在谈判开始之前需要技术援助。也就是说，他们可能需要得到帮助去游说其成员，让他们的代表了解最新的技术，或充分考虑他们的优先利益和愿意做出的权衡抉择。这种帮助可以来自召集人，只要每个团体都有要求类似援助的选择权（Susskind and Cruikshank，2006）。

6.2　联合实情调查和情景规划

一旦各方得到确定并被召集到谈判桌旁，谈判代表需要考虑解决他们面临的水管理决策问题所需要的科学和技术信息。这些信息通常是相当复杂的，几乎有多个解释。因此，允许各方做出自己的预测或分析可能产生更深的分歧。相反，使用计算机辅助建模或其他群体决策分析软件，使团体更容易达成明智的协议（van den Belt，2004）。

在第 5 章已描述联合实情调查最难的部分。正如我们指出的，要将本地或原住民的知识及专家的科学建议结合起来。这是有难度的，特别是如果技术专家不尊重当地产生的专业知识。该团体还需要面对的事实是，其发现很可能对一系列非客观判断是敏感的。例如，由于没有"正确"的方式评估所有可能对当地水资源造成的伤害，联合实情调查的团体应该考虑将环境或文化的影响货币化的不同方法会如何导致非常不同的决定，甚至应该考虑水管理规划对视觉景观或对人类安全威胁的任何一点微小改变。同时，正如我们前面章节指出的，水网络的复杂性使预测十分困难。我们建议使用情景规划或其他一些技术，以使各方处理偶然发生事件的不确定性和复杂性（Wright and Cairns，2011）。

联合实情调查可以用来协调对政策或管理方案的不同解读。被培训编制水资源综合管理计划的工程师应该对构建水网络的选择方案有自己的想法。正如我们在第 2 章讨论的，他们往往会从有界系统和优化的角度来考虑。事实上，资助机构可能会坚持将水资源综合管理的原则作为任何新的与水相关的投资项目所含的一部分（World Bank，2007）。然而，其他利益相关者可能会对最理想的方案和最好的前进路线有不同的看法。

一旦生成可信的预测，该团体必须决定如何处理数据空缺和解释上的差异。联合实情调查并不能消除分歧，只会更加明确什么可被参与各方接受作为公共信息，并且在什么地方、为什么他们对材料的解释存在分歧。机构参与者经常解释说，法律或行政指令迫使他们给某种分析优先权并拒绝其他分析。一些机构的代表会说，他们的双手被束缚了，要求他们使用一个特定的折现率或忽略可能发生在未来的深远影响。例如，美国陆军工程师兵团的水电大坝指南规定，在进行成本效益分析时"除了大型的多用途水库项目，时间不要超过50 年"，这意味着超出 50 年的任何成本或效益应该设置为零（U. S. Army Corps of Engineers，2004）。应该由调解人决定是否重视这样的分歧来源，并帮助该团体寻求签订允许他们即使面对不同的未来假设也能继续进行的应急协议（Susskind et al.，1999）。

6.3　价值创造

水外交的一个主要任务是价值创造。这意味着寻求更高效的用水，以便尽可能更好地满足多重的甚至经常矛盾的利益。换句话说，价值创造包括理解每个利益相关者的核心关切或利益，并尽可能创造性地思考如何扩大可利用的供水量，这样才可能是非零和的结果。这可能涉及引入新技术或新的发展模式。就如第 2 章和第 5 章讨论的，当我们把水作为变化的资源时，可以通过新的农业或工业实践释放出嵌入水用作其他用途来创造价值。正如第 3 章和第 5 章讨论的那样，一旦考虑区位交易或者长期交易，共享虚拟水将成为可能。因此，创造价值不仅仅意味着思维模式上从敌对到协作性风格的转变，也是一种从认为水是固定资源到有变化和可扩展资源的转变。

如果当事人考虑的满足自身利益的方式同时满足其他人利益，价值创造是最有可能被实现的。如果当事方同意基本规则——包括暂停所有对建议的批评直到提出尽可能多的建议——应该由协调人执行，头脑风暴也随之发挥作用（Susskind and Cruikshank，2006）。一般来说，当付出努力在各方之间建立信任、鼓励提出各种解决方案及鼓励开展尊敬文化、教育和政治分歧的对话时，价值创造更为成功。

采用互惠的谈判方式有助于完成这些价值创造任务，其做法是在达成特定的解决方案之前强调和确定各方利益和生成多种利益满足方式。使用专业协调人来支持这些工作是很普遍的。这种方法可以让复杂的水管理网络中的利益相关者产生比实施任何一级权力部门强加的解决方案更好的结果。互惠谈判方法的目标不是达成一项使每个人都"赢得"想要的一切的协议，而是达成的协议要比没有协议时更能满足各方的利益。

价值创造通常是交易的产物。如果 B 的支持对于 A 非常想得到东西是关键的，并且只要 A 承诺对 B 同样有价值的东西，B 也甘心付出，否则没有一方被要求做出让步。相反，它们通过利用优先级、利益或价值之间的差异进行贸易，从而创造价值。若缺少一个扩展的贸易项目列表，很难做到这一点。这就是为什么当各方把议程分解开、一次处理一件事，价值创造是如此之难。相反，他们需要依靠头脑风暴来丰富议程。然后，在一切都决定之前什么都不应该决定。这是一种鼓励探索可能的整套建议方案的方法，它不会使任何人受困于他们可能会犹豫是否要支持的事务。允许同一部分水的多种使用（或再利用）的新技术使互利交易成为可能。当我们说价值创造有助于把水视为变化的资源而非稀缺资源时就是想表达这个思想。

6.4　召　　集

如果从一开始就明确将能产生互惠建议的非正式活动与政府机构或官员的正式决策相结合，那么在水领域内解决问题是有很大可能取得成功的。否则，各方可能不愿意专门投入时间和精力来研究如何解决跨境分歧或冲突。为了解决"治理衔接"的问题，应当由一个或更多的有决策权力的机构和组织召集非正式的协商。如果该召集机构明确承诺，只要恰当地处理代表性问题就能支持非正式解决问题过程所产生的议案，那么这种非正式协商有助于问题解决。所以召集机构或立法机构应该指定人员参加或者至少监督达成非正式共识的努力。

除要阐明临时安排和正式治理之间的联系外，召集人还应发挥其他作用。第一，他们应该去了解核心利益相关者的利益，可以通过委托利益相关者评价并关注评价结果使之变得比较容易进行。第二，他们应该为支持独立专家参与联合实情调查做好提供或者帮助筹集资金及其他资源的准备。第三，他们应该乐意找到专业协调人并与之一起工作，而不要试图控制这个过程的所有方面。由多个层次的机构联合召集并不少见。

6.5 协同适应性管理

我们认为，即使最善意、最精心组织安排的非正式解决问题的努力，也会碰到几乎所有的水管理工作都要面临的复杂性和不确定性。即使由合适的谈判方参加谈判，协调人工作有效，以及召集人对需要开展联合实情调查的团体提供了支持，他们对特定水网络驱动力的了解仍显不足。对于构成自然、社会和政治领域的社会与自然变量交互作用尤为如此。

通过在水分配、水资源开发或水政策方面实施协同适应性管理方法，水管理网络中的各方将会有更好的机会实施具有正式行动权力的机构所做的决策。换句话说，协同适应性管理为各方提供了参与执行决策的机会。所以决策机构应将为其提供咨询的利益相关者当作盟友，而不是对手。决策机构也应该关注各方之间的关系（当遵循水外交框架时，这些关系得到加强），把他们当成支持谈判协议实施的社会资本（Putnam，2002）。

协同适应性管理假设水网络管理者在第一次尝试时所做的一切都是不正确的，所以无论他们决定做什么（按照来自利益相关者的建议）可能都会失败。然而，如果此类的尝试被当作试验，那么这种做法将会为他们提供信息和见解，从而来校准决策、规划和计划。他们也会重新考虑长期目标和目的。为了使这样的调整得以成功，水网络管理者需要认真监督。利益相关者可以提供这种帮助，如用水户处在最好的位置来收集用于判断哪些努力奏效的数据。如果作为谈判协议的一部分，非正式解决问题活动的参与者指出他们认为需要测量什么以及如何评估计划开展的工作，这样就有充足的机会在中期进行有效的修正。总之，协同适应性管理是在执行上预留了空间的办法，能够不间断地调整或重新考虑早期的决议（Camacho et al.，2010）。

6.6　社　会　学　习

水外交不仅能解决具体的跨界冲突，还能通过能力建设和社会学习寻求更普遍地改进水网络管理的方法。这意味着要不断提高个人、组织和网络的知识与能力。无论水管理网络何时为解决特定的冲突找到合适的方法（或者即使在努力的过程中失败），都应反思得到的经验，以加强管理机构和行为主体的潜在能力。沿着这个思路即使仅付出适度的努力，也能在将来更有效地解决相似的问题。公布获得的经验教训也能够为其他水网络及其他环境下的行为主体提供信息。水管理网络应该为知识传播和能力建设做出明确承诺。

水管理网络也应该利用邻近管理机构和组织提供的任何帮助。例如，社会学习小组，其包括来自 9 个国家多个学科的学者代表，为对社会学习和能力建设感兴趣的水管理者提供了有用的资源。这个小组分析了社会学习理论，并利用该理论来研究社会学习与全球环境风险管理之间的关系（Social Learning Group，2001）。这项工作的许多内容改进了协同适应性管理对策方案。

社会学习小组也提供了实例，说明如何建立支持网络来提高知识水平，同时允许同事之间相互加强能力，并形成易于别人获取的资源。如果知识传播和能力建设是明确的网络目标，那么资源、研究及从实践中获得的经验教训应该尽可能广泛发布。

6.7　结　　论

水网络管理的"最佳实践"反映了我们第 2 章提出的传统观点的三个核心挑战：水系统是没有界限的，恰恰相反，它们运转时更是开放的网络；水以不可预知的方式不断地改变；水是变化的而不是固定不变的资源。"最佳实践"也反映了我们对世界上其他人管理水网络所做的实际努力的分析，不只是他们在需要做出艰难决定时凭借传统智慧所做的努力。在这些挑战和真实生活的基础上，我们提供了一个水外交框架来强调以下需求，考虑和尽力理解多样化、不同部门的利益；在面对不确定和不稳定因素时，利用联合实情调查和协同适应性管理进行决策，必要时调整决策；采用互惠方法进行多边协商来发掘创造价值的潜力。我们尽力采用分析和规定的方式，解释解决水管理纠纷所必需的方法及其原因。我们也注重实践，为如何实行实际的网络管理给予指导（图 6.1）。

第 7 章提供了一套教学资料来帮助水管理者和利益相关者利用水外交框架进行实践。

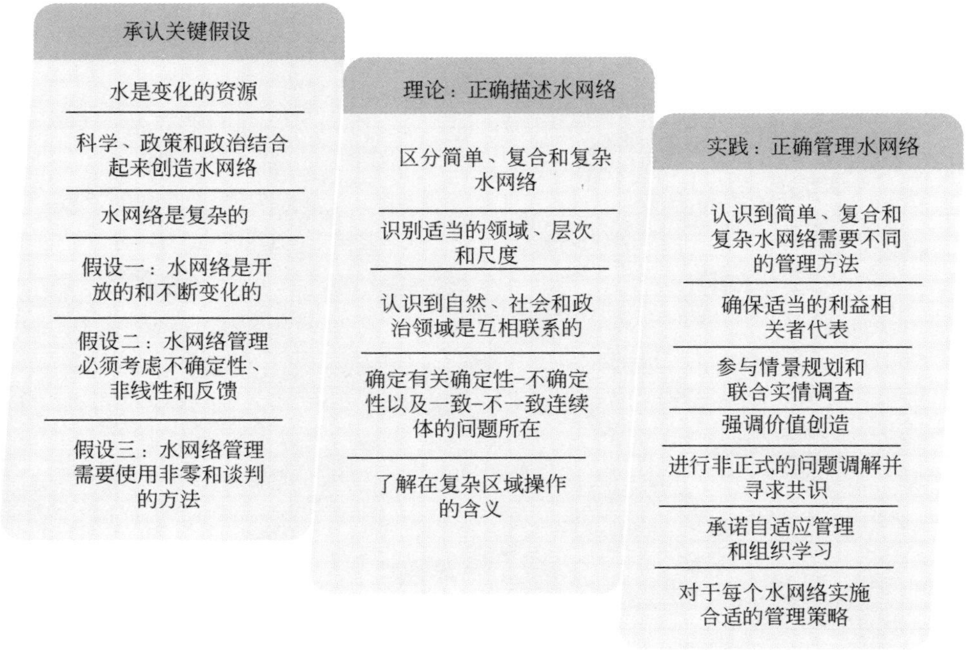

承认关键假设	理论：正确描述水网络	实践：正确管理水网络
水是变化的资源	区分简单、复合和复杂水网络	认识到简单、复合和复杂水网络需要不同的管理方法
科学、政策和政治结合起来创造水网络	识别适当的领域、层次和尺度	确保适当的利益相关者代表
水网络是复杂的	认识到自然、社会和政治领域是互相联系的	参与情景规划和联合实情调查
假设一：水网络是开放的和不断变化的	确定有关确定性-不确定性以及一致-不一致连续体的问题所在	强调价值创造
假设二：水网络管理必须考虑不确定性、非线性和反馈	了解在复杂区域操作的含义	进行非正式的问题调解并寻求共识
假设三：水网络管理需要使用非零和谈判的方法		承诺自适应管理和组织学习
		对于每个水网络实施合适的管理策略

图 6.1　水外交框架

6.8　文献选读及相关评论

6.8.1　《利益相关者参与蓬圭河流域的跨界管理》（Tapela，2006）

6.8.1.1　导言

这篇文章讨论了利益相关者参与蓬圭（Pungwe）河流域联合水资源综合管理战略的情况，这个战略是 2002 年由莫桑比克和津巴布韦联合发起的，由瑞典国际发展合作署提供资金，以促进河流流域的共同管理、开发及水资源保护。

蓬圭河发源于津巴布韦东部高地，流经与莫桑比克的国际边境，并最终经莫桑比克海岸流入印度洋。流域只有 5% 的面积在津巴布韦境内，但这个区域对河流流量有很大的贡献。流域内及流域周边地区的水短缺与两个国家不断增加的水需求，是水管理者面对的主要挑战。为了解决挑战，并响应国际组织促进参与式水管理的号召，两个国家组织成立了多方利益相关者委员会。委员会包括用水大户、当地政府及地区水资源部门和莫桑比克民间社会团体的代表。

这篇文章的摘录描述了津巴布韦在利益相关者参与蓬圭河流域行动计划方面的经验，强调了参与者遇到的一些困难。这些困难可以通过我们描述的利益相关者参与的方法得到更好的解决。

6.8.1.2 摘录（第15~23页）

（1）利益相关者的参与：津巴布韦的经验

在津巴布韦，利益相关者参与蓬圭水道管理正式开始于1999年7月，当时成立了蓬圭子流域委员会，作为邻近的萨韦（Save）流域委员会的分支机构。蓬圭水道并不是萨韦水道系统的一部分，这种安排只是为了管理的方便。蓬圭子流域委员会和萨韦流域委员会都是在瑞典国际发展合作署的资助下成立的，并于2001年1月开始全面运行。在津巴布韦，蓬圭和萨韦的委员会代表着津巴布韦各种被确认的利益相关者，津巴布韦国家水资源管理局（Zimbabwe National Water Authority，ZINWA）通过一名流域管理者和一名培训官员来针对技术性较强的问题为他们提供援助。截至2005年4月，蓬圭子流域委员会在津巴布韦注册了100个用水许可证。在蓬圭子流域，这些许可证持有者占到所有用水户的66%，控制着来自蓬圭水域的6000万立方米水，33%的用水户尚未颁发有效许可证。

在子流域层面上，蓬圭子流域委员会代表包括大规模商业农户、小规模商业农户、集体农民、移民项目的农民及当地政府——由传统的领导人和当选进入穆塔萨（Mutasa）农村区议会的议员来代表（表6.1）。蓬圭子流域委员会的代表是协商一致通过的或者是选举产生的。利益相关者组织有选择其代表模式的自由。一旦被提名或者选举进入委员会，蓬圭子流域委员会的会员身份将被归于代表个人。会员身份不会授予被代表的利益相关者组织或机构。因此，实际上辞退或排除一个会员并不自动授权利益相关者组织提名或选举一个新替补会员。恰恰相反，委员会有提名或要求选举新成员的特权。这个策略的目的在于确保委员以个人身份而非机构身份承担责任。

表6.1　2001年蓬圭子流域委员会利益相关者代表

利益相关者	代表的利益集团
大规模商业农户	商业农民联盟
小规模商业农户	香蕉种植者协会、咖啡种植者协会、蔬菜种植者协会
集体农民	津巴布韦农民联合会
移民项目的农民	个人和各种农民移民团体
当地政府	居民和穆塔萨农村区议会机构

萨韦流域委员会的代表由流域委员会管辖区内的每个子流域委员会的两个代表组成。在 2001 年（Tapela，2002）和 2004 年（Kujinga and Manzungu，2004），农民群体是代表最多的群体，而当地的政府代表是穆塔雷市委员会。然而，该市委员会的参会意愿不高，没有参加多数的会议。此外，该市委员会还把其在萨韦流域委员会中代表穆塔雷居民的责任转给了其雇佣的水利工程师。穆塔雷市委员会在蓬圭水资源管理方面是一个关键的利益相关者，所以在流域委员会活动时缺少它的积极参与，是萨韦流域委员会其他成员担忧的问题，这些人认为穆塔雷市委员会损害了他们制定新的水资源政策的权威和努力。假设当选委员对穆塔雷的选民要比市委员会雇员承担更大的责任，那么在穆塔雷市委员会和萨韦流域委员会之间的权利交易事实上使穆塔雷市的选民失去了对影响水资源问题表达担忧的机会，如水污染、供水和卫生问题。

（2）对利益相关者有效参与的挑战

蓬圭子流域委员会（Tapela，2002）和萨韦流域委员会的研究显示，（Tapela，2002；Dube and Swatuk，2002；Kujinga and Manzungu，2004），利益相关者的参与是很复杂的，不仅需要研究利益相关者参与决策机构，还要深度研究利益相关者的作用、资源和关系（尤其是权力关系）的细微差别。

A. 形成利益相关者机构的加速过程

蓬圭子流域委员会和萨韦流域委员会的成立仿照了津巴布韦水行业改革发展试点阶段的制度设计。Latham（2001）、GTZ（2000）及 Sithole（2000）的研究表明，在津巴布韦水行业改革试点阶段，利益相关者有效参与政策制定是很少见的。政策仍然保持由上级向下级传达的方式（Sithole，2000），利益相关者身份的识别过程没有公众参与（Latham，2001）。尽管如此，马佐韦（Mazoe）和马尼亚梅（Manyame）流域试点项目得到的经验被推广到其余的 5 个流域……据报道，捐助机构特别希望萨韦流域委员会及其下属的 5 个子流域委员会采用试点的流域委员会模式，这样可以节省成本。

萨韦流域的利益相关者似乎对试点的流域委员会的建立方法感到不满。然而，由于这些委员会的成立要与国家政治和宏观经济层面一定的发展相适应迫使它们采用了更少参与的方法。特别是，政府的"快车道"土地再分配计划新方案，已对水行业产生连锁效应，并对利益相关者施加了政治压力，从而快速进行了土地再分配过程。与此同时，国际货币基金组织坚持削减政府公共服务支出，加快了将权力下放到流域机构的过程。

将原计划 6 个月的蓬圭子流域委员会和萨韦流域委员会启动期减少到仅仅 6 周，其原因是采用了由上至下的方式成立委员会。流域委员会的快速成立产生了很多困难，其中大部分与改革交易成本有关。尽管权力下放过程加速了，但这些交易成本也直接影响了津巴布韦水资源管理采用的行业方法的持久性。

B. 水行业改革的交易成本

交易成本包括在水治理层次体系内部以及在相关行业方面的协调与沟通，以及新水法的实施。权力的加速下放过程导致流域机构还没有足够的能力实施流域综合管理就承担了责任。蓬圭子流域委员会和萨韦流域委员会尚未获得办公场所、通信连接和监督执法人员。这些困难已经被瑞典国际发展合作署的资助以及委员的智慧有效解决。然而，更大的挑战在于与流域综合管理规划的协调。

研究发现，起草《初步流域纲要规划》时缺乏有效的协调和咨询。这个问题的源头似乎是萨韦流域委员会及其子流域委员会启动时的快速推进。纲要规划的第一份草案保留了关注地表水供应的传统水管理，不包含水需求管理和地下水管理，尤其是农村地区主要使用的地下水源。令人担忧的是，这种关注没有考虑以下事实：在萨韦流域七个子流域中有三个受到地表水匮乏的严重影响，这些区域的农村人口主要依靠水井。注重地表水也未能呼应新的水资源政策的观点，即所有的水都是同一河道系统组成部分，不管它是地表水、地下水还是其他形式的水源，都应该作为同一系统加以管理。因此，过去使用的流域规划方法违背了水资源综合管理的核心思想。

自然资源部（The Department of Natural Resources，DNR）是 1996 年颁布的《自然资源法案》中规定的负责流域保护的主要部门。该部门缺乏有效协调和咨询，在对蓬圭和萨韦流域环境条件缺乏了解的情况下起草了一个流域纲要规划。因此，设想的一些水资源开发工程可能会在干旱期对下游的社区安全和生态系统产生深远的负面影响。

当地政府的行业官员认为由于在流域规划过程中缺乏有效的协调和咨询，流域及子流域委员会委员认为的需要和当地群众认为的实际需要并不一致。值得注意的是，从政府的分权政策来看，当地政府部门有责任通过有关当局协调地方层面上各行业提供的服务，这个角色包括基本的供水和卫生服务的协调。从新的水资源政策来看，流域委员会和子流域委员会被赋权负责协调流域层面的水资源利用、开发和管理，这超越了地方政府的行政边界。报告中所说的流域机构和地方当局之间缺乏协调，因此可能会对基本需水、生计、健康和卫生这样的社会安全问题产生严重影响。

缺乏有效的协调被一些地方政府官员归因于在新水法和其他行业机构管理的相关法案之间缺乏协同。因此，虽然法律条款未必冲突，但子流域委员会和地方当局颁布的地方层面的政策趋于吻合。更仔细地审查与水有关行业的规定可以看出，问题的症结还在于机构行为主体未能制定新的组织行为规范来顺应水行业的最新变化。

　　确实有这样的观点，即一些已有的地方政府机构似乎对新的流域机构有抵制，认为新机构挤占了政府行动的空间。在某些情况下，农村地区委员会（rural district council，RDC）人员拒绝参与子流域规划过程。萨韦流域委员会的记录也表明，一个关键利益相关地方政府——穆塔雷市委员会，截止到实施本项研究时未能出席90%以上的会议。

　　相对一致的行政和流域边界之间存在重叠也造成有效协调的缺乏。萨韦流域委员会及其子流域委员会，包括蓬圭子流域委员会，都认为某些重叠区不方便流域综合管理，并已考虑将某些流域委员会的部分地段交由邻近流域委员会管理，因为这些流域更容易进入这些地段。在蓬圭子流域委员会的案例中，虽然蓬圭河发源于尼扬加（Nyanga）农村地区委员会最南端，但当地政府并没有参与由该子流域委员会进行的决策，这主要是由于交通不便，以及尼扬加农村地区委员会最南端主要由国家公园构成，隶属于国家公园的部门以及大规模商业化农业部门。后者在蓬圭子流域委员会派有代表。1998年《水法》确定了特定流域的地方当局为利益相关者，为了使对利益相关选民代表的法律要求和操作层面的实际可行性相平衡，流域综合管理框架要有灵活性。

　　津巴布韦国家水资源管理局和萨韦流域委员会的机构安排中也有多处重复职能。为了方便许可证的发放，在流域委员会会议间隔期，流域管理者要代表流域委员会履行水分配的职能，但是这种安排可能导致协调问题。因为流域管理者对津巴布韦国家水资源管理局负责，所做的决定可能只代表了国有水资源机构的利益而不是相关利益者的利益。若萨韦流域委员会和萨韦流域管理者之间没有冲突，一些调查对象将此归因于流域委员会主任和流域管理者的个性间的包容。虽然在一定程度上把权力下放到了低级机构，国家对于相关利益者所做决策的过程仍保持一定程度的控制。

　　不同行业的机构行为主体之间的权力关系在很大程度上会导致协调问题。新的流域机构和已有的当地部门间对控制政府行动空间的争夺是明显的。自1984年开始政府去中心化运动以来，当地政府就开始负责行政区域内各行业开发工作的协调。通过对比，流域管理机构属于新建机构，还需要加强业务能力，以执行流域综合管理的职责，并以此给各种利益团体注入信心。因为一个机构履行职责的能力在于它对机构职责、程序和过程的可接受度的贡献，所以萨韦流域委员会和子流域委员会的协调问题与机构合法性问题有关。

　　C. 机构合法性

　　在萨韦流域以自上而下的方式建立流域委员会，并通过提名而不是选举任命萨韦流域委员会委员的职务，这与流域机构合法性问题之间有一种貌似合理的联系。但是，合法性不仅仅源于相关利益代表通过民主过程入职。更确切地说，水资源治理的合法性更多地在于在多大程度上人们见到利益相关者代表平衡地处理为当地选民追求利益与为更大范围的河道、国家、区域和全球资源共同体追求利益两者之间的关系。

人们的观点是，子流域委员会中的大多数委员追求一己私利，或者仅关心他们各自选民的利益，以更大的地方社区利益为代价。虽然采访过一些委员，不能完全验证上述观点，但基本的观察表明，萨韦流域委员会和蓬圭子流域委员会的代表严重向商业农户的男性倾斜。这使机构一心关注商业用水，特别是灌溉用水相关的问题，对生活、工业和休闲用水没有给予充分关注。这种疏忽使机构行为主体承诺满足利益相关者的利益需求而不是满足其代表的大部分选民的利益需求成为问题。

商业农户利益的主导权看来直接和利益相关者的权力关系，以及对水管理机构须通过从商业用水户收费来筹集工作经费的要求有关。重点关注商业用水导致管理机构不能解决与蓬圭水资源利用有关的主要水问题。这些问题包括穆塔雷市政府对蓬圭河水资源的浪费和穆塔雷市的制造加工业向流经该地的河流排放工业污水。问题还包括需要解决满足下游用水户利益问题的挑战，如莫桑比克的贝拉（Beira）城，该城在旱季时，需要蓬圭河水来阻止水短缺导致的盐水入侵问题。流域管理机构貌似更关心穆塔雷市政府不能出席萨韦流域委员会会议，而不是蓬圭河穆塔雷供水工程约50%的不明水量损失。水污染、水利用率低和下游莫桑比克用户的利益，都不如水管理机构对穆塔雷市使用蓬圭河水收费重要。

尽管萨韦流域委员会显示其在落实对服务于更广大的资源共同体利益的承诺方面存在不足，但相比之下，蓬圭子流域委员会则显示其有意识地进行了努力，以更广泛地满足从地方到国际层面的各种利益需求。子流域委员会进行的促进性别代表方面的尝试也是十分有力的，子流域委员会提出的目标是直接参与蓬圭水道的利用、开发和管理有关的国家之间的对话，这一点也非常有力。但是对蓬圭子流域委员会来说，仍然需要更有力地回应代表性及合法性问题。关于加强机构合法性建设，主要的评论意见是萨韦流域委员会和蓬圭子流域委员会管理方式的分歧，应更多归于个性和利益相关者权力关系，而不是组织文化中的任何基本差别。

（3）权力的动态

蓬圭子流域委员会（Tapela，2002；Dube and Swatuk，2002；Kujinga and Manzungu，2004）和萨韦流域委员会相关利益者的经验观察揭示，在利益相关者之间以及水管理机构和其他行业机构之间，如当地政府、其他政府机构和非政组织，都存在着权力问题。在利益相关者之间，权力分配分歧包括水资源的利益、政治和经济影响力、性别、语言论述的熟练度以及个性。

语言构成了利益相关者之间力量的一种源泉。尽管许多利益相关者代表第一语言是修纳语，且其他代表多数精通修纳语，但是在流域委员会和子流域委员会的审议中使用英语。观察萨韦流域委员会会议可以发现，英语表达对一些参会者来说是困难的。相比之下，虽然英语也被用于蓬圭子流域委员会的工作语言，而90%的委员第一语言为修纳语，但据观察，委员在会议上的讨论十分活跃，表达需要时有着非凡的语言能力和自信心。在之前的萨韦流域委员会会议中，蓬圭子流域委员会直言不讳的成员一一直保持沉默。后续的观察表明，一些委员的沉默是某些人的强势导致的，这导致其他委员难以积极参与到会议讨论中。这种情况表明，在使用参与方法时，萨韦流域委员会需要加强其能力和机制，以使利益相关者的利益代表性更有效。

属于相似行业的利益相关者之间出现的联盟体现了利益相关者间的利益竞争。一方面，已经出现了一个小规模和大规模商业化农民的联盟，这样使团体控制了萨韦流域委员会和蓬圭子流域委员会。其结果使流域机构特别重视与灌溉相关的问题。另一方面，选举产生的和传统的农村当地政府代表也发声支持穆塔雷农村地区委员会选民的基本水利益。但是可能因为农村当地政府代表人少，或因为这些选民给流域委员会和子流域委员会为正常运行所需收取的费用贡献不多，所以在决策中他们的影响力明显低于灌溉区农民的代表。考虑到穆塔雷市政府在流域委员会的收费收入中占据很大份额，假如穆塔雷市政府更积极地参加流域委员会会议，农民和相关利益者（如当地政府）的利益有可能达到一定平衡。

萨韦流域委员会和当地政府部门之间的权力动态似乎取决于政治影响力问题。后者已经长年累月地或者通过投票和关系网络确立了权威，但前者是近年来才任命的。对流域委员会和子流域委员会会议之外政府行动空间的竞争容易受当地政府的控制。尽管流域机构和当地政府的作用是互补的，两者之间的权力关系破坏了当地水管理活动的一体化。

在农村地方层面上，水资源管理活动分为两个明确的领域。地下水和基本供水由农村地区委员会管理，它们被委派协调政府的综合农村供水和环境卫生项目（integrated rural water supply and sanitation programme，IRWSSP）的执行。尽管新的水政策授权流域委员会和子流域委员会来综合管理水道系统的所有组成部分，但这些机构到目前为止一直都在避免涉及地下水问题，几乎只集中在地表水源和商业用水，特别是大气降水也被忽略了，要知道降水与雨养和灌溉农田的水利用率关系密切。由于强化了河道系统中各组成之间的传统区别，流域机构和农村地区委员会之间的权力政治与水资源综合管理的思想是矛盾的。

在河道系统各组成部分的管理方面缺乏综合方法，这是从试点阶段的行业机构职能的结构继承而来的（图6.2）。机构职能是按照主要行业传统上使用或管理的水源类别分配的。因此，虽然在更高层面上有指导小组进行协调，但在层级体系的较低层面上没有对各种职能进行综合管理。

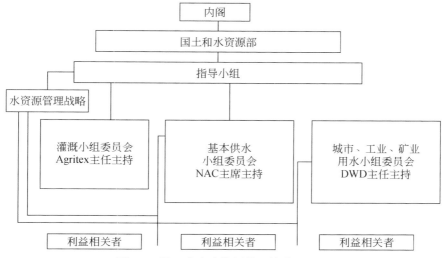

图 6.2　津巴布韦水资源管理战略组织图

资料来源：津巴布韦，1995 年

尽管在提供、使用和保障水源的方面女性一直被认为扮演着中心的、多方面的角色，但她们在与水有关的决策结构中的参与度非常低。萨韦流域委员会主要由男性组成。在整个萨韦流域，女性委员在 2002 年的子流域委员总数中仅占 3.5%（Tapela，2002）。在七个子流域委员会中，蓬圭子流域委员会做出了最大的努力，使女性积极参与决策和规划中，与委员会的性别目标的 60% 相比，女性委员在子流域委员总数中占到了 20%（Tapela，2002）。

在解决性别代表的问题上，蓬圭子流域委员会已经强大到足以采取性别响应的方法，反对流行的阻碍女性参与战略决策的社会态度。然而，女性参与了子流域委员会，很大程度上是因为在捐赠机构的支持下女性机构坚持要求参与战略决策过程（文本框 6.1）。

文本框 6.1

　　显然，在一次捐赠机构的代表参观期间，姆塔拉济（Mtarazi）瀑布的附近，加特西（Gatsi）灌溉项目的女性成员对萨韦流域委员会和蓬圭子流域委员会提出强烈抗议。许多女性是单身户主，从事小规模食品生产进行出售以及家庭使用，以勉强维持生计。她们抗议是因为萨韦流域委员会决定允许每个家庭每天 1500 升为基本用水，多余的按商业价格收费。抗议使蓬圭子流域委员会对要求商业和半商业性用水户支付许可证申请费与水费的事进行了沟通。女性做出回应，向萨韦流域委员会表达了无力支付新水价的担心。当这种担心没有被蓬圭子流域委员会给予应有的考虑时，女性坚持由她们的男性领导人进一步敦促萨韦流域委员会处理她们的不满。当这个领袖拒绝卷入对蓬圭子流域委员会和萨韦流域委员会决定的挑战时，女性对他投了不信任票，接着自己直接发起挑战。因此，她们在捐赠机构的访问期间举行了抗议。萨韦流域委员会的回应是调整代表政策，允许微小规模和小规模女性农户的代表占据两个席位。女性在蓬圭子流域事实上被正式认可作为一个利益相关者团体。这些席位使女性在萨韦流域委员会参与度达到了 20%。

　　（资料来源：Tapela，2002）。

　　然而，决策结构中包含女性，并不会自动确保女性利益得以表达，因为存在着男性和女性之间的权力关系，性别表达不平等。对蓬圭子流域委员会决策制定过程的初步观察表明，需要采用性别方法，不限于只考虑把性别纳入进来的问题，还要加强机构的能力和机制来使女性树立表达自己观点的自信。

6.8.1.3　评论

　　这段摘录提出的很多关于利益相关者参与的挑战，本可以通过一个更全面的利益相关者参与过程更好地加以解决，但并没有对利益相关者及其利益进行初步的系统评价。进行这种评价会有更充分的理由选择参与者，因此被视为更具合法性。全面的利益相关者评价也可识别出被误导的问题，如地下水利用和下游用户需求问题。最后进行评价可能会提出处理重叠的管理职能和流域边界以及参与者的权力分配严重不平等问题的方法。

　　在解决利益相关者代表性问题方面，这个方法是有缺陷的。委员会成员资格赋予了个人，而不是有组织的利益相关者群体，不清楚这个过程是否意味着为了包含可为各种利益相关者说话的个体用水户。"确保委员以个人身份而不是机构身份承担责任"有什么好处也是不清楚的。在任何情况下，任何使代表负责为支持群体代言的努力都可能会因代表"不稳定"出席会议而变得不切实际。事实上，作者从来没有说参会者在他们参加审议之前或者在审议期间本应使更大的利益相关者群体参与。

这篇文章指出，一些利益相关者群体，如小型和大型商业农户，形成联盟以扩大他们的权力，但对作为联合解决问题中平衡权力知识手段的联盟形成仅作了初步分析。例如，Tapela研究表明，穆塔雷市政府若更积极参与了，就能平衡商业农户与其他不那么强大的利益相关者团体的利益。然而，作者没有指出那些"较弱"的利益群体（更不用说穆塔雷选民）能够对市政府施压，以增加其参与或形成联盟来增进他们的利益方式。

作者也未解释是谁管理利益相关者参与的过程，或他们的目标是什么，也不清楚利益相关者有什么责任，无论是他们被咨询主要是为了使他们没有参与的决策合法化，还是联合实情调查和价值创造是否得到任何注意。换句话说，在这种情况下，并不清楚利益相关者参与的目标是什么。同理，没有提到明确的成功措施。例如，任何人脑子里都没有想过要通过个人、团体或机构的能力建议来参与其他与此类似的过程。

6.8.2 《改变调节安大略湖水位的规则》（Werick，2007）

6.8.2.1 导言

这段摘录来自Bill Werick的报告，是2007年《计算机辅助解决争议》研讨会的会议记录。Werick描述了国际联合委员会（International Joint Commission，IJC）（是一个美国–加拿大组织）使用的联合实情调查过程，讲述了对安大略湖调节水位和流量的研究，安大略湖横跨美国–加拿大边境并流进圣劳伦斯河。该调查过程的目标是提出反映水系统用户和其他利益相关者利益需求的建议。关注的问题被划分为6个"影响领域"：沿岸、航运、水电、市政和工业用水、休闲划船和环境。

各影响领域都成立了一个技术工作组（technical working group，TWG），负责与他们领域相关的研究，这些研究成果随后将用于建立一个计算机模型。利益相关者、专家和决策者参与技术工作组以及研习会和建模会议。最终他们通过联合实情调查过程生成所有工作小组的利益相关者都认为合法的信息。这反过来可以帮助缓和在安大略湖水管理上的持久冲突。

这段摘录在细节上描述了联合实情调查工作，关注技术工作组的活动以及使用协同建模来改善水资源管理和减少利益相关者冲突。

6.8.2.2 摘录（第119～126页）

2007年9月，国际联合委员会（由1909年的《边界水域条约》创建的一个美国-加拿大联合组织）预计公布新的安大略湖水位调节规则。除非公众审查带来极端困难，这些规则最有可能在 2008 年生效。这将是在过去的 30 多年里第一次（据作者所知）改变北美大型水系的调节规则，尽管事实上几乎已经研究了每一个主要流域调度规则的改变。国际联合委员会利用共享愿景规划来开发和审查这些规则，且目前安大略湖案例研究在技术上是最雄心勃勃和成功的共享愿景规划应用实例。这段摘要简要介绍了共享愿景规划工作是如何展开的，并强调了研究工作的创新点、优点和弱点。

（1）背景

国际联合委员会 1952 年发布了一份批准建设圣劳伦斯河水电项目的指令，包括一个横跨圣劳伦斯河的大坝，国际联合委员会可以利用这个大坝调节安大略湖水面高度和流量以及圣劳伦斯河的水位。自 1963 年以来，国际联合委员会使用了一份称为"计划 1958-D"的书面调节规则，但每周一次的调节决策中有一半被认为"偏离"了计划。因为种种，这些偏离是有必要的，最重要的是当供水量比用于计划设计和检验的 1860~1954 年的供水量较大幅度地偏多或偏少时，该书面计划就不能很好执行。

1993 年，"多年水位标记研究"建议批准通过的安大略湖调节规则需要加以修正以便更好地反映用户的当前需要和系统的利益。这项研究没有考虑环境影响，在条约中没有确认或者明确用水的保护，也没在如何在保护传统用水的同时满足当下需要方面达成共识。1999 年 4 月，国际联合委员会通知各政府，审查安大略湖水位和出流量的调节规则变得越来越紧迫。研究计划于 1999 年批准，并于 2000 年末开始研究。

原研究计划没有明确方案如何制定、评估和排名，也没有明确研究者如何设计工作以实施一个全面评价方案。在第一年研究的后期，作者做了关于该研究如何应用共享愿景规划的说明。该说明提出了一个基于 STELLA 模型开发的 Excel 模型，STELLA 模型是美国陆军工程师兵团水资源研究所的 Phil Chow 和 Hal Cardwell 针对五大湖开发的模型。此后，董事会同意，所有后续规划工作使用共享愿景规划完成。不久计划制定和评估小组（Plan Formulation and Evaluation Group，PFEG）成立，开始研究项目的重新设计，目的是将研究、公共投入和决策联系起来。计划制定和评估小组向研究董事会与研究董事报告。最初的成员是那些推动董事会制定和评估替代方案的人——替代方案，即规划是一项可以确认、控制的研究任务，而不是顺其自然偶然开展的技术研究。在某些情况下，计划制定和评估小组不得不重新调整已经开始的研究，并协助设计尚未展开的研究。在其他情况下，工作做得很好，计划制定和评估小组使用已有的研究成果。

（2）研究

图 6.3 显示了如何将共享愿景模型和建议开展的研究相配合。研究由七个技术工作组开展，包括水信息管理（水文学和水力学）工作组和六个影响领域（沿岸、航运、水电、市政和工业用水、休闲划船和环境）工作组。蓝色的方框共同构成设计使用中的共享愿景模型，不仅仅是 STELLA 模型。研究和模型的图形在许多方面模拟了技术工作组与研究董事会之间的关系。

例如，所有技术工作组的工作成果必须直接或间接贡献于共享愿景模型。计划制定和评估小组没有高于技术工作组的权威，但计划制定和评估小组就技术工作组的研究提案如何支持或不支持董事会的决策过程向董事会提出建议。共享愿景规划框架将决策者与专家和利益相关者联系起来。

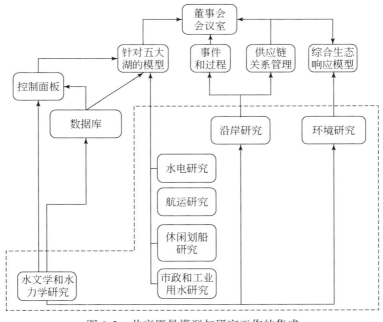

图 6.3　共享愿景模型与研究工作的集成

1）**专家–决策者**。我们的规划过程要求所有技术工作组开展能够用来确定水位和经济、环境或社会影响的定量关系的研究。对于水电和休闲划船工作组，这是预料中的结论，事实上，在共享愿景规划到位之前，沿着这些路线的工作已有相当进展。但花了大量的精力以这种方式来设计环境研究，并大幅度调整航运和沿岸的研究。

2）**利益相关者–决策者**。我们要求研究董事会举办六个"实践"决策研讨会，反复优化董事会将用于做出决定的标准。这些研讨会是与利益相关者共同举行的，并常常有政府部门首长参加。这些研讨会帮助确保董事会明白利益相关者想要的东西，同时帮助利益相关者理解为什么用这种方式做出决定。

3）**专家-利益相关者**。在开始共享愿景规划过程前，这项研究就已经允许利益相关者参与技术工作小组。在公共技术工作小组——航运、水电、市政和工业用水——有报酬的技术人员代表利益相关者；在其他影响领域，利益相关者的代表在技术上没有那么熟练。共享愿景规划过程，特别是协作建模，在专家和利益相关者的关系上有两个主要影响。第一，允许专家确保他们理解利益相关者如何受到影响。与专家和利益相关者合作，我们开发了100多个水力学特征指标，如用来评估规划的季节性水位范围（尤其是在早期的研究部分，在经济或环境影响函数被完成之前）。计划制定和评估小组与研究区周边的利益相关者群体会面，并且和他们一起工作来设计共享愿景模型中属于他们的那个部分，模型中包含据说他们会用来对规划排序的信息，也包括他们帮助设计的表格和图表。第二，使利益相关者更好地理解影响的测量与水位的关系，不只是在自己感兴趣的领域，也针对有利益冲突的利益相关者支持的议题。

计划制定和评估小组与环境技术工作组主席一起审查了20多个环境研究领域，并帮助建立水位和生物效果之间的数学关系。然后 Limno-Tech 公司的 Joseph Depinto 博士和 Todd Redder 先生开发了动态模型，以建立水位和现有研究课题中确认的潜在环境影响之间的关系。虽然环境研究人员起初反对综合生态响应模型（integrated ecological response model，IERM），但他们最终接受它，并用在研讨会练习，当其直觉与模型的结果不同时开始质疑直觉，反之亦然。

（3）模型

对于使用什么软件来构建共享愿景模型有相当多的讨论。最终结果是一种妥协的产物，其（在回顾判断中）效果很好，但是过于偏向研究者选择的方向。例如，FEPS 模型是专利模型，不受非正式的审查。计划制定和评估小组通过密切审查文档和结果，在 FEPS 模型中发现大量错误，但没有人审查代码。其许多过程可在 STELLA 或 Excel 中程序化，在那里审查可能会更容易。同样地，综合生态响应模型以本质上不透明的代码进行湿地算法建模。通过研究，可以明显地看出在研究者算法的编码、综合生态响应模型编码和随后的以 Excel 对算法建模的尝试之间有很小的差异。尽管数学差异不是很大，由此产生的结论也是一致的，回想起来，采用易于访问的代码给湿地建模有三个好的理由。首先，允许我们解决建模者对算法的英语版本解释之间的细微差异。其次，便于利用模型进行适应性管理的后续研究，因为修改代码要容易得多。最后，说服人们在研究中使用 C++的理由是循环计算非湿地环境性能指标，如北部的梭鱼模型。尽管梭鱼模型花了一个多小时运行综合生态响应模型，但梭鱼绩效指标对区分规划没有帮助。最终的共享愿景模型是一个模型系统，而不只是软件或文件，但所有的结果都是储存在一个复杂的 Excel 电子表格中，该表格成为大多数研究参与者所见到的共享愿景模型的外观。这个电子表格后来被称为"董事会会议室"。计划制定和评估小组引领了模型的开发，由水资源研究所的 Bill Werick 和 Mark Lorie 以及加拿大环境部的 David Fay 和 Yin Fan 完成了 STELLA 与 Excel 的编码。几个其他机构的专家给 STELLA 和 Excel 模型增加了内容。外行的利益相关者有时参与建模会议，但出于他们的选择，没有人做任何编码。利益相关者如大自然保护协会的 David Klein 信任这些模型，因为他们非常熟悉建模工作，不是因为他们从事那些工作，而是因为他们知道，在报道建模的新闻方面没有漏报或明显的延误。当我们发现了一个大错误，每个人第二天都会知道它，因为建模过程是非常公开的，且模型结果直接应用于利益相关者和决策者参加的活动。

规划过程通过各种模型以下面的方式传播：

1）研究人员使用野外数据和分析程序开发的算法来确定影响与水位或流量的关系。例如，在圣劳伦斯河下游，用 GIS 开发了水位-损害关系曲线，来估计一定水位范围内洪水对个人住房的淹没损失。这些模型的信息用来开发共享愿景模型系统的损害函数。

2）董事会成员、利益相关者、调节计划以外的各领域专家和领报酬的规划人员，将在概念上提出新的调节计划，然后计划制定团队成员会将概念制作成代码。有四个计划制定团队尝试制定四个类别的计划：修改现有的规则、优化方案、"自然"的调节、对其他人提供的计划概念进行编码。每个团队将使用任何想要的软件将规则代码化。这四个计划制定团队将每隔几个月见面交流成就和面临的挑战，他们是有竞争的，但是他们是计划制定和评估小组的一部分，最终希望看到一个优秀的选择方案，而不是让他们提出的方案只是平庸方案中最好的一个。每个团队的模型输出一个 4848 个四分之一月的放水时间序列，然后粘贴到一个 Excel 模型上，被称作"控制面板"，是共享愿景模型的一部分。那个放水序列定义了一个独特的替代方案。

3）制订计划也被用来探索解决问题的潜力，即使计划是不可能执行的。也开发了栅栏柱计划，每个栅栏柱定义了一个服务某项利益的计划，不管对其他利益的影响。这些栅栏柱定义了决策空间，显示了我们控制与水位有关的影响的能力限制。最重要的是，我们发现比起已经做的，不能大幅度减少对安大略湖岸边财产的损害。以类似的方式，我们制定了替代计划方案的"完美预测"版本，这样我们可以更好的量化预测的潜在效益。

4）水位和大多数的影响是在 STELLA 模型中计算的，这个模型动态地连接两个电子表格输入模型，即控制面板和数据库。STELLLA 模型运行后，这个模型输出的表格被复制和粘贴到第三个 Excel 模型，称为后处理器。后处理器包括宏和表，可以调用外部模型完成其余的影响评价，这些影响评价包括安大略湖沿岸影响（FEPS）、圣劳伦斯河岸保护损害（SRM）和环境影响（IERM）。

5）洪水和侵蚀预测系统（flood and erosion prediction system，FEPS）是由贝尔德工程公司在对大湖区侵蚀和洪水研究基础之上开发的一个专有的 C++模型。FEPS 利用水位–侵蚀关系，该关系是在湖周边几个代表性断面应用数据庞大的侵蚀强度模型 COSMOS 得出的，然后 FEPS 利用整个安大略湖岸线各地段具体参数反复地应用该模型。洪水破坏由水位和波浪高度衡量，包括淹没和波浪影响造成的破坏；湖岸保护工程的破坏可由侵蚀和洪水模型进行评估。在任何时刻的侵蚀程度连续地依赖于以往年份发生的水位。因此，侵蚀作用破坏了具有防护作用的沙滩，湖岸保护工程更容易遭受破坏，在对一个规划方案进行的模拟中，它可能在第 18 年失事，而在对另一个规划方案进行的模拟中，它可能在第 25 年失事。FEPS 模型的运行时间大约为 3 分钟。

6）河岸线响应模型（shoreline response model，SRM）是由太平洋国际工程有限公司开发的专有模型，用来评估不同放水量对圣劳伦斯河河岸保护工程的影响。我们的评估结果显示：所有被认真考虑的调节计划对河岸具有相同的破坏能力。一旦这个结论得到认可，在评估过程中使用这个模型就没有什么意义了。SRM 运行时间为 1 分钟左右。

7）综合环境响应模型（integrated environmental response model，IERM）是一种 VB 模型，本身是多个子模型的集合体。当被后处理器调用时，IERM 将会通过一个窗口显示哪个子模型正在运行。应用现代便携式计算机，IERM 运行时间大约为 80 分钟。

除了四个基本的设计人员外，计划制定和评估小组还有另外几个成员将这套模型安装在了个人电脑上，用于对模型进行评价，并核查其他人所做的评价。这项工作是以系统的方式以及以临时性的方式进行的。以前者为例，非设计人员可能会质疑设计人员得到的结果，并重新进行评价以核查达成共识的条件（如是否将 FEPS 模型设置为使用商定的波浪数据用途，基本设计人员是否用最新的修订方案 1958DD 确定基线）得到遵守的情况。上面描述的模型都用来根据 101 年的四分之一月数据对计划方案进行评价。所有的这些评价都是围绕 101 年、4848 个四分之一月的结构进行设计的。当针对气候变化和随机信息对替代方案进行检验时，我们必须考虑水文的输入数据组对这一结构的影响。通过对 29 年历史资料的应用得出了气候变化数据组，对这 29 年历史数据我们有足够的间接信息（如降水、蒸发）对全球大气循环模型的输出去降尺度并加以解释。我们简单地重复这 29 年的监测数据直到得到 101 年的数据。这项研究开发了 50 000 年的随机水文数据，并最先从这些监测数据中截取了特定的101年数据组，组成了四个101年的四分之一月数据集，这些数据代表了随机数据中的极值。把这101年数据集输入到数据库的电子表格中，这样可以通过同样的方式利用数据对不同水文假设条件下的计划方案进行评价。而后通过从STELLA方程转换过来的FORTRAN代码和FEPS代码的一个变体对495组101年数据序列进行大量的随机分析。

通过互联网和面对面研讨会，四个计划制定团队对结果进行了比较，并相互检测他人的计划。这样就对系统的运行方式有了充分的理解，并使我们能够分享所取得的各项突破。利益相关者有充分的机会参与这些活动，虽然很少人实际参加，但是参加的人帮助传播了有关计划制定的信息，这使人们对计划编制过程产生信任。利用历史数据评价对数以百计的计划替代方案进行了检测，所花费的时间为2分钟（仅用STELLA）到90分钟（用STELLA、FEPS、SRM和IERM）。这些评价得出了如同传统方法计算的经济效益，包括航运（航运成本变化）、沿岸（预期损失变化）、休闲划船（休闲日价值的变化）、水电（基于边际市场费率的能源价值变化）、市政和工业用水（经营成本的变化）。每个计划方案的环境影响都计算成对一特定参数的一个替代方案取得的分数与当前的调节计划下（美国陆军工程师兵团的术语是"无项目"状态）取得的分数的比值。例如，湿地模型计算出在具体定义的低水量供应条件下每年出现的草甸沼泽英亩数。对每一个替代方案计算整个101年运行期的平均英亩数，然后除以基线方案1958DD得到英亩数量。除了性能指标外，针对各项计划方案，统计计算了100多个利益相关者设计的"水文特性指标"，并将计算结果自动显示在董事会会议室中，即在显示一个或全部特性指标的中心位置上，也在与几个利益相关组织举行的类似焦点小组的会议上指定的"兴趣"角上。例如，航运产业在会议室有一场所，用图形对比帮助设计用来确定最佳计划方案的水文特性指标。

完全的随机分析需用一天的计算时间，而且这些运行仅仅用于特别感兴趣的计划方案，但最后的经济效益分析是基于使用完全随机评价的贴现值。贴现计算反映的是侵蚀在各个计划方案下都会发生，唯一的区别是发生的快慢（减慢侵蚀的计划方案具有积极的经济效益）。如果我们简单地利用20世纪的历史水文数据折算侵蚀破坏，计划方案之间的区别将会缩小和失真，因为降水量最多和最具破坏性的时期出现在20世纪的最后30年。相反，该模型的随机模式记录了495个101年"世纪"的每个101年的4848个四分之一月中的每个四分之一月的损失，于是能够得出未来的每个四分之一月的平均期望值。然后对这些平均损失进行折算。敏感性分析允许采用各种水平年和利率，但最终报告采用4%折扣率和30年的评价期。如图6.4所示，即使在目前的调节计划下，安大略湖的水位也可能比最高最低记录水位分别高或低 3 英尺左右，目前的计划是寻求缩小湖泊水位的变化范围。

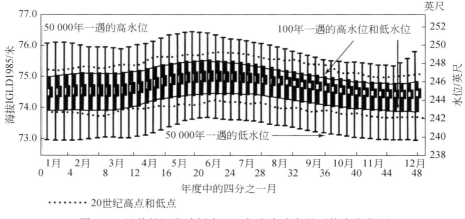

图 6.4　目前的调节计划中下一年安大略湖的可能水位范围

（4）基本的冲突

国际联合委员会从一些利益相关者那里收到相当可信的源源不断的投诉，因为他们居住在或把船停靠在水位调节不能照顾及的地方。多数地方都是这样，人们沿着湖岸根据近期的水位修建住宅，而不是按照建筑物建成后不可避免出现的更高或更低的水位。不管如何调节安大略湖水位，安大略湖和圣劳伦斯河沿岸都有几百个家庭将受到洪水的侵扰。同样有几百个船码头将在水位仅仅处于正常状态下不能提供足够的吃水深度。过去几十年水位普遍较高，同时船主和船的使用都在增加，从而可能加重了水位高低的冲突。另外，将水尽可能长时间地保持在安大略湖中的干旱管理计划为湖四周和沿河的居民服务；大量的短期泄放水量以产生正常的河流水深常常会对沿河的居民产生不利影响，因为这样泄放安大略湖的水量过多，以至于在天然流量更低的情况下需要严格限制大量泄水。

可能会受到湖水位调节影响的主要冲突介于安大略湖周的沿岸财产损害和湿地植物多样性之间。缩小湖水位变化范围有利于业主，但减少了水下物种和高地物种之间的过渡带，坝上方和下方之间的沿岸损害之间也有冲突。迄今为止，对河流的破坏风险在魁北克的雪融化时是最大的。如果同时安大略湖水位较高，放水决策必须平衡较大放水量几乎肯定给河流造成的破坏与湖水位较高时若发生暴风雨沿湖可能受到的大得多的破坏。

（5）结果

国际联合委员会向研究董事会要求提供选项，而不是建议制订新的调节计划。在其最后报告里，研究董事会向国际联合委员会提供了 A+、B+ 和 D+ 三个调节计划。三个计划均满足研究董事会的要求，A+计划可使经济效益最大化，B+计划可使环境效益最大化，D+计划可使行业损失最小化。三个计划每年均能产生几百万元的净效益，但是 B+计划产生更多的正、负效益，任何计划的实施费用都会相对较小，且费用几乎相同，所以没有计算效益-成本的比率。没有任何一个计划被发现对每一个行业都比现行计划有所改善；进行权衡，虽然有时很小，但不可避免。我们尝试了计划的改善，但最终不能降低 B+计划造成的湖岸损失，B+计划平均每年产生 250 万美元的损失，这个平均值背后的情况是大多数年份没有损失，但每隔 20～30 年就可能产生几千万甚至上亿元的损失。我们可以通过在秋季准确预测春季流入安大略湖的当地径流量（不是来自上游湖泊的水量，因为上游比较容易预测）来避免这些损失。这样就有希望通过进行更好地预测（即使不是很准确），来构建一个秋季水位风险管理战略，以保持大部分环境效益，同时不引起超过当前的计划下预期的沿岸损失。

6.8.2.3 评论

这篇文章说明了联合实情调查和透明度的重要性，正如 Werick 在引用大自然保护协会代表对该模型的介绍时所说，收集数据的合法性更取决于利益相关者的参与，而不是他们详细地或从技术上理解建模工作的能力。建模工作的透明性有助于提高对搜集的信息的信任度，就像用多个模型对几个计划进行评估一样。

该研究过程的一个有益方面是利益相关者与各专家的互动。与会者更多地了解了正在审议的问题，并通过这些互动增加他们对彼此的理解。联合实情调查过程是一种将当地知识和专家技术见解相结合的途径，但这并没有被当作一个目标。

利益相关者和决策制定者之间的互动是有帮助的。毫无疑问这种互动使利益相关者和决策者增加他们对彼此的优先事项的理解。虽然与会者利用建模帮助构建政策选项，但他们没有使用它来生成一个综合提案或一揽子提案，或者通过就他们重视程度各异的问题进行"交易"而创造价值，因此，构建模型没有促进产生一个政府部门不得不接受或拒绝的建议。

6.8.3 《交易区：当利益相关者有明显的不可调解的分歧时，水资源与生态系统管理的合作》(Fuller，2006)

6.8.3.1 导言

这段摘录来自 Boyd Fuller 在麻省理工学院时的博士论文，论文中 Boyd Fuller

考虑了美国合作进行水资源管理的两个案例：在加利福尼亚的 CALFED 过程；在美国佛罗里达州南部大沼泽地解决水资源管理问题的努力。摘录的重点是佛罗里达州的一个联合实情调查过程。

大沼泽地是佛罗里达州中部和南部地区的大片湿地，由于过度开发、水资源的肆意利用、洪水控制措施管理不当，水资源系统已经严重恶化。虽然沼泽不会超越州或国际边界，但这里的水资源管理显然是跨行政区的，同时由联邦监管机构和州的水管理局管理。Fuller 描述了一系列关于管理和保护沼泽地的有争议的努力。在调解机构的帮助下，通过谈判解决纠纷的多次努力失败后，联邦监管机构和州水管理当局之间进行了长期的法律诉讼。对科学问题的争议是达成协议的一个主要障碍。我们了解到最初的调解过程包括环境和制糖企业的代表，成立了一个技术小组以帮助解决一些科学方面的分歧。

这段摘录讨论这个技术小组的形成，并描述了在调解机构的帮助下，磷对下游生态系统的影响的长期分歧是怎样解决的。

6.8.3.2　摘录（第 235～239 页）

（1）调解技术计划①

除了扩大范围，各方在最初的会议上还就开始调解的一般程序达成了一致。所有各方将都包括在内并得到一个席位。科学分歧将由各方的专家组成的小组处理。这个技术小组的设置有以下几个考虑。第一，决定技术小组将寻求共识。这在部分程度上是由于大家认识到围绕《和解协议》和整个磷问题，有大量的科学争论和不确定性。第二，存在一个最重要的认知，即这个小组要做的不只是为拯救大沼泽地而制订计划，还必须说服被敌意分裂的选民支持最终的计划。为了提高技术小组影响决策者的可能性，参与调解的所有利益相关团体应邀派专家加入小组。政策制定组通过使用专业标准和说服其社区内外其他人的能力标准来审核技术小组成员的选择。技术小组接到的任务不仅要解决有关磷的标准和解决方案的分歧，而且要提出一些可能改善大沼泽地水文周期的水管理改革建议。另外，他们有一个更广泛的地理区域要研究（问题来源和解决方案两个方面）。

在调解机构的帮助下，技术小组就可接受的磷水平范围和"调解技术计划"达成了协议，这项计划包括小组就如下问题达成的协议：①小组认为可能达到的污染物的降低率；②用于去除 EAA 排水中的磷的处理区域选址；③改善水文周期的一些措施，如在计划中加入暴雨雨水处理区（STA 1-East）②。

---

①　利益相关者有时称它为技术计划。
②　这个增加的区域是一个已批准，但是延后的旨在改善大沼泽地入流的项目地址。

调解技术计划还概述了可能产生的二次效益，包括下游河口盐度的降低及对奥基乔比（Okeechobee）湖的潜在改善。

大多数参加技术委员会的技术人员支持调解技术计划；然而计划的某些部分得不到一致支持。例如，调解技术计划提出了下一个十年要达到 50 ppb 的磷浓度标准。这一期限表示，与原和解协议相比，磷的削减将延迟；另外，技术委员会没有条款说明磷浓度什么时候、是否能够达到更低的水平（10 ppb），即许多科学家已经说过的消除磷对大沼泽地影响所需要的浓度。因此，环境领域对调解技术计划的支持部分取决于各方就其他政策层面的问题达成的一致，如费用分摊、土地征用和满足磷去除的适当标准。同样地，在完全支持建议的数字标准前，制糖企业利益相关者也想看看他们预计会支付多少。许多制糖企业利益相关者怀疑拟议的数值标准背后的科学，所以他们等待看到这笔交易的其他要素是否值得撇开这些关切。

（2）对科学提出异议的程序

和解谈判技术组已将技术解决方案的基本方法组合在一起，包括一个数字标准（10ppb）[①] 和暴雨雨水处理区、最佳管理做法的使用。在调解技术组中，《和解协议》的许多基本概念和要素都保持不变，但是对细节进行了修改和扩展，如调解技术计划设定 50 ppb 为磷的中期目标，但是没有分析他们如何降低磷浓度到 10ppb，这个浓度是参与和解谈判的大多数科学家认定的适合进入沼泽地水流的磷浓度。环保主义者对调解技术计划的一个意见就是那些专家没有这样分析。

同样地，使用暴雨雨水处理区去除水中磷的想法大体上保持不变，但是调解技术委员会聘请了一名顾问来帮助他们制定了一个更详细的包括工程图的计划。[②] 事实上，在整个调解过程中，各方大多数采用的假设是用暴雨雨水处理区处理磷。主要的遗留问题是：①给暴雨雨水处理区分配多少土地用于磷的处理；②谁为它们付费。原来的和解谈判技术计划是一个集合知识和思想的存储库，影响并约束了和解谈判及现在的调解活动中的各参与者的选项。作为例子，下面是利益相关者对有关磷的数字标准问题的描述。

> 显然制糖企业关心的是数字标准的设定。首先，因为数字标准容易强制实行，而他们觉得一旦该数字确定，就不再回头，它只会随着时间变得更为严格。我们从来没有听说过哪个水质标准会出现下降的。其次，他们不相信没有科学根据的数字。另外，我认为机构和许多其他组织强烈感觉到需要有一个数据标准而不是描述性标准。否则，人们就会

---

① 这个数据会随着研究区域的变化而变动。

② 一些利益相关者对包含这些详细图纸的调解技术计划非常感兴趣。

觉得他们被忽悠了①。

尽管制糖企业对磷的数字标准设定的科学依据进行了质疑，但很多机构仍不愿脱离这种想法。他们在以前的成果中对数值标准做出了公开承诺，对此，他们不会改变自己的想法以免人们说他们被收买了。另外，政府和联邦机构已经做出了很多努力来制定这些标准并就这些标准达成共识，也为此投入很多资金。最后制糖企业同意这一数字标准，其前提是其他各方同意：①将在整个沼泽更广大范围内检测磷浓度（而不只是局限于方便的位置）；②这一标准是临时的，取决于对适当的磷浓度进一步研究的结果。

虽然制糖企业的许多人仍然怀疑与改善洪水淹没期相比磷处理重要性的科学依据，但是他们把这个计划视作可达成能够给制糖企业带来某种稳定的协议的方式，换句话说，他们更希望与调解技术组一起关注降低成本、公众形象的问题，而不是就计划的基础理论的可靠性达成高度一致。这也是他们愿意接受数字标准的另一原因。

6.8.3.3　评论

这个联合实情调查的一个主要优势在于它的基本规则：调查过程包括了所有的利益相关者，规定了所作决定必须一致通过，允许各利益相关者选择各自的专家参加委员会的工作。这些基本的规则保证了收集信息的合法性，以及产生的信息、主要相关者的利益和各方面临的政治约束之间的相关性。

这段摘录说明联合实情调查并不是消除围绕科学与数据产生的歧义，而是像现在这种情况，可分析歧义的来源，并帮助各方确定临时协议或通过谈判确定其他处理方式。

6.8.4　《交易区：当利益相关者有明显的不可调解的分歧时，水资源与生态系统管理的合作》（Fuller，2006）

6.8.4.1　导言

这段摘录也是摘自 Boyd Fuller 的论文，它再次聚焦大沼泽地，但这次 Fuller 将重点放在调解机构如何帮助技术组通过重新构造问题、扩大考虑的问题和地理范围的方式来创造价值。虽然技术组的建议被国家政策制定者拒绝后调解最终失败，但是调解机构着重于价值创造的做法帮助利益相关者达成了协议。

----

① 2004 年秋，对州利益相关者进行的采访。

6.8.4.2　摘录（第 229～234 页）

（1）大沼泽地调解

在调解过程中，调解员首先会见所有的利益相关者，不仅包括政府、联邦机构，还包括环保、土著居民、制糖企业及其他农业等利益团体，通过这些会面，调解员确认了利益相关者对问题认识的重要共同点和歧义点，并得出结论，各方虽然谨慎，但总体上支持参与一个更具包容性的过程。

利益相关者一致认为和解不足以拯救大沼泽地；不仅要考虑水质，对水量同样需要采取一定的措施。大部分利益相关者同意不继续在法庭上纠缠。许多人意识到，即使在法庭上"获胜"也可能是有害的，因为花费的时间和努力不能用在解决整个系统的问题上。例如，如果一个制糖企业减少了与磷处理相关的经济责任，同时作为心怀不满的城市用水户获得了政治权力而失去水供应的通道，那么制糖企业获益了么？[1] 另外，谁会赢得诉讼、需要多长时间都充满了不确定性。在这些访谈中，调解员说服参与和解的各方向所有利益群体开放调解[2][3]。

（2）最初的愿景——拯救大沼泽地

调解从主要参与者之间的会议开始，会议的目的是确定一个由调解来解决的问题的总体范围。会上各方就有关保护和恢复大沼泽地健康的更广泛的相关问题展开了讨论。在扩大实质性问题范围方面，所有各方都认同，单纯除去流入大沼泽地国家公园水中的磷，既不足以保护该公园也不足以保护整个大沼泽地系统。问题的根源也包括水文周期（流经大沼泽地水流的时间、数量和"形状"）的变化，这些变化是由水利控制工程（如佛罗里达州中部和南部的水利工程）造成的。

各方也同意，《和解协议》覆盖的区域未包括所有的相关地域（不仅未包括所有产生问题的区域也未包括所有受影响的区域），但是如果想有效解决大沼泽地的健康问题，这些区域都需要予以考虑。各方意识到，大沼泽地国家公园和洛克萨哈奇（Loxahatchee）国家野生动物保护区仅仅是受威胁的重要生态系统中的一小部分；在公园和保护区之间有很大的一片区域是维持大沼泽地许多生物功能

---

[1]　事实上，这个问题是由我采访的一些制糖企业利益相关者提出的。这个疑虑也是制糖企业参加后来的佛罗里达州南部可持续发展州长委员会的一个主要原因。

[2]　其他小农业生产者也被邀请参加本次调解，但最终没有参与。

[3]　涉及多少水流的水流形状是"片"流（漫过地表的洪水）——相对于渠流（通过河流、渠道、管道的集中水流）。换句话说，不仅在不同时间点流域不同地点达到一定水量很重要，大沼泽地各处的流量分配方式和水深也是非常重要的。

的整个生态系统的一部分，而这一区域正在受到人为水资源管理的影响。另外，在大沼泽地上游存在多个区域不仅把磷排入水域，而且会改变水文周期。例如，在奥基乔比湖北部存在一个乳牛场向水体排入磷。同样地，美国陆军工程师兵团在奥基乔比湖上建设的 C&SF 工程已经彻底改变了大沼泽地向南流动的水文周期。

为此，调解活动采取了两项重要的初始措施：首先，它们改变了所要解决问题的性质，一开始这是一个法律问题，叫作磷与大沼泽地国家公园及洛克萨哈奇国家野生动物保护区的健康问题，之后把问题转到了更广泛的政策领域，即关于大沼泽如何以最好的方式修复的问题。这样就使各方考虑诉讼范围之外的问题和区域，以确定是否存在各方认可的解决大沼泽地以及它的排水进入的海湾的整体健康问题的方法。此外，除了目前考虑的磷的问题外，还至少可对水文周期问题予以一些考虑。于是，以这种方式为未来的讨论和谈判提供了一个各方至少某种满意程度的框架。

其次，参与最初讨论的各方明确了接下来寻求解决方案需遵循的程序，组建技术小组针对"拯救大沼泽地"计划的科学技术要素就可能的共识达成某种协议，如可能的话形成共识。在此之后，主要人员再次开会讨论这项计划（包括财务安排和日程）怎样实施。

选择采取这个新的问题框架作为"拯救大沼泽地"的一种方式，能够打开有重要意义的对话格局。各方均认为，开发 C&SF 工程引起的水文周期变化对大沼泽产生重大破坏。以这种方式构建调解活动，将重点从诉讼及谁负责支付和标准应有的严格程度（这两个问题在很大程度上都是零和问题）的问题上转移开来。拯救大沼泽地本身是一个各方都认可的目标。即使各利益相关者对于这一目标的支持各自怀有不同的想法，这个目标仍是有说服力的，尤其是在佛罗里达州当地居民赞同修复大沼泽地的情况下。

讨论拯救大沼泽地的问题也为合作开辟了新的可能路径，一定程度上增加了达成协议的希望。制糖企业及其他各方看到了有可能推卸"责任"、弱化磷的零和性质。通过扩大问题的范围，制糖企业希望各方能够考虑其他机会并且可将利益添加到各方的估算中。这使谈判变得更容易（每个人获得更多的利益），但减弱了大沼泽地的破坏与糖业种植活动（额外的破坏来源）的关联。同样地，区域扩大后能够考虑更多的诉讼未考虑的对大沼泽地产生重大影响的区域和问题。事实上，制糖企业是最积极争取引入改善水文周期及增加关注区域的利益相关者之一，它做了如下解释：

制糖企业对计划提出了一些有效的改进建议，使它更具包容性。这样就有了更多的解决方法——除制糖企业外，参与的人越多，方法就越多，为此需要考虑资金问题。制糖企业想要解决水量问题，并要求在计划中考虑向大沼泽地引入更多的水。……为此制糖企业努力引进后来称为 STA 1-East 的暴雨雨水处理区工程，该工程是联邦工程的一部分，已经得到了批准并进行了设计，但一直没有建成。这是一种使其得以建造并获得联邦土木工程资金建设的一种方式。……在其他方面，主要制糖生产区域西面的亨德里（Hendry）县西部有C-139 流域。C-139 流域的水流到大沼泽地，刚好流经两个印第安人保留地，所以该流域对解决问题十分重要，但是 C-139 流域不在诉讼范围内，所以制糖企业试图向东西两个方向扩大该流域，以引进更多的水和更多资产，处理更多的磷①。

从这个利益相关者的评论，我们可以看出制糖企业发现了不同的机遇，为此采取了积极的措施以覆盖其他区域。首先，制糖企业认为水文周期的修复要比磷处理对环境产生更大的影响。通过考虑这个议题，制糖企业可了解能否靠其他机构支付的方法（包括 STA 1-East 工程）来解决些问题。如果如此，制糖企业能够降低以后其他利益相关者向他们索取更多资金的风险。其次，随着问题根源及其与影响之间的关系的数量增加，由谁支付及为何支付的问题变得更不明确。所以区域的扩大不仅包括作为问题来源的水文周期修复，还包括作为磷来源的其他地理区域。

这些修复通常也符合其他各方的利益。议会已经批准联邦项目议案（STA 1-East），美国陆军工程师兵团也已完成了必要的设计。环境保护主义者想要大沼泽地得到拯救。州利益相关者想要找到满足《和解协议》规定他们所承担的义务的方法，而且更关心某些时段的水量管理问题。米科苏基（Miccosukee）部落的居民关心他们的地域范围内磷的水平及水量管理。就这样，"拯救大沼泽地"的范围扩大提供了真正的合作机会。

从有原则的谈判观点出发，我们可以理解每个措施都代表着一个"做大蛋糕"的机会，这是一个经典的谈判概念，在这个概念所指的措施中利益相关者能够设想讨论对利益相关者个人和群体整体创造更多价值的权衡与解决方案②。这些使即将到来的谈判更可接受的措施的重要性直接说明了我们在前面章节中看到的结论，即交易区理论不能直接表达出合作方的合作欲望。

6.8.4.3 评论

在摘录中，Fuller 清楚地阐述了三个成功的价值创造措施，即引进其他利益

---

① 在 2004 年秋天，对地区利益相关者的采访。
② 例如，见 Fisher 和 Ury（1991）和 Susskind 和 Cruikshank（1987）的文章。

相关者、扩大讨论的范围及重新对问题进行界定，最好由一个中立方负责实施这些措施。

首先，由调解员会见所有的利益相关者，而不仅仅是诉讼各方，以了解各方的利益进而衡量成功合作解决该问题的可能性。这个初步的工作为实施更有包容性的过程奠定了基础，同时也获得了各方对调解员作为过程管理者的信任。

其次，调解员帮助利益相关者扩大了其议程上的议题范围和考察的地理区域。正如 Fuller 所强调的那样，这些创造价值的措施帮助各方超越了冗长的诉讼重点考虑的范围狭窄的问题，允许他们考虑新的交易方式，进而达成一致。

最后，调解员能够以强调共同利益的方式来进行问题的重构。正如 Fuller 所描述的那样，将焦点从讨论转移到拯救大沼泽地，可使各方为调解确立一个共同认可的愿景。

6.8.5 《湄公河流域，协定和委员会》（Radosevich，2011）

6.8.5.1 导言

这段摘录源自 George Radosevich 的论文，描述的是在协调人员协助下进行的谈判达成 1995 年《湄公河协定》，该协定提供了湄公河流域的合作框架。

湄公河发源于中国的青藏高原，形成了老挝和缅甸的边界及老挝和泰国的部分边界，穿越了柬埔寨，最终流过越南，流入中国南海。湄公河是几个国家和地区的主要河流，被广泛用于水电和农业。柬埔寨、老挝、泰国和越南四个流域下游国家在联合国开发计划署（United Nations Development Programme，UNDP）的代表 Radosevich 帮助下，通过谈判达成了协定（中国和缅甸没有参加，但是被指定为"对话伙伴"，随后参与了一些联合管理上的工作）。

这段摘录描述了谈判的过程，强调了 Radosevich 用来帮助四个成员国创造价值、换位思考、利用"客观标准"制定决策的促进技术。作者对以下方面进行了重要评论：如何选一个协调者，强调联合国开发计划署在提供良好的沟通交流的办公场所，以及依赖拥有大量待讨论问题相关知识的人物的重要性。

6.8.5.2 摘录（第 4~7 页）

国际水法和 1995 年的湄公河协定谈判

1992 年 12 月，四个下游沿岸国家的代表在马来西亚的吉隆坡参加了由联合国开发计划署协调召开的会议以探讨湄公河流域未来的合作框架。① 摆在这四个国家面前的有三种选择：①修改已有的两个基本文件（1957 年章程和 1975 年宣言）；②谈判达成一个新的合作框架；③正式终止合作，但还必须坚持习惯国际水法原则。经过四个国家的高层对外政策代表的激烈讨论后，四个国家的政府最终同意共同努力谈判达成一个新的合作框架，同时继续积极推进湄公河委员会秘书处的现行活动。另外会议决定，一旦新框架形成，中国和缅甸将被邀请参加。柬埔寨、老挝、泰国和越南四国政府代表在吉隆坡提出一个联合公报，声明：

> 重申我们各自国家为了湄公河的水资源可持续利用继续以建设性和互利的方式进行合作的决心。……我们认为湄公河原有合作机制建立以来的各项发展需要作进一步的努力以确定未来的合作框架。我们同意通过联合国开发计划署资助下的一个工作组继续对话，并努力达成一个适宜的合作框架。

《吉隆坡联合公报》建立了一个各国间真诚谈判的政治承诺，目的是达成一个全新的、共同认可的合作框架。然而，形成一个共同认可的合作框架的复杂任务仍摆在四个国家面前。联合国开发计划署承诺通过提供高级顾问（Dr. George Radosevich）、资金支持、将其高水准的办公室作为沟通平台等方式推动谈判。四个国家建立了一个由每个国家各派五名代表组成的湄公河工作小组，其中至少有一个来自外交部，工作小组在 1993 年 2 月~1994 年 11 月举行了五次"正式"会议、两次"非正式"的技术起草小组会议，最终于 1995 年 4 月签署了《湄公

---

① 1992 年初，四个国家围绕采取可接受的行动方案解决他们对湄公河委员会既有基础文件及委员会复兴的关切所进行的讨论停止了，并陷入了僵局。联合国开发计划署提出通过一个非正式咨询会提供中立性帮助促进对该问题的解决，咨询会于 1992 年 6 月在中国香港举行。本次会议的成功促成了 12 月中旬在吉隆坡召开的历史性会议，会议中，四个国家提出了关键性的几点，形成各国对以公报和行动纲领形式提出湄公河合作未来框架的准则与承诺，这些内容于 1993 年 2 月 5 日在河内（Hanoi）召开的湄公河工作小组第一次会议上正式通过。湄公河工作小组的这一"指令"主要是为起草协定做指导，而后提出了各种文件和开展了讨论。在 1992 年 12 月 17 日的公报中，各国重申了其承诺，"为了湄公河水资源的可持续利用，继续以一种建设性及互利的方式相互合作"，由于认识到自从采纳原来的机制以来情况已经发生了变化，同意继续进行对话以达成一个能够被接受的"未来合作框架"。在吉隆坡起草的行动纲领包含了许多有关共同利益和各方能够接受的重要条款。该文件承认该次区域发生了重大的政治、经济、社会变化，指出这些国家是"世界上经济最有活力的地区的一部分"，但是也"面对自然资源管理及环境保护方面的重大挑战"。认识到"一定的合作因素已经存在"（可能需要重新定义），列出了六个"未来合作框架"的要素：一套为了湄公河水系水资源可持续利用的原则；合作的体制结构和机制；结构和机制的功能和责任的定义；结构和机制的治理及财务运行的法律基础；结构的未来成员；结构的管理。

河流域可持续发展合作协定》①。

　　湄公河工作小组在起草协定时汲取了习惯国际水法的基本原则。湄公河工作小组成员没有询问是否应该遵循习惯国际水法，而是询问该怎样将习惯水法一般原则应用到湄公河的特定环境，因此习惯国际水法的作用是为谈判提供一个框架，且在无法达成协定时提供退一步的解决办法。《吉隆坡联合公报》不是各国立场间分歧的结束，而是谈判过程的开始，谈判受习惯国际水法的约束。1995年，Radosevich在国际水资源亚洲论坛上阐述了湄公河的谈判进程，内容如下：

　　　　做出后面的评论之前我要对涉及主权国家的谈判过程表示理解与敬意，这些主权国家有权就与湄公河跨国水资源开发利用有关的问题采取反映其利益的不同立场；在没有共同协定的情况下，这些国家的立场受到当前国际法规的约束。这些国家的独特立场部分由于他们在湄公河流域中的相对位置，部分是根据1957年《湄公河章程》开展的37年"湄公河合作"的结果。

　　有四个因素帮助湄公河工作小组理解国际水法并将其应用到特定环境。第一，湄公河委员会的长期存在及其开展的数据收集和规划活动，使谈判人员对下湄公河流域的自然、社会经济特性有一个透彻的共同理解。第二，通过参加由亚洲开发银行和欧盟在1990~1992年资助的湄公河委员会秘书处的法律研讨小组，一些湄公河工作小组的成员已经接受到国际法律方面的训练。第三，联合国开发计划署向湄公河工作小组提供的高级顾问是国际水法方面的专家。在湄公河工作小组讨论过程中，该顾问回顾并解释了习惯国际水法的各种条例及多个现存的国际和联邦水协定②。第四，湄公河工作小组的一些成员曾是负责编制《国际水道非航行使用法公约》的国际法委员会的工作组的活跃成员。

　　现在需要严肃的思考和讨论以达成共同的见解。为了确认各沿岸国在湄公河水系中的独特权力和利益，通过检查一系列的时间及空间水文过程线，讨论了在下湄公河流域主河道上9个现存测量断面的月流量，以及全部河流主干及支流的

---

　　① 一个引导水条约谈判的重要技巧，是确保各方能够有机会公开坦率地讨论以更好地理解对方的立场及探求共同认可的方案。湄公河工作小组的结构是正规的，拥有旗帜、领带、位置安排及会议记录。为了创造一个非正式的环境（没有旗帜、领带及会议记录），我们召开一些技术起草小组会议——这些会议成为成果的"大救星"。

　　② 由湄公河工作小组审查的具体协定包括1909年的《大不列颠和美国边界水协定》、1964年的《加拿大和美国哥伦比亚河协定》、1978年的《美国和加拿大五大湖水资源协定》、1944年的《美国和墨西哥科罗拉多、蒂华纳和里奥格兰德协定》、1960年的《印度和巴基斯坦印度河协定》、1972年和1978年马里、毛里塔尼亚和塞内加尔间的《塞内加尔河协定》。

各种水资源利用和需要情况以及开发的潜力与期望。为了分解每个国家由于在流域中的不同位置（上游、下游，左岸、右岸）而产生的看法，通过"只有一个国家的流域"情景做了进一步的讨论，在这个情景假定在下湄公河流域只有一个国家，继而各国都扮演该国其他岸边代表的角色，以得到一个对水资源和相关资源以及流域环境实现"最佳"的利用和保护。随后，将国家边界叠加以根据各河岸方的权力和利益调整有关条件。这使上下游河岸国家更加理解对方所关心的问题。

应用的另一个谈判途径是先讨论和评价可取、适当的协定和流域组织类型可选方案，这是未来协定分式方程的分母；然后讨论评价将包括在协定中并由将要设立的机构执行的目标、原则、具体问题及过程等范围内的可选方案，即分式方程的分子。对于分母和分子，目标都是为了寻求能够被相互认可的最大公因子方案，即最大分母公因子（HCD）和最大分子公因子（HCN）。例如，协定范围这个分母的选择方案可以是针对湄公河流域或下湄公河流域水资源的干流或河道的协定，也可以超越水资源并包括湄公河流域内外的用水及流域相关资源与环境。湄公河工作小组采纳的 HCD 方案超出了传统的习惯国际水法和 1974 年《联合国水公约》草案的规定。根据这个基本决定及在该案例研究第一段中给出的协定性质，对 HCN 进行谈判，这属于第 1 章的内容，涉及定义、结合了河道内航运用水和保护用水与环境的最低流量的用水分类（包括流域内用水、河道上、河道内、河道外用水及跨流域调水）、目标和原则的范围及其内容、执行组织的结构与职能及其他条款，包括扩大成员范围，加入其他两个沿岸国及沿岸国之间的双边协定等内容。在谈判和起草过程中，多次出现一个或几个国家愿意采用较高水平的分子方案，但是在讨论过程中，湄公河工作小组达到一个各方均愿意接受的最高水平，这就引入了"协议将来达成协议"，通过《湄公河协定》，应该清楚地认识到它只反映湄公河工作小组代表及而后其各自政府能够相互认可的内容——并不反映所考虑的所有问题及选择方案。

1995 年的《湄公河协定》

1995 年的《湄公河协定》花了 21 个月的时间去谈判和起草（打破了复杂国际协定的纪录），并只花了 3 个月的时间得到了四个参与国的批准（这是一项超出湄公河工作小组成员想象的成就）。这是一个相对简短的文件，由六个章节、42 个条款组成，并有关于建立和开始湄公河委员会的附件。《湄公河协定》提出了一个合作框架的"宪法"。《湄公河协定》注重于诸如基本原则、功能责任区域、决策程序、资格和组织结构之类的基本问题。《湄公河协定》的目的是建立体制框架下的合作基础，将足够强大到能在未来任何条件下做出操作决定。除了设置实质性原则和目标外，为了完成协定规定的任务，《湄公河协定》提供了一个在结构上、功能上与其前身十分不同的新国际组织——湄公河委员会。

在许多领域，这些国家都超出了习惯国际法的要求，并重申了过去 40 多年持续存在的"湄公河合作精神"。

6.8.5.3 评论

作者指出了几点影响调解员成功的要素。首先，代表一个曾经成功调解了同样环境下协定的中立组织——联合国开发计划署。联合国开发计划署是值得信赖的，不仅因为其在国际社会的作用，也因为其为任何它所帮助达成的协定的实施提供资金支持。联合国开发计划署对于促成各方之间的交流居于有利位置。另外，调解员在谈判的内容与背景方面具有专长。这些知识使调解员能够促进利益相关者在技术、法律及其他细节上进行对话。

Radosevich 在习惯国际法方面的知识是非常有用的，因为这些知识是安排讨论及解决争议的基础。事实上，这些知识可作为 Fisher 和 Ury 所称的客观标准的来源：当各方在利益方面产生分歧时，客观标准是一种达成协定的重要手段（Fisher and Ury，1991）。Radosevich 也用习惯国际法构建了一个共同目标——一个符合习惯国际法原则的协定。

其次，另一个重要的创造价值的行动是调解员鼓励的、由 Radosevich 描述的对"只有一个国家的流域"情景进行的换位思考。这是一个使用编构情景或模拟来帮助部分成员理解另一个成员利益的例子。我们强烈赞同使用编构而非裁剪角色扮演模拟，作为一种增强参与问题解决的成员技能的方式（Plumb et al.，2011）。

最后，分子分母法——先就广泛领域达成协议（分母），然后制定更具体的条款（分子）——十分有用，尽管并不清楚调解员在多大程度上鼓励了小组在确定特定的一组方案之前先通过头脑风暴得出多种方案。

6.8.6 《变化中的河流管理：克鲁格国家公园河流系统的战略适应性管理的兴起》(Pollard et al.，2011)

6.8.6.1 导言

这段摘录源于 Sharon Pollard、Derick du Toit 和 Harry Biggs 对南非克鲁格国家公园 (Kruger National Park，KNP) 河流系统管理方式转变为战略适应性管理过程的描述。

在南非境内，克鲁格国家公园是六条主要河流的"下游用户"（这六条河流包括 Shingwedzi、Letaba、Luvuvhu、Olifants、Crocodile、Sabie）。国际上，这些流域大部分被南非、莫桑比克、斯威士兰和津巴布韦四国共享。据观测，在克鲁格国家公园内，水质和水量出现持续的退化，其主要原因之一就是公园外部用水量的增加，尤其是农业用水。这很大程度上促进了公园向适应性管理方式转变。这段摘录聚焦克鲁格国家公园河流研究项目（KNP Rivers Research Programme，NKPRRP）、共享河流计划（Share Rivers Initiative，SRI），以及多方利益相关的流域管理机构和用水户论坛。作者强调这些项目里促成实现适应性管理的每一个因素，包括公园研究者、管理者、员工的联合实情调查研究，用水户和利益相关者参与的改正措施，以及克鲁格国家公园在促进建立研究发现与管理之间的"反馈机制"中的重要作用。

6.8.6.2 摘录（第 6~11 页）

（1）制度安排

针对这个不安全形势，我们考察了克鲁格国家公园，公园的职责随着时间的迁移发生转变，如其有关火灾和钻井等方面的职责。对于河流而言，其与众不同之处就是其难以捉摸的特性，克鲁格国家公园管理工作被迫放眼公园之外，以寻找解决方案（Venter et al.，2008），并且在更广阔的社会、政治空间制定监测和管理对策。克鲁格国家公园已经影响了制度安排（Biggs et al.，2008），并且已经采取或有时是开始了广泛的水资源管理行动，如流域战略的制定、国际协议的修订、水质监测，甚至是法律行动。否则采取的缓解水资源问题的措施是不会取得成功，如 1992 年干旱期间的 Sabie 河（Venter and Deacon，1995）和 Letaba 河（Pollard and Du Toit，2008）的维持流量措施。克鲁格国家公园是第一个向水管理者和全社会警示河流存在问题的机构，这种"看门狗"的作用被认为是功能反馈机制不可或缺的（Pollard and Du Toit，2008）。

在 1994 年开始盛行的政治氛围中，利益相关者的参与、透明化和问责被认为是取得水资源利用公平与可持续性的重要工具。这就意味着克鲁格国家公园不能再以孤立的"保护自然资源的岛屿"运行，因为这些政策要求克鲁格国家公园参与到更加广泛的利益相关者讨论中，这是在其扩大的用于水资源协商的边界范围内进行的，虽然这个边界是非正式的。1998 年《国家水法案》规定了水资源管理的制度安排，即通过流域管理局管理 19 处水管理区（water management areas，WMAs）。克鲁格国家公园跨越三处水管理区：

1) Inkomati 水管理区（在 Inkomati 河流域的 Sabie 河和 Crocodile 河交汇处，是南非、斯威士兰和莫桑比克共有流域）；

2) Olifants 水管理区；

3) Luvuvhu-Letaba 水管理区。

Olifants 河与 Luvuvhu-Letaba 水系是莫桑比克境内的林波波（Limpopo）流域的组成部分。虽然政府只公布了 Inkomati 水管理区，但它给出了先例，即要在管理委员会的组成中给自然资源保护部门保留一个席位。这也就给予保护部门（尤其是克鲁格国家公园）参与的责任，且比过去有更大的发言权（图6.5）。

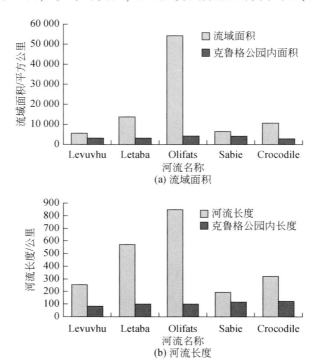

图 6.5　克鲁格国家公园内五条常年河流流域面积与河流长度对比图
资料来源：Pollard 和 Du Toit（2007）

（2）正式的适应性响应：制定河流完整性衰退挑战下的响应战略

克鲁格国家公园河流研究项目与适应性管理

直到 20 世纪 80 年代晚期，河流管理一直没有明确以一个公园为对象，除了公园管理者向当时的国家水务与林业部（Department of Water Affairs and Forestry, DWAF）申请专门从上游大坝放水。虽然如此，20 世纪 80 年代末出台的水质指导原则被认为是信念上的复苏，即克鲁格国家公园可以通过对政府机构施压实现诸如从察嫩（Tzaneen）大坝放水的特殊需求。另外，国家水务与林业部宣布了其为河流环境流量分配水资源的意图，原因很明显，如果需求得不到遏制，河流的完整性将受到威胁……尽管这些意图，仅是根据初步计算和基于绝对水量进行的估算。事实上，Roberts（1983）首次完成了 50 000 份南非河道内流量需求正式结果，并以全国年平均径流的11%作为保留水量，随后的研究中，Jezewski 和 Roberts（1986）修正为可利用水资源的8%为标准。Roberts 承认这个数据过于简单，因为它是以粗糙的、全国范围的河口、湖泊和自然保护区的水量需求基础进行的估算。虽然不能应用于单独的河流（Breen et al.，1994），但这项成果为将来的工作提供了基础。研究者对这一数据提出异议，指出缺少对南部低地河流系统的了解是河流可持续管理的主要挑战。最后，一个更为复杂、更具开拓性的河流需水量计算方法由南非 King 等（1983）的团队提出，并在克鲁格国家公园河流研究项目和南非的其他科研计划中进行了示范（见后）。

到1988年，克鲁格国家公园河流研究项目被概念化，并且作为一项由管理者或资源使用者、资助机构和研究者联合承担的任务开始实施（Breen et al.，2000）。克鲁格国家公园河流研究项目包括三个阶段。第一阶段（1989～1993年）执行期为四年，主要限定于科学研究，其聚焦于一系列关于环境水资源需求的研究方面，但在细节上缺乏组织（O'Keeffe and Coetzee，1996）。此外，克鲁格国家公园的管理者并不确定，研究结果是否有助于解决他们在实践上所持续经历的管理危机（H. Biggs，pers. comm.）。1991年，上游桑德（Sand）流域新建的佐克诺格（Zoeknog）大坝崩塌，连续数周泥沙不断涌入河流，流经克鲁格国家公园，最后进入了莫桑比克（Weeks et al.，1992）。这一项由设计缺陷或者施工问题带来不良后果的事件，迫使克鲁格国家公园通过电台采访或公众论坛做出回应。在此之前，公园以及研究者还不惯于对公众做出回应，这次事件标志着克鲁格国家公园更公开的发声。这也再一次突出了对于能够支持管理者应对短期危机做出回应的定向研究的需求。项目中的其他研究检查了系统的潜在脆弱性，如对萎缩的湖泊中的鱼类的影响（Pollard et al.，1994）。

全面审查第一阶段的成果后，建议开展项目的第二阶段（1994～1996年），主要侧重于预测能力、管理措施等与决策系统密切联系的研究。在此阶段，管理者与研究者之间通过共同学习使合作关系得到改善。研究者开始对管理者所经历的短期危机做出更明确的反应，管理者也受益于研究者提供的长期观点。1994年的民主政治转变也是变革的主要驱动因素，为更有效的国际化管理创造了机遇。1995年，克鲁格国家公园河流研究项目组在南非斯库库扎（Skukuza）举办了流域综合管理国际会议，这使此概念在国家水务与林业部内部也得到了更多关注。这次会议不仅引起了人们对整体水资源管理等问题的兴趣，而且提高了对跨国界水资源共享等国际议题的关注。

在同一时间，研究者对复杂性理论及自然资源适应性管理的兴趣开始增长。这些理念的出现是对以平均值为基础的方法和视自然为平衡、线性和可预测的倾向的批判。事实上，变异性被强调为半干旱系统的关键特征（Davies et al.，

1995）。即使是在承认存在一定范围的变化情况下（如提出克鲁格国家公园的大象数量在 7000～9000 头），依然不能意识到热带稀树草原生态系统需要比这些轻微波动更极端的事件才能构建恢复力。这个事例也说明变异和极端事件的识别是生物多样性管理的基础。将流态变异视为系统的关键驱动因素的这个理念是确定环境流量的核心。构建块法（building-block approach）（King et al.，2000）提出了将洪水（小型和中等洪水）引入流态的概念，这被认为对某些关键生物或非生物事件（如产卵或泥沙冲刷）是必不可少的。

当时，其他关注集中于克鲁格国家公园内部根深蒂固的"命令与控制式"的管理性质（Biggs and Rogers，2003；Du Toit et al.，2003）。不可避免的政治变革使克鲁格国家公园必须转变现有的管理方式，从孤立的、与各方分离的管理方式向能够融入社会经济的、鼓励更广泛参与的、透明的、公众所有的管理方式转变。除此之外，诸如监测等固有的科学管理行为与容易实施的、"从行动中学习"的方法相结合。非洲热带稀树草原的保护主要集中在保护珍贵的野生生物上，据介绍，受承载力等稳定态概念的影响，缺少考虑生态系统的尺度及内在动力。先前的方法受到了挑战，因为其未能反映空间异质性和生态系统流动性，也并不总是能考虑更多的生物多样性和生态系统的组成、结构和功能性的元素（Noss，1990）。事实上，部分出版物主要集中在克鲁格国家公园的异质性上（Du Toit et al.，2003），这也证明了思想上的根本性转变，也为研究、管理团体提出了一系列的问题和挑战。首先，为阐明异质性的重要特征需要做哪些研究？其次，在管理上如何把这样的变动性和流动性作为标准，以及何时这种"变动性标准"不可接受地被超过？Roger（2005）指出，战略适应性管理（strategic adaptive management，SAM）及其相关的目标层次结构，是用于管理互动型社会及生态系统不确定性的几种公认的模型之一，同时仍然有意识地针对一种详细陈述的（但假定为正在变化的）理想状态。

据介绍，20 世纪 90 年代早期，河流管理处于危机之中，尽管克鲁格国家公园河流研究项目和一些南非国家公园伙伴机构采取了积极有力的行动，但克鲁格国家公园大多数管理者缺少主观能动性，并没有明确把河流管理作为职责之一。

有意思的是，克鲁格国家公园管理变革的另一个主要驱动力是大象捕杀"僵局"，它在克鲁格国家公园河流研究项目经历重大重新定位的同时正处于紧急关头（Freitag 等审核中）。激烈的公开辩论及详细审查都要求对捕杀计划做出改革，并且实行了暂停捕杀（Van Aarde et al.，1999）。这实质上为被克鲁格国家公园河流研究项目产生的思想所影响的其他项目做好了准备。值得一提的是，一个关于大象管理的会议在斯库库扎召开，这个会议为其参与者提供了一个检验克鲁格国家公园管理框架内已经取得的进展的机会。关键性的结论是：①相关愿景以及由此产生的多个目标需要得到改进；②大象需要被作为生态系统的一部分来管理（Braack，1997a）。

上述会议的关键性的结论导致对整体克鲁格国家公园管理计划的修订（Braack，1997a，1997 b），首先利用通过克鲁格国家公园河流研究项目获得的经验及基本内容制订愿景。在问责的主题下，克鲁格国家公园必须公开其目标。当时克鲁格国家公园河流研究项目正处于对河流理想未来状态（desired future state，DFS）的定义与实施概念进行探索及原型设计的过程中（Rogers and Bestbier，1997）。通过克鲁格国家公园管理层以及克鲁格国家公园河流研究项目的协作努力，对这一概念应用的探索超越了仅供河流管理使用。河流理想未来状态背后蕴藏的哲理是，当一个公众参与进程达成了联合协议时，大部分潜在冲突都将减少。当把明晰的目标设置为一个目标层级时，就出现了"需要监控什么以达成目标"的问题。一个克鲁格国家公园管理者及研究人员间的大型协作会议通报了可测量端点的开始，被称为 TPCs（Braack et al.，1997a；Pollard and Du Toit，2007；McLoughlin et al.，2011）。正如别处描述过的，这些可测量端点被紧密嵌入一个适应性管理框架之中。关键在于，它们设置在复杂系统的背景下，代表时间-空间的通量，常常具有上限和下限 [关于河流相关的可测量端点的综述，见McLoughlin 等（2011）]。

克鲁格国家公园河流研究项目的第三阶段（1998～2000 年）旨在完成支持河流战略适应性管理的第一代程序和相关科技，通过利益相关者，特别是那些曾被边缘化的利益相关者的参与，推广改正措施。对更为全面的方法的需要也促进了围绕流域综合管理的问题以及战略适应性管理在这方面的作用的创造性思考。有人可能认为，考虑到领导权和克鲁格国家公园河流研究项目、国家水务与林业部和资助南非水研究的水利研究委员会（Water Research Commission，WRC）的关键个人之间比较紧密的关系，尽管非正式，但一个强大的知识联盟已经成立。在水利研究委员会的研究报告中多次讨论克鲁格国家公园河流研究项目产生出来的很多想法和水利法规改革的进程，同时两者之间正不断相互加强。举例来讲，战略适应性管理的观念已经在一些国家水务与林业部的战略文档与指导方针之中得到采纳。除此之外，战略适应性管理现在已经稳固持续地纳入南非国家公园的科研服务项目之中。尽管并未如此命名，但一个新的工作阶段已经在 2007 年启动（经过若干年的讨论之后），在克鲁格国家公园河流研究项目的基础上继续进行。这是由于科学家及管理者对河流状况明显缺乏改善存在疑问而设立的，其目的是加深对缺乏改善的原因的了解，尽管《国家水法案》（National Water Act）已经发布。大约一年之后克鲁格国家公园也认识到加强其自身对河流适应性管理的必要性，并启动了相关计划，这两方面都将加以讨论。

（3）研究的新阶段：分析产出与管理的关系

在克鲁格国家公园河流研究项目之后，河流研究计划中断了一个时期，之后有两个项目完成了构想，与早期的河流计划截然不同，且均高度关注措施研究与适应性管理过程。其中一项是前面介绍的共享河流计划（Pollard and Du Toit，2008），重点是研究对六个流经克鲁格国家公园水系（Luvuvhu、Letaba、Olifants、Sabie-Sand、Crocodile 和 Komati）生态保护区履行责任有利或制约的因素。其目的在于制订计划于 2010 年开始的第二阶段的支持项目。另一个密切相关的项目的目标是整合公园淡水管理的战略适应性管理的流程，主要依靠通过科研-管理有效的结合施行可测量端点来实现（Biggs and Rogers，2003；Biggs et al.，2008，2010）。共享河流计划调研发现的主要结果是确认了有利于进行有效研究的案例情景，主要作为它的一项成果，当前把重点放在了 Letaba 河及 Crocodile 河上。在这两种情况下，都有明显的证据显示在关键参与者之间存在反馈循环。反馈循环和自我组织被认为是弹性系统和适应性管理的必要组成（Holling，2001；Holling and Gunderson，2002；Biggs and Rogers，2003）。反馈亦是反身系统中知识的基础。系统经常失败的地方必然存在一个或更多步骤的失败，如在知识不能传递或传递至不适当主体的情况下。当正常作用时，这些循环会建立一个能够响应变化的自我组织系统。

随着对这种方法认同的不断增长，对促使反馈起作用的因素的兴趣也在增长（Pollard et al.，2008）。例如，在 Letaba 流域，若干自我组织及自我管理的反馈循环很明显（图 6.6）。克鲁格国家公园根据自然保护区的需求监测流量（迄今仍为静态的，即不能主动与当前准确的降水保持动态一致），在发现问题后，水务管理者（负责管理察嫩大坝）立即转而警告格鲁特雷塔贝（Groot Letaba）用水者协会削减用水量。协会进而通知用水户削减用水量的规定并监督规定是否被遵守。尽管不受欢迎，但用水者协会成员对监管体系还是尊重和遵守的。

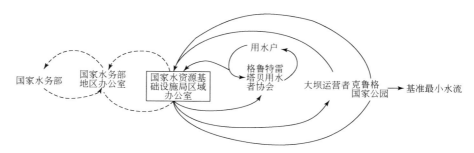

图 6.6　Letaba 河流域功能反馈机制

这两个循环的成功背后有许多起因，包括法律上的要求（自然保护区），存在监测基准（自然保护区），"看门狗"的存在（克鲁格国家公园），管理者与使用者的响应能力以及自发组织的能力。虽然对这些因素的深入分析超出了本文的范围，Pollard 和 Du Toit 在 2011 年对此做过调查，关键的一点是"看门狗"的作用，它与其他角色的作用一样重要，经常被忽视，因此需要承认它是关键性的。战略适应性管理项目正在同使用者一起对一个适应性监测管理系统进行改善。这个系统的精髓是对于某种相关资源（如河道径流）状况存在不同层次的关注，因此有不同的管理措施与之对应。"担忧等级"（worry level）的严重程度是通过某种指标或可测量端点给出的（McLoughlin et al., 2011），这是集体确定的。因此一个非常重要的原则就是各种等级的关注存在一个外包线——有明确清晰的根据——对应不同的管理措施。

共享河流计划（第一阶段）表明，对于六条河流的水量而言，尽管政策环境改善了，但生态自然保护区的要求并未得到满足，并启动了综合水资源管理（Pollard et al., 2010）。这可以部分归因于在复杂环境中改革过程的内在滞后效应，如今天设置了自然保护区并不意味明天就能达成。尽管如此，考虑是什么使这些延迟不可接受是非常重要的。在许多情况下，特别是对于北部水管理区而言，诸如授权迟缓、非法使用、缺乏水资源管理及供水的统筹安排、薄弱的监测与执法力度以及能力和技能的缺失等问题均亟待解决。对其他河流而言，如Crocodile 河及 Komati 河，关于水资源管理的研究进展提供了改善的切实可能。在这个方面克鲁格国家公园再次成为重要的角色扮演者，既扮演作为改变的催化剂又扮演作为建设性的利益相关者。

（4）更广泛的流域论坛参与：流域管理战略的发展

对水资源全面管理的承诺已被纳入《国家水法案》，要求水资源必须从流域角度进行管理。流域管理局将最终接管水资源的管理，特别是水量分配及水资源保护。可通过多个机构，如流域管理委员会或论坛及用水者协会等保证其代表性。在许多情况下，克鲁格国家公园发起的论坛可以被看作流域管理的先驱或雏形。对于 Crocodile 河流域，克鲁格国家公园率先建立了 Crocodile 河论坛，并在1991 年针对 Sabie 河流域建立了 Sabie 河工作组。同时，克鲁格国家公园参与了所有流入公园的主要河流的论坛，将其立场和利益体现在水资源决策中，并发挥了重要作用。

克鲁格国家公园与农业或林业之间的关系以及带给它们的影响也值得一提。Sabie 河工作组就是一个例子，他们正设法努力从 1992 年的大干旱导致的断流中挽救 Sabie 河（Biggs et al., 2010）。克鲁格国家公园发起了这个论坛并一直是其活跃成员，但论坛多年以来由一个来自 Hazyview 地区负责灌溉的农民主持。另外一个例子是拟建在 Crocodile 河用于灌溉的马鲁拉（Marula）水坝。尽管地基的修建已开始，克鲁格国家公园仍试图阻止其建造（Venter et al.，1995）。虽然这导致灌溉农民与克鲁格国家公园之间的关系变得紧张，但随着相互理解的改善，双方随后努力建立了良好的关系。同时，克鲁格国家公园支持了一个本地项目的工作，这个叫作"拯救 Sand 河"的项目主张撤销 Sand 河流域上游管理不善的植树造林。这些林地被设想作为班图斯坦（Bantustan）政府管理之下的工作岗位创造计划，覆盖了一些陡坡、湿地及河岸带，导致泥沙及基流减少的问题。克鲁格国家公园给予的支持并未过多地着眼于实际影响（这是在这些河流进入克鲁格国家公园边界之前人们非常明显的感觉），而主要集中在自然资源的明智使用及管理的原则上。在同行评议的论文（Kingsford et al.，2011；McLoughlin et al.，2011）及非正式出版物（项目 K5/1797 向水利研究委员会提交的报告）上提供了更多这样的例子。

（5）从"在做中学"中得到的经验教训

这一节讨论这篇文章所描述的转型正在产生的成果，现在可以回顾思考这些成果并用来指引前行之路。这一领域中有许多重要的经验可以利用，下文所描述和讨论的是一些例子：

- 克鲁格国家公园从比较封闭到比较开放型的管理转变（Venter et al.，1995）。
- 战略适应性管理的一般步骤及其相关进展（Kingsford et al.，2011）。
- 战略适应性管理从用于河流推广至更广泛领域，不仅用于克鲁格国家公园，而且用于南非普遍的自然环境保护（Freitag 等审核中）。
- 围绕阈值建立的实际反馈操作方法（McLoughlin et al.，2011）。

这篇文章更直接着眼于哲学与范例上的变化以及管理与研究的模式，这些表征了我们所描述的转变。概述部分考虑了较多的在公园内及公园周围与水资源管理相关的方案，既包括在明确或正式开始适应性管理之前的方案，也包括在此之后的方案。因此本综述阐明的特定的经验教训与介绍的各项研究所得出的一些经验教训相重复，但这也强化或补充它们，增加了其价值。

有关战略适应性管理方法现已在克鲁格国家公园被广泛接受，以及迄今仍未出现对河流管理的根本性替代方案的评论意见表明，克鲁格国家公园及其他积极合作者开始理解在连续（动态）的基础上有效地促成决策所具有的复杂性。持续、有组织地实施河流研究计划意味着，至少在克鲁格国家公园的情况下，积极参与研究也许是在快速变化的世界里应对资源管理难题的一个先决条件。

正如前文描述的，采纳战略适应性管理的过程是一个随时间循环操作的过程。尽管战略适应性管理方法主要开始于公园内的生物物理问题，随着时间的流逝，识别更广泛的社会–生态系统（最初是流域）变得至关重要，更多的系统之间活跃的关系得到了解。这意味着管理程序起初会出现更多的刚出现并最终变得更为复杂的问题。当管理者难以承受时就到了一个节点，在这个节点上会后退而进行必要的简化处理（Holling and Gunderson，2002），从而使管理过程避免变得难以维持。

对于克鲁格国家公园及更广泛的那些从事于河流的战略适应性管理的团体来说，这个概述的结论的整体意义是什么？克鲁格国家公园最主要的成就是基于复杂性原理发展了一条新的完成其自然保护法定责任的途径。其结果是经过近15年时间形成了一个管理框架（Pollard and Du Toit，2007）。战略适应性管理框架尽管是通过重点关注河流而发展起来的，但可以被生态系统管理整体接受。概括地讲，这个框架要求管理实现一种理想状态（Biggs and Rogers，2003；Breen et al.，2000）。事实上这从根本上重新定向了克鲁格国家公园的管理、人员及资源分配。正如前文解释过的，一旦这个高层次的陈述被争论且被纳入愿景，那么它就可以为制定易于回溯到愿景的具体目标及端点提供基础。这个过程有利于在研究人员、管理者以及现场人员之间培养更为紧密的合作关系，这样就可以建立强烈的认同感及实现共同学习（Pollard and Du Toit，2005）。

半干旱热带稀树草原管理原则上的一个重要转变就是，期望未来状态并不是稳定状态，而应是基于一个基本的认识，即变异性是一种压倒一切的赋予系统弹性的因素。因此，明智的管理以了解潜在的生态系统驱动因素及需要考虑的系统特性为基础。此外，因为河流系统是动态的，且处于连续的流动状态，监测各项条件及重新讨论管理目标是很有必要的。需要在更为广阔的保护区内外的事件环境中去了解系统驱动力。

战略适应性管理框架的关键特征是存在一个在利益相关者参与下制定的清晰的愿景，一个目标体系，对管理选择方案的考虑，一个可测量端点工具及一个包含反馈循环的反思评价过程，对克鲁格国家公园管理人员来说是一项挑战但是极为重要。Pollard 和 Du Toit（2007）提到，研究人员和管理层在开发可测量端点及保证其得到满足方面的协作作用被认为是对监督人员（如护林人和看守人）的有力激励，使之成为战略适应性循环过程里一个关键性的环节。为得到他们的承诺和赞同，不能低估现场人员参与管理目标设置的价值。可测量端点是假设的，因而可测量端点和相关的期望状态都应该以反省的方式加以审查与改善（Pollard and Du Toit，2006；McLoughlin et al.，2011）。

知识管理是需要处理的一项挑战。Biggs 和 Rogers（2003）指出，在设置一个可测量端点之后，随着实施过程的推进，有一些未料想的信息线索会出现。这些信息线索可能会也可能不会以恰当的质量水平记载下来（即所有信息线索都被认为有同样价值）。这些作者推荐以一种连续"捆绑"的方式处理信息，这样组织可以整体受益，从而避免采用完全不同和孤立的方法。战略适应性方法可能产生很多需要记录、获取和便于使用的现场数据（Pollard and Du Toit，2006；McLoughlin et al.，2011）。这被视作克鲁格国家公园面临的挑战之一。现在，公园正在基于地理信息系统和非空间数据库开发知识管理系统。目的是通过把数据投入生产使用而非存成历史档案资料，让科学和管理相融合。一旦知识管理的挑战得到解决，就可以产生对知识共享的需求。在这里，克鲁格国家公园实验了"实践社区"的建设。最初，这只是几个核心的积极分子不断修改战略适应性系统并使其更便于其他人使用。经验表明，克鲁格国家公园运行的各个项目需要整合，这样通过利用更多类型的专家和实践者的经验，就可以在未来推出更实际的可测量端点（Pollard and Du Toit，2006）。虽然如此，在把生态系统服务和社会生态这样的新概念与传统方法相结合方面还需要总结经验教训。

Pollard 和 Du Toit（2008）认为，水资源管理的立法环境和综合水资源管理的方法可以为河流系统的适应性管理提供特别强大的基础，使之以协调方式得到传播。因此克鲁格国家公园的方法可以补充并实践《国家水法案》的精神和目标。就河流管理而言，还有一个挑战是开阔视野并处理相互冲突的驱动因素和目标的现实问题。河流是公共资源（Pollard and Cousins，2008）。在南非，水不是私有的，流过哪片土地不等于土地的主人对它拥有不可让与的权力。且因需求是从流域水资源总量的角度判断的，在实现流域水资源公平、可持续的配置过程中不可避免地会有权衡和妥协（Pollard and Du Toit，2008）。这两个因素使包括保护区工作人员的利益相关方参与水资源管理，在这个过程中根据不同的利益和需求对水资源的分配进行协商。对克鲁格国家公园而言，新的立法环境通过保护区条款为可持续的概念提供了强大支撑，这不仅为监测提供了基准，更带来了立法的影响力，加强了克鲁格国家公园作为"看门狗"的地位（Pollard and Du Toit，2008）。这一点很重要，因为对流经公园的所有河流都存在明显的侵害生态保护区的现象。

重要的是，克鲁格国家公园管理人员不仅监测河流，还按照侵害的严重程度分析不同行动的效果。侵害的透明度对监测人员很重要（Pollard and Du Toit，2006）。尽管系统仍在加强，成功的应对行动各不相同，建立反馈循环的基础已经到位。实际上，如前所述，这些反馈对适应性管理非常必要，没有这些就不会有学习（Pollard and Du Toit，2006，2008；McLoughlin et al.，2011）。

（6）结论

综上所述，重要的是要记住适应性管理本身不是终点，而是随着新经验的加入而不断演变的过程。由于在应对河流变化时遇到了挑战，克鲁格国家公园制定了管理、研究及其扩大服务范围的新的工作计划。在不确定性总是一个潜在因素的背景下，该方法接受管理敏感的复杂系统所带来的挑战。它鼓励在经常阻碍决策的"执行瘫痪"之处的"第一个大胆的步骤"，通过使用最可靠的信息来设置可测量端点，战略适应性管理监控变化趋势，然后要求在启动共同商定的行动之前考虑共同确定的目标。由于实施战略适应性管理系统的协作性质，在科学和管理之间建立了一种伙伴关系——此做法被视为公园、保护区和科学赖以前进的方法（Folke et al.，2002；Van Wilgen and Biggs，2010）。同样重要的是，这种思维作为管理学说若要最终主流化，须有一个机构作为依托，这种依托克鲁格国家公园也许可以很好的提供。

6.8.6.3　评论

作者描述的适应性管理方法是通过公园研究人员、现场工作人员及管理人员（即公园内部利益相关者）之间开展的内部合作和联合实情调查发展的。他们正确地指出这种合作和共同学习对建立一个将科学发现与决策结合起来的管理系统所做的贡献。

然而，作者没有对未能使任何外部利益相关者参与做出评论。虽然，他们提到了用水户在传播有关需要采用的适应性措施信息中的作用，但是并不清楚用水户协会与流域论坛、农林业及其他外部利益相关者如何参与或者未来将如何参与流经克鲁格国家公园的河流的适应性管理。

作者强调，设置绩效标准、建立反馈循环以对达标的成功与失败做出响应，对成功的适应性管理是必不可少的。在这种情况下，克鲁格国家公园利益相关者制定了可测量端点，使内部和外部利益相关者对其发现做出响应。这种做法看来已经方便了适应性管理的实施。此外，适应性管理的原则和指标写入了多个框架文件和战略规划中。正如我们预测的，这样明确地写入文档使适应性管理更容易实施。

最后作者承认要使广大用户能使用数据和加强长期知识管理能力是持续的挑战。获取学习到的各种经验使之可以添加到学习管理系统中，并使这些信息更容易为外人使用，这种设想在我们看来是正确的。

6.8.7　《在中东努力改善水行业伙伴关系：约旦水行业伙伴关系的案例研究》（Odeh，2009）

6.8.7.1　导言

这段摘录来自 Nancy Odeh 在麻省理工学院时的博士论文，她研究了约旦为了改善水资源管理工作建立的四个伙伴关系。这段摘录考察了其中一个伙伴关系，即约旦 Rift 河谷用水户合作社的运行。

约旦对水的需求远远超过该国的可再生淡水和地下水供应，而人口增长和农业的扩张导致越来越缺水。在约旦 Rift 河谷，缺水是个大问题，该地占约旦灌溉用地的 40%。为了提高灌溉效率，国家政府在该河谷设置了现代化的加压灌溉系统。然而，由于未能为农民提供咨询和技术援助，降低了系统运行效率，严重影响了约旦河谷水务局（Jordan Valley Water Authority，JVA）和农民的关系。

这段摘录描述了一个由德国技术合作公司（German Technical Cooperation Agency，GTZ）提出的计划，在该河谷建立用水户合作社，通过让农民参与新系统的管理提高灌溉效率。在河谷四个部分建立了 18 个合作社。合作社是围绕泵站建立的，穿越了单个农场之间的界限。约旦河谷水务局和德国技术合作公司也大量参与了该项工作。这段摘录指出了成立用水户合作社背后的驱动力，合作社对提高约旦的稳定供水的贡献，以及伙伴关系如何促进了能力建设和关系建设。

6.8.7.2　摘录（第 197～202 页）

2001 年由德国技术合作公司带头建立用水合作社有两个主要的驱动力。第一个驱动力是由于过去几十年发生的事件，在 20 世纪 90 年代初期，用水户、政府、捐助者增长了对该国面临迫在眉睫的水危机的意识（访谈 5；13；73；GTZ，2002，2006b）。这个迫在眉睫的水危机有多个指标。例如，叙利亚利用的 Yarmouk 河水已经超过了 1995 年通过的《约旦河谷计划》（*Jordan Valley Plan*）规定的份额。这方面的证据是，1950 年以前，约旦河流域下游（包括约旦河谷及安曼）年均可用地表水总量为 5.5 亿立方米。Yarmouk 河流量（流入约旦河谷的主要水源）曾达到 4.7 亿立方米，于 20 世纪 90 年代中期降到 3.6 亿立方米，在过去 5 年里为 1.5 亿立方米（Van Aken et al.，2007）。另外，为了满足城市日益增加的需求，从 King Abdullah 运河向安曼的调水从 1985 年最初决定调水开始稳步增长。1991 年达到了 0.41 亿立方米，2007 年约 0.6 亿立方米，这占到 King Abdullah 运河来水的 40% 和每年安曼供水总量的 46%（访谈 49；LEMA OPS，2007）。约旦水危机另外一个表现是 1997～2001 年的严重干旱。对农民的另一个提醒是：他们在约旦是受到最严重影响的，因为干旱意味着低收成并且夏季作物几乎没有收入（GTZ，2002）。对约旦河谷水资源的进一步压力是从 20 世纪 80 年代中期开始，由于农业技术的提高、使用温室大棚、滴灌、化肥、埃及工人涌入以及更多的市场机会，约旦河谷的农业变得更加集约化，产量迅速提高。这是以牺牲水的可持续利用为代价的，其原因是高耗水的农产品生产，如小规模橄榄、柑橘园和香蕉种植园（Venot，2004；Courcier et al.，2005）。

帮助建立用水户合作社的德国技术合作公司项目的第二个驱动力是农民和约旦河谷水务局没有能力也不情愿以最佳方式操作加压网络。2000 年，约 40% 的土地还在使用地表灌溉的方法，需要较高的水流速。因此，系统输水率提高到 9 升/秒，影响了整个系统的稳定。由于沿线水头损失，一些农民不能在规定的时间里通过各自的田间进水口组件得到保证的水量（GTZ，2000a，2000b）。约旦河谷水务局高级官员和用水户合作社成员向我解释：早期大多数农民不是很欢迎现代的加压系统。他们认为小流量（即设计需求）是不够的，更倾向于以前存在的简单明渠。最大的问题是农民为了增加自己土地供水而猖獗偷水。农民的做法是非法接管引水；还没有轮到他们时就打开田间进水口组件；以及改动其田间进水口组件的流量限制器以增加进入他们田地的流量。正如上文所述，其后果是输水效率的大大下降。非法用水意味着取水量在任何时间比系统设计值要多。这就降低了管网的水压，反过来，又改变了农民收到的输水量和频率，同时损害了他们在农场使用滴灌的能力（访谈 5；41；47；70）。北约旦河谷理事会主任解释说：

> 当引进加压系统时，农民不相信也不喜欢该系统，因为它是一个不同的举措。一些农民坚持使用明渠系统，主要原因是加压系统提供的 6 升/秒流量低于农民以前得到的，并且 6 升/秒是不够的。一些农民仍然首选明渠，并不使用加压系统。但由于水短缺，现在加压水的使用还有一些进展。因此农民被迫去使用加压系统。
>
> （访谈 47）

德国技术合作公司用水合作社项目负责人的解释是：

> 主要的挑战是农民常常干扰配水，试图得到更多水。渐渐地，这打破了常规配水服务，也造成了基础设施的大量损坏。起初，面临的挑战是确定既被农民接受也被像约旦河谷水务局这样的伙伴组织所接受的合适组织形式。经过一年半的努力，直到 2001 年第一个小组决定成立用水户委员会。不久之后，第一个用水户合作社建立。
>
> （访谈 5）

加压系统最佳工作状态的前提是所有农民必须接受他们的配水份额，任何情况下都不能为了得到更多的水篡改系统。建立用水户合作社被视为组织、教育农民如何最终实现这一结果的方法。

以下内容旨在说明农民非法用水现象已经改变了，以及该现象发生的原因。约旦河谷水务局对加压系统不能有效运行也有过错。问题的根源是越来越多的农民采取了更高效的滴灌系统，该系统低流速、高水压、高用水频率（这是加压地下水配水管网的全部特点）。一旦加压系统安装到位，更多的农民会采用滴灌系统，然而，没有提供农民足够的资金和技术，以帮助他们的田间设施适应加压网络；也存在过滤和堵塞方面的问题。其结果是，使用滴灌和那些依赖地面灌溉的农民反对使用减少流速（从25升/秒减到6~9升/秒）的加压配水系统。农民认为流速降低意味着他们得到的水量降低。他们的抵制使约旦河谷水务局不再坚持加压系统的设计是恰当的。这就意味着约旦河谷水务局同意将流速提高到15升/秒。此外，他们并没有实行严格的限制同时取水的灌溉臂数量的轮灌计划。这样大大降低了压力（目标是3巴，降到了1~1.2巴），并且没有让新的田间滴灌系统按原计划运行（访谈5；13；17；75）。培训农民正确使用加压系统和滴灌系统是一个法国团队的责任。该团队的一个顾问告诉我"用水户合作社有一个问题，就是一些农民常常偷水。为避免这个问题，约旦河谷水务局决定同时打开所有通向农田的二级管道，于是水像在明渠系统流动。但是解决问题的方法应是对农民进行更多的培训，以及约旦河谷水务局进行更多的控制。约旦河谷水务局应该监控，但是他们不愿做额外的工作，所以他们采取简单的方法，就是什么都不做（访谈75）。同样，正如德国技术合作公司项目负责人解释的，指导思想是组建用水户合作社使更多的农民相信遵守压力管网要求的配水程序的好处。这包括鼓励他们与约旦河谷水务局合作实施该系统，而不是阻碍（访谈5；17；23；86）。这两个关键力量让德国技术合作公司明白：在农民与农民之间、农民与约旦河谷水务局之间建立更有效的合作关系是维持水资源和民生的关键。2000年还有其他因素的作用引起关注，包括以下几个方面（GTZ，2002）：

- 约旦河谷水务局缺乏配水计划，这使农民几乎不能为下一季节组织自己的种植计划。农民抱怨说，约旦河谷水务局没有提前准备足够的时间公布配水计划，也不遵守它公布的计划。在农民与约旦河谷水务局之间需要更清晰、更频繁的沟通，并且用水户合作可以帮助解决该问题。

- 由于停止招聘，约旦河谷水务局2008年的大部分工作人员接近退休。这意味着管理灌溉系统的大量知识会丢失。以组织的形式如通过用水户合作社，把多年投资人力资源积累的专业知识传给农民，再加上在过去几十年中建立的实质性信息基础，将保留约旦河谷水务局积累的知识经验。

- 农民自己对灌溉系统可从中受益的具体进步有十分务实的了解，且约旦河谷水务局可以从他们身上学到很多。然而，两者之间缺少公开对话。

正在提出一个设想，即约旦河谷水务局定期参加用水户合作社会议，这样提供一个理想平台，以加强两者之间的信息交流。

6.8.7.3 摘录（第208~211页）

供水的可持续性

在约旦河谷各种灌溉水源包括阿卜杜拉国王（King Abdullah）运河、水井和河谷边缘的季节性河流。为了得到一个关于在过去10多年中各种水源如何变化的情况，我从位于代尔安拉（Deir Allah）的约旦河谷水务局控制中心得到了数据，这是所有水文数据的中心。表6.2列出了河谷1997~2006年的流入量和流出量。最大的流出量水源是从 King Abdullah 运河调水到安曼。自1985年以来，这个流出量逐步上升，在2007年达0.6亿立方米/年，这占 King Abdullah 运河来水量的40%（访谈49；LEMA OPS，2007）。农民都清楚，在一个降水出乎意料低的季节，当务之急是将水从运河调到安曼。这是以牺牲约旦河谷北部农民的利益为代价的，他们主要依靠运河来灌溉（访谈5；13；29；75）。自1997年通水以来，King Abdullah 运河每年流入量显著减少近1亿立方米，这迫使农民必须做好本职工作来保证分配给他们的灌溉水尽可能高效分配。最好的方法是采取措施使加压管网正常运转。

表6.2 1997~2006年约旦河谷总流入流出水量　　（单位：百万立方米）

流入/流出	1997年	1998年	1999年	2000年	2001年	2002年	2003年	2004年	2005年	2006年
流入量	314.5	289.9	212.5	239.7	114.7	234.0	357.3	266.0	254.7	210.5
流出量	204.1	232.5	175.9	170.2	124.4	148.9	208.1	222.9	206.6	169.9

资料来源：2007年 JVA

与明渠系统相比，加压系统水量损失显著减少。系统效率在75%~85%（Van Aken et al.，2007），但与农民合作可使其进一步改善。我的研究表明，用水户合作社确实有助于改善加压系统的经济性和操作性。

用水户合作社还帮助确保加压系统正确的操作，因为它需要农民严格遵循轮灌计划，以维持需要的均匀水压。不依次序取水的农民可以降低水压。当农民作为成员的组织鼓励关于为什么以较高水压取水更适合滴灌系统的信息交流时，让农民坚持轮灌计划就更容易实现。总之，适当的行为显然与自己的利益利害相关。这样做有助于建立信任，农民开始信任他们的邻居不会偷额外的未轮到自己的水，偷水将妨碍系统的正常运行①（访谈 13；27；28；46；47；48；49）。约旦河谷水务局的约旦河谷北部中部总局项目负责人最后强调了后一点："用水户合作社把农民结合在一起，给他们带来更强的合作意识，所以他们开始不想偷灌溉水，因为农民跟社区建立了更紧密的关系，巩固了与同行的友谊。总之，合作社为合作带来了新的气氛"（访谈 48）。

在约旦河谷法国资助的优化灌溉项目首席专家提供了评论意见，这些意见得到了农民和资助机构的赞同：

> 例如，我们会改善配水系统内部的条件，但为了其持续性，你需要让所有利益相关者（即系统不同分支的所有农民）都遵循新的规则。又如，加压系统中如果一个农民非法偷水，会影响到他的邻居，他将不会收到水。我们和约旦河谷水务局实施了一个控制轮灌计划的系统，但是农民必须遵循规则。所以，德国技术合作公司帮助创建的用水户合作社，其设想是约旦河谷水务局应该有一个合作伙伴。约旦河谷水务局实施规则，但是农民合作社（合作伙伴）将保证所有人尊重该规则，以保持良好的灌溉配水服务水平。

> （访谈 13）

用水户合作社以另一方式改善了灌溉系统的运行，促进了节水，即官员及合作社之间关于技术问题的交流显著改善。例如，每周的会议讨论配水基础设施问题（水表、阀门、管道），这也改善了维修和维护系统的反应时间。此外，管道损坏造成的过度泄漏是水流失的一个明显原因，与农民个人相比，合作社代表抱怨时约旦河谷水务局更乐意回答这些问题（访谈 41；42；45；75）。位于河谷北部的用水户协会 PS 50 的秘书发表了与我谈话的其他农民都表示赞同的评论，"最好是有用水户合作社，如果我们有任何问题，都可以告诉合作社，由他们交给约旦河谷水务局，然后约旦河谷水务局会立即解决这些问题。在合作社成立之前，没人听我们的投诉"（访谈 45）。在约旦河谷的某些地区维修及维护事故数

---

① 据德国技术合作公司项目负责人说，在约旦河谷，存在用水户合作社的地方，都有的一个趋势是约旦河谷水务局大幅度减少了处罚违规行为，像非法连接水管、损坏系统、更改田间进水口组件的流量限制器，以上这些都是获得额外灌溉水的方法。但是很难用数字证明这一点。例如，基于每年罚单上的仅有数据，用水户合作社 PS 28 收到罚单已经从 2002 年的 134 次降到 2007 年的 27 次（GTZ，2008）。除了处罚数量减少，还有其他指标显示农民对管网的违规行为减少了：（i）供水线路的工作压力一般高且稳定，在此之前要花费几小时将压力稳定在指定水平；（ii）一般不会超出整个泵站的计算排出量，这是在控制中心监控的，如果超出，控制中心会通知泵站负责人减少排出量；（iii）对灌溉线路的检查显示很少或是没有更改水表或流量限制器的情况。在 Kafrein 地区，自 2002/2003 年恢复以来，没有发现一个非法接头。然而，在另一个区域就存有对输水线的非法接头。

目明显下降，约旦河谷水务局工作人员把这归功于与合作社增加了合作：在合作社 PS 28 记录的维修案例直到 2002 年还维持在每年将近 425 次，而 2007 年已下降到 115 次（GTZ，2008）。同样，合作社 PS 50 出现了类似情况，维修案例从每年 175 次下降到 2006 年 60 次（GTZ，2006b）。

在约旦河谷许多农民采取在作物根部储存尽可能多的水过度灌溉他们的农田，原因是灌溉水在数量和时间上不可靠（Regner et al.，2006）。这可能导致水的过多消耗，并且对植物的生长和产量产生不利影响。德国技术合作公司的评估报告（Regner，2005；GTZ，2006c；Regner et al.，2006）认为，用水户合作社十分积极地促进高效配水，供水可靠性提高了，农民过度灌溉减少了。

6.8.7.4 评论

作者强调伙伴关系的几点效益，同时强调为什么在这种情况下他们运行的这么好。向加压系统的转变使农民更加相互依赖。因此，正如作者指出的，组建用水户合作社效果非常好，因为合作（农民之间以及农民与约旦河谷水务局之间）符合农民的最佳利益。挑战是如何将对立格局转变成合作关系。

通过利用合作关系将相互依存的利益群体团结起来，用水户合作社能够改善利益相关者的关系，同时使学习和交流变得更为容易。正如作者写道，这一切有助于水的利用和效率的明显改善。同时她指出了关系建设作为一种改善水管理的手段的重要性。

这段摘录也说明了国际开发机构在建立合作社并提供技术支持方面的重要性。尽管更关注利用好当地知识可能是适当的，但他们重视促进当地人员间的知识交流与合作是重要的。

6.8.8 《水的知识联网：合作取得较好成果》（Luijendijk and Arriëns，2007）

6.8.8.1 介绍

这段摘录来自 Jan Luijendijk 和 Wouter Lincklaen Arriëns 于 2007 年在关于知识联网的联合国教育、科学及文化组织（United Nations Educational Scientific and Cultural Organization，UNESCO）会议上提出的讨论文件草稿。他们不专注于一个特定的水体或水网，而是讨论知识网络通过能力建设和促进各行业之间与行为主体者之间的知识交流来改善水管理的作用。他们认为满足水行业的重点需求，更注重提交结果和改善联网操作可以扩大知识网络的影响。

这段摘录侧重于如何定义知识网络的成功以及加强联网以促进水管理者之间

的知识转移。作者强调了成功的先决条件，包括对有能力的领导人和提倡者的需要、决策者连接网络的重要性以及对人际交往、叙述故事和指导的需要。

6.8.8.2 摘录（第13~17页）

（1）管理流程——网络如何更好地工作

关键问题：网络如何组织才能成功？

我们把重点放在如何进行有效的合作与组织以获得成功的问题上，也将涉及一些有利于网络的发展，以及回顾一些较早的仍然有用的知识内容，并提出了多个观点供考虑。

（2）成功因素

有共同因素保证网络成功吗？答案是有或没有。有足够的网络知识说明大多数情况下成功所需要的一些因素。然而，网络连接仍然在高速发展，新的见解不断出现。

"信任是网络连接和知识共享的润滑剂"（GTZ，2006a）。成功的网络倾向于以很少的规则进行非正式操作。例如，可能对于网络成员不披露重大发现不做出规定。因此，Boom（2007）认为有三个重要的成功因素：①信任；②共同目标；③亲身了解（不只是通过网络）其他成员的需要。GTZ（2006）声称，好的网络管理、透明度、信任是决策者参与网络的先决条件。Gloor（2006）指出，对于创新，有效的创新网络拥有高度的联通性、相互作用和共同分享的特征。

成员的主动性、领导能力和愿景对网络的成功也是重要的。网络需要提倡者、领导者、鼓动者、标准（如组织成员的绩效基准）。网络能促进成员之间的知识与能力的有机成长和增量成长。然而，在范例正在转变的情况下，都需要提倡者，然后需要领导者认同变化并克服阻碍变化的惰性。

一些网络组织，如专业协会或者研究协会，期望能够运行更长时间。然而，对于创新网络来说，这样的持久性未必需要，甚至不可能。因此持久性是一个需要选择的方案，其成功因素也随选择相应变化。与以一个或多个捐赠者有时间限制的支持来实现其目标的短期网络相比，对于寻求长期运行的网络更加重要的是有其成员的资金支持。

Wenger等（2002）指出，依照具有相应发展张力的五个发展阶段，实践社群活力和可见度水平往往先增后减。第一阶段的特点是发现或想象发展潜力，然后是选择逐步发展或者直接产生价值。在下一成熟发展阶段，社群将需要在专注和扩张之间选择。在它的管理的高峰阶段，所有权与公开性的抉择问题出现。在最后的社群转型阶段，问题也许是选择放手还是继续下去。

（3）成功的制约因素

当有效联网的成功因素没有实现时，问题一定会出现并需要加以解决。无论如何，联网制约因素的进一步分析是需要的，因为水的知识网络没有提供大量的关于影响其绩效的信息。除了大家都提到的预算不足和联网硬件问题外，有两个因素显得很重要。

首先，网络将产品和服务提交给国家及地方的决策者的能力。例如，这是人们对研究机构间联网普遍关心的问题。联网本身的体验可能是成功的，因为它满足了研究人员的专业兴趣。然而，研究结果的达成依赖于外在"客户"，这仍然是一个挑战。

其次，如何说服水务组织在网络上花费更多的时间和精力。如果向国家和地方政府以及包括发展银行在内的发展组织询问，作为网络成员或消费者他们在网络上花费多少时间（经常性的网上冲浪和阅读），其答案很可能比预期的要低很多。这部分原因在于一些组织未认识到联网会给他们工作带来利益，缺乏促进联网的企业政策，员工花在网络上的时间激励机制不到位，组织没有负责协调此事的中心。

（4）数字鸿沟

当信息与通信技术正在推动发展而且联网以更大的连接度和速度向前发展时，世界上普遍存在的数字鸿沟继续阻碍许多地方从业人员和发展中国家贫困社区进入网络，并且老人觉得无法参加。除非水知识网络可以找到办法来跨越这些鸿沟，否则当地传统的及固有的水资源知识社会资本会边缘化直到灭绝。

此外，现在的信息与通信技术网络常常是以模型、规范性解决方案以及通过（想象的）范例转变实现的创新为前提的，然而，发展中国家传统低技术含量的社区有发展协商方法和逐步改善的传统。因此可以鼓励现代信息与通信技术的水知识网络去接受容纳发展中国家低技术含量地方社区的知识和社会资本。为了加强地方层次的知识和能力的发展，高科技与低科技网络的结合或这样的网络间的互相交流可能是必要的，需要建立正确的接口。

（5）联网的人员

网络依赖人，然而联网经验和绩效的述评往往忽略这个明显的事实。相比之下，更多关注放在了组织分析和信息与通信技术的联网应用上。但是，个人的授权加上愿景、使命、价值观的培养是组织和网络能力建设的一个关键因素。培养和指导对加强知识联网与能力建设有很高"投资回报率"。

Lank（2006）区分了个人在协作项目（如联网）的一些典型功能和作用，提出了组织发起人、守门人（关系与合作的管理者）、合作伙伴协调人、咨询合作伙伴协调人及项目（网络）负责人的划分。建议组织要任命一个首席关系官，有助于建立协作关系和联网。当谈到协作需要的专业领导素质时，作者引用了 Doz 和

Hamel 的话，"高管早上不会伴随着莫名的合作冲动醒来。这不是他们的本性。"

（6）网内网

网络不是均质的，它们内部通常包含着不同团体。Gloor（2006）指出每一个网络内有三种类型的网络，与 GTZ（2006a）描述的相似。较大型的网络被视为合作洞察网络，用于帮助有共同利益的人。GTZ 将这些人视为网络中的观察者。在较大的网络中，一些成员（人或组织）在分享知识中起比较积极的作用，作为侧重于最佳实践管理的合作学习网络。最终，在其他两个网络的核心里，有一个更小的组织作为完全致力于产生全新见解的合作创新网络。网络中的这些团体如图 6.7 所示。

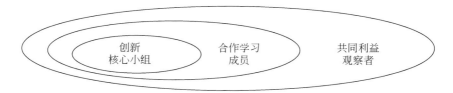

图 6.7　网络内的组织关系图
资料来源：GTZ（2006a）；Gloor（2006）

Gloor（2006）描述了协作创新网络的成功所需要的多个条件，包括成为一个学习网络、有道德规章、基于信任和自我组织、任何人都能获取知识、内部诚实和透明度的操作方式。他声称，这三种网络的结合创建了强大的连锁反应。

（7）打破界限

如今信息与通信技术支持的知识网络能够打破界限和等级划分，然而网络成员仍然受制于职业、职位及其组织内的等级制度，也受制于其组织在地方、区域、国家及国际上的地位。这就提出了在有效的知识网络中应当由谁与谁连接的问题，当我们关注强化地方政府的知识和能力时，这个问题尤其重要，假定未来将有更多的网络用于地方层面上从业人员的相互连接，那么关于如何更好地实现这一点需要有更多的知识。随着网络、信息与通信技术的广泛应用，开放式网络预期会增加，一个人可以同时加入多个网络。

语言是另一个需要考虑的问题。大多数地方政府从业人员希望能用他们国家的语言甚至是当地的语言进行交流。地方产品和服务设施需要通过合适的语言得到传播。然而，大部分信息与通信技术支持的知识网络看来是支持一种或几种语言，这样另一个问题出现了，即由谁通过哪种语言与谁进行网络操作、怎样将各种语言划分于一系列相交的网络？

在联网中语言方面的另一个问题是使用科学技术语言还是使用决策者和大众使用的语言。网络需要考虑这些问题以保证有效操作和连接目标客户。

（8）要做的评价

许多知识网络开展经常性的调查和评价，并且对于如何最好地做到这一点，似乎通过共享有关知识和经验还有发展空间。与过去的实践不同，更多的调查和评价需要着重于地方从业者和决策者的需要。

Gloor（2006）选择了三种工具：①知识地图（关注"是什么"，为一个主题提供一个全球或当地的知识）；②天赋地图（关注"是谁"，指出谁对该主题有专业的见解）；③趋势地图（关注"会是什么"，展现该主题在全球及地方层面的发展趋势）。

能力建设活动（包括水行业的活动）通常是基于培训需求评估，而不是比较全面的诊断评估（需要考虑个人、机构层次及其授权环境等方面）设计的。因此以强化能力为目标的联网，将需要开展更多的由相关组织全权负责的诊断评估。

（9）起作用的故事

为什么值得注意的知识管理最有效工具之一是故事和轶事的共享呢？这是因为人们更容易记忆和认同它们。大部分的管理层、领导、过去几十年出版的进修书籍广泛地应用故事、轶事向其受众传播信息。水知识网络可采用一种相似的方式，在网络活动中，以及在网站、通信及出版物上通过故事和轶事发布关键信息。这有助于与地方从业者和决策者建立联系，以及将隐性知识外部化。

（10）网络的推与拉

成功的联网需要提供能增加价值因而吸引（拉）已有和新的成员的产品及服务（推）。需要对一贯产生附加值并产生"拉"力的产品和服务的种类进行更多研究。例如，作者得到的轶事反馈表明，网络成员很重视经常听到有关他们感兴趣的主题方面的良好实践信息，如对世界各国正在开展的水立法活动的年度概述。

（11）网络无处不在

考虑到需要充分利用时间及资金资源，大型水资源活动的组织者正在增加对次要活动的支持，这就为网络实现与各成员进行面对面交流提供了有成本效益的机会。在举办机构的一些预先组织下，甚至可以更多地利用水资源活动，为各国代表创造更多的会面及合作的机会，从直接的信息交流到安排相互考察、人员交流计划以及制订合作计划等。达成这种合作关系也可看作水资源活动的众多成就之一。

（12）变化的动力

在网络可为其用户提供的所有产品和服务中，哪些最可能催生出绩效的变化与改善呢？亚洲开发银行在帮助地区水资源网络引入绩效基准和同行评议方面的经验受到成员组织的欢迎，一些成员组织已经做出了反馈，说这改变了他们的思维模式。亚洲开发银行系统正在为供水企业、流域组织、国家水行业领导机构提供单独的网络支持，现在这些机构都受益于绩效基准，其中后两个还受益于同行评议（Asian Development Bank，2007）。

6.8.8.3 评论

作者的最初观点，即需要提倡者来开始网络的搭建，需要将网络与决策者建立连接，这是根本性的——尤其是在组织及政府的层面上。我们深信需要提倡者在组织内为新思想或新能力提供推动力，并确保内部利益相关者及决策者的参与（Movius and Susskind，2009）。同时，开发水资源网络的想法增加了一些人的责任，他们在水处理方面最有经验，对分享知识经验感兴趣，想要学习更多知识，想要在创建和维持网络以及合作关系方面发挥重要作用。

我们认为作者的观点是正确的，即学习网络知识需要亲身接触，如指导。指导是重要的，因为知识的传播和能力建设最好是通过面对面观察和培训。网络可在老师和学员之间建立联系，但是也应该允许在同事之间发展这种关系，以及其他各种方式联系。

我们赞同 Gloor 的观点，即协作式学习网络应该努力使知识能被每个人获取。指出挑战（包括技术鸿沟及语言障碍）当然带来问题。取决于那些产生并与他人分享水资源知识的人的允许，知识将以鼓励用户战胜这些障碍的方式实现"再共享"。换句话说，用于社会学习的水资源网络应该采取一种"开源"的理念，在这种理念下知识拥有者推动他人对其思想和产品的获取。

参 考 文 献

Asian Development Bank. 2007. "Information on networks and partnerships." From：http://www.adb.org/water/operations/partnerships.

Biggs, H. and Rogers, K. H. 2003. An adaptive system to link science, monitoring and management in practice, in J. T. du Toit, K. H. Rogers, and H. C. Biggs (eds.) *The Kruger Experience*：*Ecology and management of savanna heterogeneity*. Washington, DC：Island Press.

Biggs, H. C., Breen, C. M., and Palmer, C. G. 2008. Engaging a window of opportunity：Synchronicity between a regional river conservation initiative and broader water law reform in South Africa, *International Journal of Water Resources Development*, 24 (3)：329-343.

Biggs, H. C., Westley, F. R., and Carpenter, S. R. 2010. Navigating the back loop：fostering social innovation and transformation in ecosystem management. *Ecology and Society*, 15 (2)：9.

Boom, D. 2007. Unpublished draft paper on knowledge economies in Asia for a seminar at the ADB Institute. Asian Development Bank, Manila, Philippines.

Braack, L. 1997a. *A revision of parts of the management plan for the Kruger National Park*, Vol. VII：*An objectives hierarchy for the Kruger National Park*. Skukuza：South African National Parks.

Braack, L. 1997b. *A revision of parts of the management plan for the Kruger National Park. Vol. VIII*: *Policy proposals regarding issues relating to biodiversity maintenance, maintenance of wilderness qualities, and provision of human benefits.* Skukuza: South African National Parks.

Breen, C., Dent, M., Jaganyi, J., Madikizela, B., Maganbeharie, J., Ndlovu, J., et al. 2000. "*The Kruger National Park Rivers Research Programme,*" Final Report, Water Research Commission, Pretoria.

Breen, C., Quinn, N., and Deacon, A. 1994. "A description of the Kruger Park Rivers Research Programme," Second Phase: Programme description: pp. 43.

Camacho, A. E., Susskind, L., and Schenk, T. 2010. Collaborative planning and adaptive management in Glen Canyon: A cautionary tale, *Columbia Journal of Environmental Law*, *35*: 1.

Courcier, R., Venot, J. P., and Molle, F. 2005. *Historical transformations of the lower Jordan River basin (in Jordan): changes in water use and projections (1950-2025) (comprehensive assessment research report 9).* Colombo, Sri Lanka: IWMI Comprehensive Assessment.

Davies, B. R., O'Keeffe, J. H., and Snaddon, C. D. 1995. River and stream ecosystems in Southern Africa. Predictably unpredictable, in C. E. Cushing, K. W. Cummins, and G. W. Minshall *River and Stream Ecosystems.* New York: Elsevier Press.

Doz, Y. and Hamel, G. 1998. *Alliance Advantage: The art of creating value through partnering.* Boston: Harvard Business School Press.

Dube, D. and Swatuk, L. 2002. Stakeholder participation in the new water management approach: A case study of the Save Catchment, Zimbabwe, *Physics and Chemistry of the Earth*, *27*: 867-874.

DuToit, J. T., Rogers, K. H., and Biggs, H. C. (eds.) 2003. *The Kruger Experience. Ecology and Management of Savanna Heterogeneity.* Washington DC: Island Press.

Fisher, R. and Ury, W. 1983, 1991. *Getting to Yes: Negotiating Agreement Without Giving In.* New York, NY: Penguin Books.

Folke, C., Carpenter, S., Elmqvist, T., Gunderson, L., Holling, C. S., Walker, B., et al. 2002. Resilience and sustainable development building adaptive capacity in a world of transformations, *Ambio*, *31* (5): 437-440.

Freitag, S., Biggs, H., and Breen, C. M. In review. Fifteen years of the spread and maturation of adaptive management in South African National Parks: Organisational learning in systems perspective, in W. Freimund, S. McCool, and C. M. Breen (eds.) *Engaging Complexity in Protected Area Management: Challenging Occam's Razor.* Pietermaritzburg, South Africa: University of KwaZulu-Natal Press.

Fuller, B. 2006. "Trading zones: cooperating for water resource and ecosystem management when stakeholder have apparently irreconcilable differences." *Dissertation, Massachusetts Institute of Technology, Department of Urban Studies and Planning.*

Gloor, P. 2006. *Swarm Creativity: Competitive Advantage through Collaborative Innovation Networks.* Oxford: Oxford University Press.

GTZ. 2000a. *History and Lessons Learned from the Formation of the Mazowe Catchment*

Council. Zimbabwe: Harare.

GTZ. 2000b. *Project Appraisal Report: Irrigation Water Management in Jordan.* Amman, Jordan: GTZ/JVA.

GTZ. 2001. *Water Resources Management for Irrigated Agriculture-Annual progress report June 2001 and May 2002.* Amman, Jordan: GTZ/JVA.

GTZ. 2002. *Water Resources Management for Irrigated Agriculture-Annual progress report June 2001 and May 2002.* Amman, Jordan: GTZ/JVA.

GTZ. 2006a. *Work the Net-A Management Guide for Formal Networks.* New Delhi: GTZ/JVA.

GTZ. 2006b. *Water Resources Management for Irrigated Agriculture Presentation-Optimizing Water Management.* Amman, Jordan: GTZ/JVA.

GTZ. 2006c. *Economic Impacts of the Introduction of Participative Irrigation Management in the Jordan Rift Valley.* Amman, Jordan: GTZ/JVA.

GTZ. 2008. *GTZ in Jordan.* Retrieved October 1, 2008, from http://www. gtz. de/en/weltweit/maghreb-naher-osten/675. htm.

Holling, C. S. 2001. Understanding the complexity of economic, ecological, and social systems, *Ecosystems, 4* (5): 390-405.

Holling, C. S. and Gunderson, L. H. 2002, Resilience and adaptive cycles, in L. H. Gunderson and C. S. Holling (eds.) *Panarchy: Understanding Transformations in Human and Natural Systems* (pp. 25-62). Washington DC: Island Press.

Jezewski, J. and Roberts C. P. R. 1986, *Estuarine and Lake Freshwater Requirements,* Technical Report TR129, Department of Water Affairs.

King, J. M., Tharme, R. E., and De Villers, M. S. 2000. "Environmental flow assessments for rivers: manual for the Building Block Methodology," Water Resources Commission Report TT 131/100, Pretoria, South Africa.

Kingsford, R. T., Biggs, H. C., and Pollard, S. R. 2011. Strategic adaptive management in freshwater protected ares and their rivers, *Biological Conservation, 144* (4), 1194-1203.

Kujinga, K. and Manzungu, E. 2004. Enduring contestations: Stakeholder Strategic action in water resource management in the Save catchment area, Eastern Zimbabwe, *Eastern Africa Social Science Research Review, 20* (1): 67-91.

Lank, E. 2006. *Collaborative Advantage: How Organizations Win by Working Together.* New York: Palgrave Macmillan.

Latham, C. J. K. 2001. Manyame Catchment Council: A review of the reform of the water sector in Zimbabwe, 2nd WARFSA-WaterNet Symposium, October 2001, Cape Town.

Lave, J. and Wenger, E. 1991. *Situated Learning. Legitimate Peripheral Participation.* Cambridge: University of Cambridge Press.

LEMA OPS. 2007. *LEMA Operations database 2000-2007.* Amman, Jordan: LEMA OPS.

Luijendijk, J. and Arriëns, W. L. 2007. *Water Knowledge Networking: Partnering for Better Results.* The Netherlands: UNESCO-IHE.

McLoughlin, C. A., Deacon, D., Sithole, H., and Gyedu-Ababio, T. 2011. History, rationale, and lessons learned: Thresholds of potential concern in Kruger National Park river adaptive management, *Koedoe*, *53* (2), Art. #996.

Movius, H. and Susskind, L. 2009. *Built to Win: Creating a World-Class Negotiating Organization*. Boston, MA: Harvard Business School Publishing.

Noss, R. F. 1990. Indicators of monitoring biodiversity: a hierarchical approach, *Conservation Biology*, *4*: 355-364.

Odeh, N. 2009. "Towards improved partnerships in the water sector in the Middle East: A case study of partnerships in Jordan's water sector." *Dissertation*, *Department of Urban Studies and Planning*, *Massachusetts Institute of Technology*.

O' Keeffe, J. and Coetzee, Y. 1996. Status report of the Kruger National Park Rivers Research Programme: A synthesis of results and assessment of progress to January 1996, *Pretoria*, *Water Research Commission* : 63.

Plumb, D., Fierman, E., and Schenk, T. 2011. "Role Play Simulations: A Useful Roadmap for Decision Makers." *Consensus Building Institute*. (available from http://cbuilding. org/publication/article/2011/roleplay-simulations-useful-roadmap-decision-makers accessed March 16,2012).

Pollard, S. and Du Toit, D. 2005. Achieving integrated water resource management: The mismatch in boundaries between water resources management and water supply. *Association for Water and Rural Development*. (available from http://www. nri. org/projects/waterlaw/AWLworkshop/POLLARD-S. pdf accessed March 16,2012).

Pollard, S. and DuToit, D., 2006. "Recognizing heterogeneity and variability as key characteristics of savannah systems: The use of Strategic Adaptive Management as an approach to river management within the Kruger National Park, South Africa," Report for UNEP/GEF Project No. GF/2713-03-4679, Ecosystems, Protected Areas and People Project.

Pollard, S. and DuToit, D. 2007. "Guidelines for Strategic Adaptive Management: Experiences from managing the rivers of the Kruger National Park, South Africa," IUCN/UNEP/GEF Project No. GF/2713-03-4679, Ecosystems, Protected Areas and People Project, Planning and managing protected areas for global change.

Pollard, S. and Du Toit, D. 2008. "The Letaba Catchment: Contextual profile on factors that constrain or enable compliance with environmental flows," Shared River Programme, DRAFT Report, Project K5/1711.

Pollard, S. R., Biggs, H., and Du Toit, D. 2008, "Towards a Socio-Ecological Systems View of the Sand River Catchment, South Africa: An exploratory Resilience Analysis," Report to the Water Research Commission, Project K8/591, Pretoria.

Pollard, S., Du Toit, D., and Biggs, H. 2011. River management under transformation: The emergence of strategic adaptive management of river systems in the Kruger National Park, *Koedoe*, 53 (2). (available from http://www. koedoe. co. za/index. php/koedoe/article/view/1011/1260 accessed August 13,2011).

6 水外交实践概述

Pollard, S. R. and Cousins, T. 2008. "Towards integrating community-based governance of water resources with the statutory frameworks for Integrated Water Resources Management: A review of community-based governance of freshwater resources in four southern African countries to inform governance arrangements of communal wetlands," Water Research Commission Report TT. 328/08, Pretoria, Water Research Commission.

Pollard, S. R., Weeks, D. C., et al. 1994. Effects of the 1992 drought on the aquatic biota of theSabie and Sand rivers, in *A pre-impoundment study of the Sabie-Sand River System, Eastern Transvaal, with special reference to predicted impacts on the Kruger national Park, vol. 2* (p. 122). Pretoria: Water Research Commission Report.

Pollard, S., Riddell, E., et al. 2010. "Compliance with the Reserve: How do the Lowveld Rivers measure up?", Report prepared for the Water Research Commission: Reserve assessment of lowveld rivers (Del. 1), n. p.

Putnam, R. D. 2002. *Democracies in Flux: The Evolution of Social Capital in Contemporary Society.* New York: Oxford University Press.

Radosevich, George. 2011. "Mekong River Basin, agreement & commission." *IUCN Water Program Negotiate Toolkit: Case Studies.* (available from http://www. iucn. org/about/work/programmes/water/resources/toolkits/negotiate/,accessed August 13,2011).

Regner, H. J. 2005. *Improvement of water distribution in the Jordan Valley through participation of water user communities and their contribution to on-farm irrigation efficiency.* Paper presented at the ESCWA seminar on enhancing agricultural productivity through on-farm water use efficiency (23-25 November 2005), Beirut, Lebanon.

Regner, H. J., Salman, A. Z., Wolff, H. -P., and Al-Karablieh, E. 2006. *Approaches and impacts of participatory irrigation management in complex, centralized irrigation systems. Experiences and results from the Jordan Valley.* Paper presented at the Conference on International Agricultural Research for Development, University of Bonn, Germany.

Roberts, C. P. R. 1983. Environmental constraints of water resources developments, *Proceedings of the South African Institution of Civil Engineers*, n. p.

Rogers, K. H. 2005. The real river management challenge: Integrating scientists, stakeholders and service agencies, *River Research and Applications*, 22 (2): 269-280.

Rogers, K. M. and Bestbier, R. 1997. *Development of a Protocol for the Defi nition of the Desired State of Riverine Systems in South Africa.* Pretoria: Department of Environmental Affairs and Tourism.

Sithole, B. 2000. "Telling it like it is! Devolution in the water reform process in Zimbabwe." Paper presented at the biannual meeting of the International Association for the Study of "Common Property," Wisconsin.

Social Learning Group. 2011. *Learning to Manage Global Environmental Risks, Volumes 1 and 2.* Cambridge, MA: The MIT Press.

Susskind, L. and Cruikshank, J. 1987. *Breaking the Impasse. Consensual Approaches to Resolving Public Disputes.* New York: Basic Books, Inc.

水
外
交
框
架

Susskind, L. E. and Cruikshank, J. L. 2006. *Breaking Robert's Rules: The New Way to Run Your Meeting, Build Consensus, and Get Results.* New York: Oxford University Press.

Susskind, L., McKearnan, S., and Thomas-Larmer, J. (eds.) 1999. *Consensus Building Handbook: a comprehensive guide to reaching agreement.* Thousand Oaks, CA: SAGE.

Tapela, B. N. 2002. "Institutional challenges in integrated water resources management in Zimbabwe: a case study of Pungwe sub-catchment area." Thesis (M. Phil. (Centre for Southern African Studies-School of Government)) — University of the Western Cape.

Tapela, B. N. 2006. Stakeholder participation in the transboundary management of the Pungwe river basin, in A. Earle and D. Malzbender (eds.) *Stakeholder Participation in Transboundary Water Management* (pp. 10-34). South Africa: African Centre for Water Research.

U. S. Army Corps of Engineers. "Engineer Regulation 1105-2-100: Appendix D-Amendment #1, Economic and Social Considerations." *USACE Planning Guidance: Hydropower*, June 30, 2004 (available from: http://planning. usace. army. mil/toolbox/guidance. cfm? Option = BL&BL = Hydropower&Type = None&Sort = Default, accessed October 31, 2011).

VanAarde, R., Whyte, I., and Pimm, S. 1999. Culling and the dynamics of the Kruger National Park African elephant population, *Animal Conservation*, 2 (4): 287-294.

VanAken, M., Courcier, R., Venot Jean-Philippe., and Molle, F. 2007. *Historical Trajectory of a River Basin in the Middle East: The Lower Jordan River Basin (in Jordan).* Amman, Jordan: International Water Management Institute.

Van den Belt, M. 2004. *Mediated Modeling: A System Dynamics Approach to Environmental Consensus.* Washington, DC: Island Press.

VanWilgen, B. W. and Biggs, H. 2010. A critical assessment of adaptive ecosystem management in a large savanna protected area in South Africa, *Biological Conservation*, n. p.

Venot, J. P. 2004. *Reclamation's History of the Jordan River Basin in Jordan, A Focus on Agriculture: Past Trends, Actual Farming Systems and future Prospective.* Amman, Jordan: Mission Regionale Eau et Agriculture.

Venter, F. J. and Deacon, A. R. 1995. Managing rivers for conservation and ecotourism in the Kruger National Park, *Water Science and Technology*, 32: 227-233.

Venter, F. J., Gerber, F., Deacon, A. R., Viljoen, P. C., and Zambatis, N. 1995. 'Ekologiese Impakverslag: An ondersoek na die voorgestelde Maroelastuwal in die Krokodilrivier' [Ecological Impact Report: An investigation of the proposed Maroela weir in the Crocodile river], Report Nr 1/95 Scientific services, Skukuza.

Venter F. J., Naiman, R. J., Biggs, H. C., and Pienaar, D. J. 2008. The evolution of conservation management philosophy: Science, environmental change and social adjustments in Kruger National Park, *Ecosystems*, 11: 173-192.

Weeks, D. C., Pollard, S. R., et al. 1992. "Downstream effects on the aquatic biota of the Sand River following the collapse of Zoeknog dam," Report submitted to Water Research Commission.

Wenger, E., McDermott, R., and Snyder W. 2002. *Cultivating Communities of Practice: A Guide to*

Managing Knowledge. Boston, MA: Harvard Business School Publishing.

Werick, B. 2007. Changing the rules for regulating Lake Ontario levels, in *Computer Aided Dispute Resolution*, *Proceedings from the CADRe Workshop*, Institute for Water Resources, September 2007: 119-128.

World Bank Environment Department. 2007. "Strategic Environmental Assessment and Integrated Water Resources Management and Development." *World Bank* http://www. google. com/url? sa = t&rct = j&q = &esrc = s&source = web&cd = 3&ved = 0CDYQFjAC&url = http % 3A % 2F % 2Fsiteresources. worldbank. org % 2FINTRANETENV IRONMENT % 2FResources % 2FESW_SEA_ for_ IWRM. doc&ei = h5- uTufyJ8fX0Q HSxuTNDw&usg = AFQjCNF1 G68 HlzYI2 PGgU8fnRkhDlfHh Ow&sig2 = tDCaZO6mWHAd6LSC35qRw(accessed October 31 ,2011).

Wright, G. and Cairns, G. 2011. *Scenario Thinking: Practical Approaches to the Future.* New York: Palgrave/McMillan.

水外交框架

印度不达米亚模拟角色扮演

（Catherine M. Ashcraft）

7.1 简 介

印度不达米亚（Indopotamia）河在模拟环境中进行角色扮演旨在教授相关人员在遇到跨界水冲突时如何利用本书中提出的水外交框架展开谈判。这个角色扮演的游戏有四个相互独立的环节。每个环节都是为解决水网络中的疑难纠纷而需要开展的谈判的重要一步。第一步，参与者有机会运用所学到的知识（见本书的相关章节）来发现兴趣点和形成联盟。第二步，参与者要分享信息，并通过应用联合实情调查技术生成新的信息，这一环节可稍后再进行或第一步完成后就立即进行。第三步，敦促参与角色扮演的团体通过制定发展方案或者一揽子计划参与价值创造，并要求参与者优先考虑这些可能性。第四步，利益相关各方的代表有机会来看看他们是否可以通过协商形成正式的协议来管理被三个国家共享的印度不达米亚流域的土地和水资源，这一协议中要有为解决未来出现的问题或应对未来发生的变化而设置的条款，这些问题或变化可能会对协议造成影响，如新数据、未来出现的纠纷或协议在执行过程中出现失灵。

每个环节需要 9 名参与者，大约用时两个小时。参与者最好在四个环节都扮演相同的角色，因为他们在每个环节开始前收到的信息因角色而异，且这些信息是可以累积的。八位参与者扮演利益相关者的角色，如区域发展银行（让人想起世界银行）的代表，国家 α、β 和 γ（在开头的"故事"中介绍过）的外交代表，以及水网络中各非政府组织的代表。第九位参与者将扮演一个专业的协调员。将这个角色分配给具有引导经验的人，这可能是一个好主意，当然这并不是绝对必要的。

值得注意的是，本章中印度不达米亚流域模拟角色扮演的这个游戏的四个环节，只讨论了本书第 1 章水资源管理寓言中曾提出的复杂性的某些部分。在现实世界中上演的 α、β 和 γ 故事有着无限数量的变化；本章中的印度不达米亚游戏只是其中的一种情况。而相同的基本故事继续在整个星球展开，每种情况的细节不相同。本章中印度不达米亚游戏强调了跨界水资源谈判的动态性和迷惑性，这正是本书所要强调的。然而，这些特性压缩、遗漏或改变了社会、自然和政治方面的细节。实际上，第1章故事中的细节和印度不达米亚游戏的说明材料也不相同。当学生开始印度不达米亚游戏的每一个环节时，都需要密切注意他们的保密说明。

每一环节开始时，参与者会收到通用说明，总结他们扮演角色所需要的有关水网络的技术和地缘政治方面的信息。参与者还会收到保密说明，限制了他们的利益范围以及他们倾向的结果和他们可能不会接受但需要面对的与水有关的选择。为了保护这些有用的教学练习，每个参与者的保密说明没有包含在本书中。这些保密说明需要从哈佛大学法学院的谈判项目结算所（www.pon.org）下载（以非常低廉的代价）。任何人想要使用这些材料必须登记。通过这种方式，我们希望能确保未来的游戏参与者在参与到练习中时，不能很轻易地得到扮演其他角色的参与者的保密说明。

模拟角色扮演的每个环节都有结构化机会，可以使参与各方从自然、社会和政治维度讨论他们所面对的水资源管理纠纷。不确定性和复杂性的程度很高。参与者可能在第三和第四环节达成协议，但这并不容易做到。对于经验丰富的水专家，模拟将很有真实感。集体审议所用的时间将大量短于"现实生活"可能需要的时间，各方的紧张关系就不太像是刻意形成的。角色扮演是在高度相关的各种跨界情况的细节基础上发展而来的。

这些游戏的教学价值取决于每个环节完成后所形成的任务报告的质量。游戏管理者或教练需要完全熟悉水外交框架和本书的所有内容，这样才能有效引导参与者围绕哪些因素"发挥了作用"及其原因展开有效的讨论。

如果有人想讨论自己在角色扮演的某个或全部四个环节中的反应，可以访问水外交网站（www.waterdiplomacy.org）的公共论坛。

7.2 教 学 注 释

这个游戏需要9位参与者，游戏过程中可进行调解。参与者围绕三个国家共享的国际河流流域内的土地和水资源该如何分配等多项议题进行谈判。印度不达米亚游戏的全套材料包括：

- 教学注释。
- 游戏每一环节的通用说明。
  - 附录A中的地图最好是彩色的，但也可以是黑白的。
- 9位参与者在游戏的各个环节里的保密说明。
  - 协调员的指令包括报告第二～第四环节的结果所用的表格。

- 如果有多个小组在同一时间玩游戏，还需要一个总结表，以对比第二 ~
  第四环节的结果。

这个游戏有四个独立的环节。每个环节探索了使彼此都有收益的协商方法的一个重要元素。游戏为利益相关方创造了机会，从自然、社会和政治等维度来讨论科学密集型政策涉及高度不确定性的争端。游戏还引入了水专家，并激发了他们对水外交框架的渴望——水外交框架最重要的一些元素见表7.1。

表7.1　印度不达米亚：水外交框架与传统冲突解决理论的对比

指标	水外交框架	传统的冲突解决理论（应用于水和其他共有资源）
领域和尺度	水在不同尺度（空间、时间、管辖权、制度）跨越多个领域（自然、社会、政治）和边界	有限领域内的水道或流域
可用水量	虚拟水或嵌入水，蓝水和绿水，技术共享和协商解决问题以实现水的再利用，这些可以在水竞争性需求方面"创建灵活性"	水水是一种稀缺资源，针对固定可用水量的竞争需求将导致冲突的发生
水系统	水网络由社会元素和自然元素组成，这些元素跨越边界，即使在同一政治背景下也以不可预知的方式在不断改变	水系统受其自然成分的限定；因果关系是可知的，易于被模拟
水管理	每一个决策步骤都需要所有利益相关者的参与，包括问题框架；在实验和监测方面大量投资对于适应性管理非常重要；协作解决问题的过程需要得到专业的引导	决策通常由专家驱动；科学分析先于利益相关者的参与；长远规划引导短期决策；鉴于政治竞争需要，目标通常会得到优化
关键的分析工具	利益相关者评估、展开联合调查、情景规划和协调解决问题是关键的工具	系统工程、优化法、博弈论以及谈判支持系统是最重要的
协商理论	利用互惠谈判法（MGA）创造价值；多边谈判协调对于同盟行为是重要的；作为非正式解决问题的方法，斡旋对有效的谈判是至关重要的	囚徒困境风格游戏规则下的讨价还价；委托代理理论；决策分析（帕累托最优）；全应用双层博弈理论

使用水外交框架有三个关键命题。

命题 1：应认为水网络的边界和表现形式是开放的和不断变化的

水管理方面一个常见的假设是水"系统"的边界是由自然、社会和政治条件决定的。水外交框架挑战这个想法，假设耦合的自然网络和社会网络也是在不断发展与开放的，并不是封闭的。只有仔细分析每种情况才能明确，对于临时界定特定水网略的节点和动力而言，哪些自然变量和社会变量才是最重要的。虽然各个国家仍享有主权，全球逐渐强调"治理"（而不是"管辖"），这意味着非政府参与者和利益相关者也像政府那样尽可能多地推动水资源管理，因此任何跨界水资源谈判中都必须有他们的代表。这些耦合的自然和社会系统的复杂性也意味着，管理水资源所需的工具超越水工程师和公共政策分析人士通常所用的那些。

命题2：水管理进行建模和预测时应考虑可变性和不确定性

有关水管理的另一个常见概念是在任何特定的位置或区域的水供应情况可以被模拟，并能合理地预测很久以后的情况，水量分配可以在多种（竞争性）用途中被优化（通过专家）。水外交框架假设供水情况和水质更加不可预知（由于气候的改变等，供水情况和水质会变得更加严重）。供水情况和水质很少能够得到确切预测，更不能仅通过专家的工作就做出预测。有太多非客观的判断能够对结果造成影响。此外，水外交框架将水以虚拟水或嵌入水、蓝水和绿水的形式构建成一种灵活的资源，能够提高水质的新技术，以及人们不断变化的对水在可持续发展中作用的认识，使对供水和水质进行建模和预测变得比较困难。另外，对新兴的水问题进行模拟需要新工具。开发必要的工具并保证透明度和合法性，需要的是联合实情调查和协同决策，而不是专家分析。

命题3：跨界水管理政治应该有适应性并使用非零和博弈方法

传统水管理方面另一个占主导地位的看法是，水管理就是对共有资源（水资源和生态系统等对公共产品起支撑作用的资源）的分配，总会导致非输赢的局面。政治上更强大的各方"获胜"，赢得对资源的控制权；较弱的各方"失败"，只能得到更强大的国家或派系的许可才能用水。在过去的几十年中，非零和博弈的出现，或互惠谈判理论提供了创造价值的一种替代方法，挑战了这种非赢即输的逻辑，这种替代方法允许目标相冲突的各群体同时实现目的。价值创造或互惠谈判的方法基于联合实情调查、连锁交易、因情况而异的承诺和处理不确定性的自适应方法，可以最大化共同收益。"共赢"谈判通常需要一个中立协调员或调解员的协助。

（1）情景

8个利益相关者集团的代表，包括3个国家（α、β和γ）的高级官员，在一个协调员的帮助下，聚集到一起讨论印度不达米亚流域可能的发展策略。在水管理方面面临重大挑战的这3个国家，并没有就如何共享或使用流域内的资源达成正式协议。一个跨国区域开发银行在组织谈判方面起到了关键作用，如果各国和一些非国家性的利益团体可以就如何推进达成协议，区域开发银行将提供可观的财政支持。

参与者会在一些关键项目上有几次达成协议的机会。第一，讨论旨在理解所有各方的利益，讨论过后他们必须在获得与流域相关的可靠技术信息的方式上达成一致（一个联合实情调查的流程）。第二，他们必须确定一个可持续发展的优先级列表（或可持续发展项目的类别）。第三，他们必须制定出一项制度或条约，或以其他某种形式来引导他们未来的互动和在资源管理方面做出的努力。

9 位参与者包括：

印度不达米亚河流域的 3 个国家各自一个代表：

- α 国（水利部）。
- β 国（可持续发展部）。
- γ 国（水与能源部）。

来自 α 国一个重要的地方政府的一名代表：

- Mu 州经济管理局。

来自政府间组织和非政府组织的 4 个代表：

- 全球水资源管理组织（The Global Water Management Organization，GWMO）。
- 国际自然保护协会（The International Conservation Institute，ICI）。
- 水利基础设施工程与设计公司（Water Infrastructure Engineering and Design，WIED）。
- 区域开发银行（The Regional Development Bank，RDB）。

协助谈判代表的一个中立调解人。

尽管区域开发银行更希望每项协议都能得到一致同意，但也承诺将支持满足下列条件的任何项目和可持续管理资源的任何努力：①在谈判的某个环节至少 7 位参与者达成一致（在其他环节达成一致的 7 位参与者可以与这 7 位参与者不一样）；②所有达成的协议必须得到印度不达米亚河流域内三个国家和区域开发银行的支持。如果各方不能达成一项全面协议——至少在最后一个环节，一个用来管理他们未来互动的条约——一个或多个国家很可能将自行建设水利工程。这肯定会引发地区性的政治危机。

（2）组织工作

这场游戏应该有 9 位参与者：每个谈判角色需要一位参与者，然后外加一个协调员。可以有多个这样的 9 人组（所有组在同一个班或同一次培训）在不同的房间同时玩相同的游戏。如果有额外的玩家，可以有两个人同时担任任一谈判角色（尽管多人玩相同的角色需要的时间更长，但要确保他们准备共同去完成下去）。

印度不达米亚角色扮演的第一个环节，重点是建立联盟和学习如何调查他人利益。第二个环节探索信息共享的动力，尤其是科学信息。第三个环节分析政策制定带来的问题或项目方案，决定在多边背景下如何对其进行选择。第四个环节解决各团体如何协商他们未来的关系，特别是他们彼此能够并将施加的限制。游戏的每个环节都是单独进行的。每一个环节的结果并不能预见下一个环节中将会发生什么。参与者可以继续下一个环节的谈判，即使他们的团体在任何之前的环节都未能达成协议。

7.3 第一个环节：探索利益点和组建联盟

45 分钟：阅读通用说明（最好在全体会议之前提前完成）。

45 分钟：阅读保密说明；如果不止一个组同一时间在玩，见其他组玩相同角色的人。

60 分钟：谈判和/或核心会议。

30 分钟：汇报。

（1）准备

在第一个环节参与者最关键的决策是他们是否想要与其他某个或多个团体组建联盟或战略联盟。因此，第一个环节召集的会议提供了机会让参与者了解彼此、分享背景信息和了解对方的利益所在。

这部分可以用来教授关于水外交框架的命题 1 "应认为水网络的边界和表现形式是开放的和不断变化的"，以及命题 3 "跨界水管理政治应该有适应性并使用非零和博弈方法"。水系统的边界并没有独立地固定于参与者决定协商的内容之外。因此，不同类型的利益相关者都可能以很有价值的方式对谈判做出贡献。利益相关者优先考虑的内容通常有很大的不同，因此对谈判中应当谈些什么、什么应该搁置不提，他们会有不同的想法。参与者可以学习如何质疑和验证彼此的利益所在，以及自己评估达成任何协议都必须解决的问题。协调员可以在帮助参与者更好地了解彼此及形成进一步讨论的议程方面发挥重要作用。

（2）所需时间

玩家至少需要 45 分钟阅读通用说明，时间再长一点将很有帮助。第一个环节的通用说明是所有环节中最长的。这些指令介绍了印度不达米亚河流域的背景信息、每名参与者及其代表的国家或组织，以及几个关键发展问题的最新进展。尽管一些参与者可能认为他们知道"现实生活中"的印度不达米亚流域在哪，老师应该指出，事实上流域的名称以及流域本身都是虚构的。玩家应该关注指令中列出的短期和长期的问题，而不是试图参照一些自己熟悉的情况来强化或解释情景的内容。通用说明最好在第一个环节开始的几天前发给参与者。这将给所有玩家一个机会去更好地研究场景和吸收所有的技术信息。

玩家另外还至少需要 45 分钟来阅读他们的保密说明，如果老师确定所有的参与者将参加游戏，这一步可以在第一个环节开始前完成。如果不是（通常这种假设不会成真），保密说明将在游戏马上开始前发给参与者，以确保每个角色都得到了适当的分配。保密说明详细说明了每个国家或团体的代表所关心的问题，以及他们优先考虑的事项。

在分配保密说明时，老师应该说明，每套指令的最末附有一张工作表，概括了每个玩家必须遵循的要求。这不是可有可无的。无论角色扮演者多么有经验，也不能忽视这些要求。游戏中戏剧性的张力就是这些强制性要求的互动所产生的。此外，在围绕跨界水进行谈判的同时，他们也是对角色扮演者的现实观点的一个综合。

如果有多个小组同时玩游戏，老师会在准备期给不同组之间扮演相同的角色的人（游戏开始将坐在不同的桌子上）一个机会来进行商议。他们在将如何扮演角色上不需要达成一致，但跟其他扮演相同分配角色的人进行讨论通常会使他们更容易进入"角色"。如果角色有两个扮演者（即如果在同一张桌子上每个角色有两个玩家），这些角色的扮演者将需要更多的时间来形成联合战略，并决定他们中的哪个人会在游戏中哪个节点发言。

第一个环节里的谈判需要至少 60 分钟。开始之前，要确保参加游戏的各方理解他们的指令，清楚游戏的结构。参与者会保证在小群体中可以自由地一对一碰面，或他们觉得合适的话，围着桌子形成一个大群体。虽然协调员有明确的程序指令，他或她将努力按指令执行。然而如果一张桌子上的参与者选择继续游戏，他们应该在一个限定的空间互动（最好是在一个单独的房间里），这样他们可以很容易地在整个谈判中找到自己组的其他玩家。

（3）汇报

至少要留 30 分钟来汇报第一个环节的结果。正如前面提到的，这一个环节可以用来教授关于水外交框架的命题 1 "应认为水网络的边界和表现形式是开放的和不断变化的"，以及命题 3 "跨界水资源政治应该有适应性并使用非零和博弈方法"。

需要特别强调的是汇报要突出：①利益关切和立场之间的差异；②为了让别人谈论他们的利益，某人需要透露与自身利益相关的信息（可能会有透露的信息过多这一危险）；③多边谈判和双边谈判的关键区别，特别是关于联盟的出现。以下列出了部分问题，老师可用来推动讨论的进行和强调最重要的要点：

- 一旦开始谈判，你的组里将发生什么情况？小组讨论是围着桌子坐在一起，还是会立即分裂成核心组？
- 你有没有试图创建一个"获胜联盟"？如果有的话，你需要和多少人交流？你如何决定以哪种顺序和人交谈？
- 你有没有试图创建一个"阻止联盟"来避免被冷落或免受别人提出的意见的损害？如果有的话，你和哪些人以怎样的顺序进行交流？
- 你怎么保持联盟的团结性？你有没有做出许诺或彼此间做出承诺？这些是无懈可击的吗？

花更多的时间召开核心会议的小组倾向于建立各种形式的联盟。对于能够建立一个"获胜"联盟的小组而言，这是有价值的。但对于其他人来说，这可能会有问题。为什么有些参与者留在桌子上，而其他人没有？如果一个参与者说服大家形成团体从而待在一起，或是分裂形成更小的讨论组，他或她会给什么样的理由？如果一个参与者害怕自己或协调员被排除在联盟之外，从而使自己处于劣势，那么他会非常强烈的要求，基于效率或者透明原则，大家要待在一起。

参与者会尝试创建"获胜联盟"以支持一个特定的提议，还是会创建"阻止联盟"来避免由于其他联盟的出现自己受到冷落或处于劣势？询问一下这两种联盟的差异。特别是，每种联盟每个参与者需要和多少人交谈才能建立起来？阻止协议的形成真正需要多少人？回想在通用说明中提到的决策规则：①每个环节的协商中，8 个参与者中至少有 7 人必须同意最终提出的一揽子建议；②协议必须得到印度不达米亚河流域内 3 个国家和区域开发银行的代表同意。鉴于任何两个玩家都可以形成联盟反对任何协议，建立"阻止联盟"可能比建立"获胜联盟"更容易。这种决策规则意味着并不是所有的参与者都是平等的，一些人会对协议行使否决权。

询问参与者如何选择第一个交流的对象。在某些情况下这三个国家将决定聚在一起，在假设下形成一个联盟，这个假设是如果他们领导，其他各方将跟随。如果发生这种情况，询问无国家的参与者感受。他们是加入可能形成的"获胜联盟"，还是他们会感到被孤立，被迫形成自己的"阻止联盟"？

只有少数参与者达成的一致更难以变成更大范围内的共识。致力于某种特殊行动的团体（如在特定事项上支持或反对某一特定位置）在呼吁其他参与者支持他们的建议时或者对其提议可能的成功性显得过于自信。即使其他参与者提出的替代方案能够很好地满足至少部分联盟成员的利益，一个或多个联盟成员仍可能不愿意考虑除了他们自己的建议以外的任何替代方案。另外，新提议可能分裂一个新生的联盟，暴露内在的非平稳性——这是多边谈判的一个特征。进入联盟的参与者因此会考虑在不破坏他们声誉的情况下退出联盟的策略。

- 你怎么去发现其他各方的利益关切？什么问题是最富有成效的？

保密说明介绍了参与者自身的利益关切和对其他人的立场及利益关切的一些假设。保密说明中的某些信息和假设是不完整或不正确的。所以询问参与者是否对通过一对一谈话了解到的东西感到惊讶。有许多机会在谈判中创造价值，但要想这样做，各方必须做出立场声明，要更多地了解别人的利益所在。要求参与者对比立场和利益来确保他们清楚这其中的区别。他们还应该询问哪些问题产生的信息最有用。这往往是以"为什么……"开头的问题。

- 你如何在其他利益相关者中建立信誉？

长期以来，一些利益相关者互相不信任，这使他们相互信任是很困难的。有办法使参与者在其他利益相关者中建立信誉和提高对自己的信任度吗？最令人信服的建立信任度的方式是：①说真心话；②说话算数。如果某一方只试图引出别人的信息，而隐瞒他或她自己的利益关切，那么其他人不太可能分享很多的信息。这策略可能会导致其他人感到被利用，产生不好的感觉。因此，各方需要分享与自身利益关切相关的信息以在彼此间建立信任，产生诚信，创造价值。但为了保护自己免受利用，他们可以问问题，可以尝试共享信息互换利益确保从其他玩家处得到回报。各方也应该"实话实说"（即只说真实的事和随后即将变成真实的事）。这意味着各方应抵制住诱惑不夸大、虚张声势或编造信息。

另一种令人信服的建立信任的方式是全神贯注地聆听他人、对他人表示同情。通过展示对他人观点和利益关切的理解建立人际关系。即使你总是告诉别人真相，但如果你没有表现出对别人的同情，也是很难使别人信任你的。

让人感觉他们得到了倾听能够极大地改变谈判的基调。然而，同情并不意味着同意其他参与者希望的一切事情。相反，参与者需要识别和解释他们自己的利益关切。玩家必须在同情他人和维护自己的观点与利益之间找到一种平衡。如果每个人自始至终都完全坚持他们的官方身份，这种平衡是很难做到的。构建人际关系将是更好的选择。玩家不需要相互之间很"和善"，但至少表现得有礼貌。

- 协调员应该做哪些事情？

使协调员发挥作用是非常重要的。在第一个环节中，协调员的角色并没有很好地确定下来，但是协调员可以加深成员之间信赖程度，并推动各成员相互倾听彼此的诉求。例如，如果某些参与者之间存在糟糕关系，协调员就能够从中做好沟通，帮助其建立信任。

7.4　第二个环节：信息共享和知识生成

（1）时间要求

- 30 分钟：阅读通用说明（最好提前完成）
- 30 分钟：保密说明和相同角色会议
- 90 分钟：谈判
- 30 分钟：汇报

（2）准备

区域开发银行召开会议，希望各方就如何生成、共享及利用科技数据为流域管理做出决策达成一致。在此次会议前，由于政治考虑和能力的欠缺，各方几乎没有共享数据。这个环节可用于讲授水外交框架的命题 1 "应认为水网络的边界和表现形式是开放的和不断变化的" 和水外交框架的命题 2 "水管理进行建模和预测时应考虑可变性和不确定性"。第一个环节中，只有各方意识到不同的利益相关者可以贡献独有的知识时，他们才可能在谈判中取得进展。第二个环节要求各方设法解决以不确定性和复杂性为主的情境。

在第二个环节中，各方面临的关键决策是："如何设计联合实情调查？"任何协议都需要解决这些问题：

- 谁应该参与数据收集和分析？
- 如何设置研究范围？
- 专家应该扮演什么样的角色？

如果没有达成协议，区域开发银行可能不会为流域将来的可持续发展提供资助。

如果可能，就提前分发通用说明。参与者至少需要 30 分钟来阅读这个环节的通用说明，有更多的时间会更好。他们另外需要 30 分钟去阅读保密说明。如果多个小组同时进行活动，当他们在研究保密说明时，要给扮演相同角色的参与者一个坐在一起的机会。如果有角色人数翻倍，这些参与者应该在全体讨论前，进行预备会议并制定联合策略。

谈判至少需要 90 分钟。在开始前，要确保各方了解他们的说明和比赛规则。多个小组同时进行游戏时，应该在不同的房间彼此完全独立地进行。要提醒参与者时间有限，他们的交流应尽可能简洁。模拟会议一旦开始，协调员将要求各方做一个简短的开场陈述。接着，协调员将查看会议剩余内容的安排，并提醒大家注意基本规则——他们都已经同意过了这些规则。可以召开非正式的预备会议。如果多个小组同时进行相同的游戏,各小组应该在谈判结束时分别汇报结果,并使用协调员的保密说明中提供的报告形式。报告中指出:①协议是否达成(以及谁签署的协议);②如果协议达成,条款是什么。

强调以下几点:

- 这 3 个国家和区域开发银行的代表必须是协议的一方。
- 为了达成协议还需其他 3 名参与者的同意,不包括协调员(即总共 8 个谈判角色中的 7 个必须就协议达成一致)。
- 如果某方打算同意提议方案,那么就此达成的协议不能含有这名参与者的保密说明中认为不可接受的任何条款。

(3)汇报

至少预留 30 分钟汇报。正如上面说到的,这部分可用于讲授水外交框架的命题 1 "应认为水网络的边界和表现形式是开放的和不断变化的" 和水外交框架的命题 2 "水管理进行建模和预测时应考虑可变性和不确定性"。尤其是,第二个环节的汇报旨在强调联合实情调查的有用性。报告应该从成果公布开始。下面所列的是一些促进讨论的有用问题。

- 谈判开始后,各小组都发生了什么?达成了什么协议(如果有)?
- 第一个环节的谈判成果对第二个环节的讨论有什么影响(如果有)?

活动规则之下(即对于 3 个问题中每一个角色扮演者的要求),在这个环节有可能达成 3 个七方协议。每个七方协议遗漏了不同的一方:Mu 州、ICI 或 WIED。除非各方以一种符合他们要求的方式调整可选方案(这当然是允许的),否则八方协议是不可能达成的。

(4)可能的结果(表 7.2)

表 7.2 印度不达米亚:第二个环节 "信息共享和知识生成" 三种可能的结果

协议	问题			谁不同意该结果
	参与者	范围	专家的作用	
可能的协议 1	仅限于代表各个国家的专家	宽泛的:研究任何可持续发展相关的问题、流域内的任何问题,根据当前最好的方法使用数据方法	专家驱动	国际自然保护协会

协议	问题			谁不同意该结果
	参与者	范围	专家的作用	
可能的协议 2	对各国指定专家和官方观察员开放	宽泛的：相关的问题、流域内的任何问题，根据当前最好的方法使用数据方法	专家和非专家共同平等决策	水利基础设施工程与设计公司
可能的协议 3	对非政府组织和民间团体指定的代表和各国专家开放	有限的：研究直接与水资源管理相关的问题、国际河流，根据国家当前的能力水平使用数据方法	专家驱动	Mu 州

分析多个小组结果之间的差异会发现为什么一些小组能够创造比其他组更多的价值。你可以问参与者是否感觉达成了可能的最好协议。一些参与者或许有（财政）资源，本来可以帮助达成协议，但没有被要求这样做。

通过探究某个小组为什么没能达成协议可以学到很多。让没有达成协议的小组来描述他们遇到的阻碍，这样做是公平的。要强调没有达成协议并不意味着一个小组"失败"。活动的目的不一定是小组达成协议，而是探索跨界水资源谈判的动力。在没有达成协议的小组内，结盟或许已经形成，以约束相关方支持或反对实际上可接受性最小的结果。这反过来或许使获得足够多的参与者的支持以达成"赢利"协议变得不可能。

让参与者讨论他们对第二个环节的结果的意见，这可能影响他们在印度不达米亚游戏随后的环节中进行谈判的意愿。在三个可能的协议中，有两个涉及给予至少一方对所有正在讨论问题的最优先权。当发生这种情况时，其他某一方（国际自然保护协会或 Mu 州）不能同意这个方案。其他一些参与者可以接受这个方案，但他们在任何问题上都没有最优先权。考虑到这些差异，要询问参与者是否对结果感到"满意"，且这种背景下"满意"的含义是什么。有些参与者可能认为结果不错，因为他们觉得对自己的利益维护得比较好。有些参与者可能觉得他们建立了关系和信任，这在后面的谈判环节中是很重要的。其他一些参与者可能只是简单满足于他们得到的比自己的谈判协议最佳替代方案（best alternative to a negotiated agreement，BATNA）要好。

对另一些参与者来说，即使结果比他们的谈判协议最佳替代方案更好，但如果他们觉得有些参与者要求得到的价值比应该需要的多，他们或许会觉得不开心。如果一方觉察出另一方太求胜心切、咄咄逼人、固执己见或不愿分享对寻求共同利益的必要信息，未来创造价值的机会将受到限制。更糟的是，一个七方协议排除了至少一方。需要询问这种结果会如何改变被排除的一方对未来谈判的态度。七方协议使一些参与者被排除在外或心存不满，这会给正在发展的关系带来很大的风险。

- 联合实情调查会如何促进跨界水资源谈判呢？

借解答这个问题的机会，可以检视需要把哪些利益相关者包括进来，以及需要体现水系统中的哪些元素。主权国家在国际决策过程中显然是最重要的，但如果没有考虑非政府组织的利益及流域地缘政治边界以外相关者的利益，没有可靠的科学信息来源，是不可能充分体现水网络中所有元素的。

几个要点：多种类专业知识是有价值的。询问各参与者可以贡献的不同种类的信息以及他们在第二个环节的谈判过程中如何评价这些信息。

不同领域的专家必须愿意并能够互相以及与利益相关者共享数据。应该由可靠的科学和技术专家为谈判提供信息。虽然仅基于政治上的考虑就可以达成协议，但如果没有以对水资源可用性的可靠预测及其对生态、社会经济和文化变量的影响的合适假设为基础，这样的协议是不可能起作用的。

利益相关者的专业知识是很重要的。利益相关者了解当地情况，能够帮助各方了解外部专家不掌握的情况。

在整个实情调查的过程中，专家需要与知识使用者互动。在开始阶段，专家可以帮助使用者设计研究问题。在实情调查过程中，专家可以让相关方注意不同的技术方法和假设所造成的不一致。报告草案完成后，专家应该询问用户的反应。当调查完成后，用户可以帮助专家决定如何解释和呈现结果。最终决定可能仍然由具有正式执行权的人来做，但当这些行动以实情调查为先导时，它们的可信度将增强。

- 联合实情调查所不能完成的事情是什么？

对于科学或技术问题，联合实情调查不可能得到无懈可击的答案。即使专家和利益相关者共享信息，知识缺口和理解的局限性仍然存在。参与者必须承认，复杂性和不确定性使了解未来成为不可能。他们的任务是尽可能地量化不确定性，并且在面对不了解的情况时决定如何继续开展下去。

7.5　第三个环节：做出选择

（1）时间要求

- 30 分钟：阅读一般说明（最好提前完成）
- 30 分钟：保密说明和相同角色会议

- 90 分钟：谈判
- 30 分钟：汇报

（2）准备

第三个环节的谈判旨在就印度不达米亚流域的开发优先顺序达成一致。这个环节可用以讲授水外交框架的命题 1 "应认为水网络的边界和表现形式是开放的和不断变化的"，以及水外交框架的命题 3 "跨界水管理政治应该有适应性并使用非零和博弈方法"。为了达成协议，参与者必须对他们合作解决的可持续发展问题加以拓展，来解决所有参与者或者大部分参与者首要关心的问题。同时，参与者面临着制约因素，如财力有限，这意味着他们不可能完成所有的事情。参与者必须通过创造性地处理环环相扣的交易来协调他们之间竞争性的利益关切。

在这个环节中参与者面临的关键决策是：①应当资助什么样的可持续发展优先项目？②应采用什么标准来决定哪些是优先发展的项目？

一般说明中初步列出了一个清单，含有 10 个可能的可持续发展优先领域。每个领域对应着一类项目，如果能够达成协议，这类项目将有资格从区域开发银行获得资助。预期成本与每个优先发展领域都有关系。参与者必须讨论确定选择标准的优先级。最后参与者必须按照选择的标准做最后的选择。区域开发银行已同意资助小组的最优选择，只要 8 个代表中的 7 个同意这个计划。同意的 7 个代表中必须包括来自 3 个国家和区域开发银行的代表。

尽可能提前分发一般说明，因为参与者需要至少 30 分钟来阅读。再额外留出至少 30 分钟的时间让参与者阅读保密说明。如果多个小组同时进行游戏，要让分配到相同角色的参与者在阅读保密说明时有机会坐在一起。如果角色人数翻倍，这些参与者应该在与小组其他人会面前商定一个共同的策略。

谈判需要至少 90 分钟。谈判开始前要确认所有参与者都已熟知说明和活动规则。理想的做法是各小组应该在彼此完全独立的房间里进行游戏。

（3）汇报

至少预留 30 分钟进行汇报。正如上文说到的，这个环节可用以讲授水外交框架的命题 1 "应认为水网络的边界和表现形式是开放的和不断变化的"，以及水外交框架的命题 3 "跨界水管理政治应该有适应性并使用非零和博弈方法"。因此，听取第三个环节的报告旨在突出强调与创造和分配价值有关的动因。汇报以公布结果为开始。下面列出了一些对组织讨论有用的问题。

- 各小组都发生了什么？达成了什么协议（如果有）？

请注意：考虑到每个人的个人任务，除非参与者对其收到的说明中关于优先事项的初步描述进行修改，否则他们不能达成协议。表 7.3 详细说明了两种可能达成七方协议（包括样本修改）的方式。

表 7.3　印度不达米亚：第三个环节"做出选择"的两种可能结果

协议	可持续发展优先事项（根据成本估算列出）			对现有优先事项描述的修改
	大	中	小	
可能的协议 1	土地管理和保护	监测和信息系统	知识和对水融资提供支持	必须修改土地管理政策，纳入湿地恢复以提高水系统的储水量、增加供应和提供短期利益（Mu 州不会同意这个结果）
可能的协议 2	紧急供水和环境卫生	流域规划	符合环保要求和环境执法	必须修改流域规划以考虑对现有用水影响（国际自然保护协会不会同意这个结果）

- 你们小组如何努力创造价值？

解决水冲突就是要管理复杂的水网络。只有小组意识到他们不是处于零和博弈的情形，才能够达成协议。水资源是可变且动态的，不是固定的。水能以不同方式多次使用，且如果管理得当是可以得到保护的。所以，如果参与者能够合作共事、明智投资，发挥他们解决问题的能力，可能会有比预想的更多的可用水。

在谈判中，参与者就如何管理河流系统中社会和自然元素（水网络）的相互作用进行讨论是很关键的。为了达成协议，小组需要起草一个谈判议程，以确保所有参与者最优先关注的问题得以解决。小组要预留时间来制定新的方案或修改最初的提案，这一点也很重要。有时，可以通过术语（如管理）进行更清楚的（重新）定义来创造价值。在其他情况下，价值创造可能需要在议程上添加一个之前没有的新问题。只关注基础设施投资，或者科学，或者公众的看法，是行不通的。小组任务是制定一个"方案集"，保证各方最重要的关切能够实现。

达成协议的小组通常会共享与优先事项和利益关切相关的信息，并解释为什么某些结果是不可接受的。通过这种方式，别人可以看出提出的协定中哪些内容需要更改。每次试图解决一个问题的小组将会失败。虽然有必要在议程的第一步看看哪些项目是最有争议的，但各方如果想要达成共识，需要考虑完整的一揽子方案。

- 小组如何分配价值？

参与者应尽量使用客观标准或基准作为做出最终决策的依据。这样做会更容易保持良好的工作关系。如果小组陷入政治意志考验。人际关系就会迅速恶化。参与者应尊重事实，谈判桌上的每个人必须向自己的支持者或联盟成员解释为什么他们接受了最终的这个方案。他们要列出理由来证明自己的选择是对的。

询问参与者做决定的标准，以及他们如何商定排序。为了成功达成协议，参与者必须说明依照什么标准才能制定出他们可接受的方案。相比之下，没有达成协议的小组很可能不能就什么是最重要的问题这一点达成一致。由于采用了咄咄逼人的讨价还价策略，如在每一个问题上都虚张声势或者不合理的坚持，一些参与者可能已经疏远了其他参与者。

- 协调员做了哪些有用的事情？

除了使谈判过程有序进行并提醒各方时间限制，协调员还可以在突出谁最关心什么问题以及为什么关心这些问题方面发挥重要作用。通过帮助各方共享信息和表达利益诉求，协调员可以帮助谈判者确定他们用以做决定的客观标准。协调员也可以帮助小组制定和时刻关注基本规则，并对小组的所有决定做一个最终的总结。

7.6 第四个环节：达成协议

（1）时间要求

- 30 分钟：阅读一般说明（最好提前完成）
- 30 分钟：保密说明和相同角色的会议
- 90 分钟：谈判
- 30 分钟：汇报

（2）准备

第四个环节中参与者面临的关键决策是，在制度安排方面，最终的一揽子方案应该包括哪些内容。这个环节旨在让参与者去挑战解决水外交框架的 3 个命题。利益相关者对于如何设置水系统的边界有不同的意见，特别是对协议的地理范围应该是什么以及议题的覆盖范围这方面的问题。未来可能会出现影响协议的问题或变化，如新数据、未来的纷争或协议执行失灵等，利益相关者对处理这些问题或变化的最佳方式也意见不一。

请注意：考虑到保密说明中的限制，除非各方共享关于优先事项和利益关切的信息，否则他们将无法创造价值并达成协议。

具体来说，参与者需要在 4 个关键点上达成协议：协议的形式；所涵盖的地理范围和问题范围；审查和修改协议的程序；数据共享。与以前的谈判环节一样，为了达成协议，8 名谈判者中至少有 7 人必须同意这个方案，包括流域内 3 个国家和区域开发银行的代表。

如果可能的话，应提前分发一般说明并给参与者至少 30 分钟的时间来阅读说明。如果多个小组同时进行游戏，让分配到相同角色的参与者在阅读保密说明时有机会坐在一起。如果有角色人数翻倍，在与小组其他人会面前，这些参与者应有机会商定一个共同策略。

谈判至少需要 90 分钟。在开始前要确认所有参与者熟悉说明和活动规则。理想的做法是各小组在彼此完全独立的房间里进行游戏。

（3）汇报

要预留 30 分钟时间进行汇报。第四个环节的汇报旨在强调持续关系的重要性，以及参与者已经建立的信任将如何帮助他们应对流域内不可预期的变化。汇报从公布结果开始。下面列出的是一些对组织讨论有用的问题。

- 各小组都发生了什么？达成了什么协议（如果有）？
- 前面部分的谈判对现在的讨论有什么影响吗？

请注意：除非参与者修改现有的选择方案，否则他们不能达成协议，这种情况下可以打消一些参与者对未来的担忧。表 7.4 详细列出了两种可能达成七方协议（包括修改示例）的形式。

表 7.4　印度不达米亚：第四个环节"达成协议"两种可能的结果

协议	协议形式	范围：地理和系列问题	审查和修改程序	数据处理	特别规定	谁不同意该结果
可能的协议 1	声明	广泛的	是	通知	需要创建新的纷争解决机制 项目必须与流域联合十年规划的优先事项相匹配 十年后重新讨论协议 水利基础设施工程与设计公司为各方（尤其是 γ 国）执行协议提供帮助 通过中立平台进行监测和数据共享	国际自然保护协会
可能的协议 2	公约	有限的	是	同意		Mu 州

水网络是开放且不断变化的，印度不达米亚流域情况表明了未来存在巨大的不确定性。因此，参与者需要达成一个联合管理协议，这个协议建立在目前的可用数据和目前并不掌握的信息之上。他们需要考虑自己目前对流域的认识，并通过持续的联合监测来提高认识。对未来科学评估方面的分歧是他们试图解决的每一个问题的核心。有些小组明确了应对不确定性的方式，有一些则没有。

- 小组讨论了哪些"可预见的意外"？

- 协议中的哪一部分是最容易受未来干扰因素的影响？

达成协议的小组通常已经讨论过他们对未来以及协议实施过程中不确定性的关注。一些例子包括由于意愿或能力缺乏，把协议付诸实践时的问题；新优先事项的确定；国家或其他小组之间关系的变化；未来项目的冲突；紧急情况，如内战爆发或霍乱流行。

达成协议的小组并不争论谁对未来的预测是正确的，他们讨论当各种预测都被证实不准确时的应对策略。这些策略包括具体说明争端解决机制；制定规章来监督协议的执行；设定基本规则和时间表来审查和修改现行的框架协议；视情商定协议。因情况而异的协议利用了各方观点的差异，说明了处理未来各种结果的替代机制，包括明确的监测安排，以使各方知道到底发生什么，从而知道应该视实际情况做出怎样的承诺。（参见 Bazerman 和 Gillespie 的背景阅读资料，以得到更多关于视情商定的信息。）

为了制定具有可行性的解决方案，围绕跨界水进行争论的各方需要考虑相关的自然、社会和政治动因。参与者必须分享关于各自利益和对未来预测的信息。询问参与者如何做到这些。通常小组将使用一些在前面几个环节被证明有效的技术。他们会询问关于其他方利益的问题，通过集思广益的方法在分配收益和损失之前创造尽可能多的价值，并使用客观标准来证明分配价值时所依照的原则的正确性。

将适应性管理机制纳入协议，将其作为期待"可预见的惊喜"和维护良好工作关系的一种方式，且要对其重要性进行讨论。跨界水资源协议应该因情况而异——建立在持续监控和纷争解决机制上是至关重要的。将关系保持下去需要关注——水网络的动态特性意味着各方不得不时常更新协议，包括对治理体系方面的术语的更新。

7.7　背景阅读资料

Bazerman，M. H. and Gillespie，J. J. 1999. Betting on the Future：The virtues of contingent contracts，*Harvard Business Review*，*77*（5）：155-160.

Bazerman，M. H. and Watkins，M. D. 2004. *Predictable Surprises*：*The Disasters You Should Have Seen Coming*，*and How to Prevent Them.* Boston，MA：Harvard Business School Publishing Press.

Fisher，R.，Ury，W.，and Patton，B. 1998. *Getting to Yes*：*Negotiating Agreements Without Giving In.* New York，NY：Penguin Books.

Karl，H. A.，Susskind，L. E.，and Wallace，K. H. 2007. A dialogue，not a diatribe：Effective integration of science and policy through joint fact finding，*Environment*：*Science and Policy for Sustainable Development*，*49*（1）：20-34.

Lewicki，R. J.，Gray，B.，and Elliott，M.（eds.）. 2003. *Making Sense of Intractable Environmental Conflict：Concepts and Cases.* Washington，DC：Island Press.

Mnookin，R.，Peppet，S.，and Tulumello，A. 2001. *Beyond Winning：Negotiating to Create Value in Deals and Disputes.* Cambridge，MA：Harvard University Press.

Raiffa，H. 1982. *The Art and Science of Negotiation.* Cambridge，MA：Harvard University Press.

Rofougaran，N. L. and Karl，H. A. 2005. *San Francisquito Creek—The Problem of Science in Environmental Disputes：Joint Fact Finding as a Transdisciplinary Approach toward Environmental Policy Making.* U. S. Geological Survey Professional Paper 1710.

Susskind，L. E. and Ashcraft，C. 2010. How to reach fairer and more sustainable agreements，in J. Dore，J. Robinson，and M. Smith（eds.）*Negotiate：Reaching Agreements over Water.* Gland：IUCN.

Susskind，L. E.，and Cruikshank，J. L. 2006. *Breaking Robert's Rule：The New Way to Run Your Meeting，Build Consensus，and Get Results.* New York，NY：Oxford University Press.

Susskind，L.，Levy，P. F.，and Thomas- Larmer，J. 2000. *Negotiating Environmental Agreements：How to Avoid Escalating Confrontation，Needless Costs and Unnecessary Litigation.* Washington，DC：Island Press.

Susskind，L.，McKearnan，S.，and Thomas- Larmer，J. 1999. *The Consensus Building Institute：A Comprehensive Guide to Reaching Agreement.* Thousand Oaks，CA：Sage Publications.

表7.5 印度不达米亚第二个环节：为审查各个小组结果所编制的汇总表

组号	协议			参与情况	范围	专家的作用	协议的附加说明
	是否达成	达成协议的参加者的数量（7个或8个）？	如果是7个，谁被排除在外？				
1							
2							
3							
4							

表7.6 印度不达米亚第三个环节：为审查各个小组结果所编制的汇总表

组号	协议			可持续发展融资的优先事项（按成本规模）			决策标准（列出前5项）	协议的附加说明
	是否达成	达成协议的参加者的数量（7个或8个）？	如果是7个，谁被排除在外？	大	中	小		
1								
2								

组号	协议			可持续发展融资的优先事项（按成本规模）			决策标准（列出前5项）	协议的附加说明
	是否达成	达成协议的参加者的数量（7个或8个）？	如果是7个，谁被排除在外？	大	中	小		
3								
4								

表 7.7　印度不达米亚第四个环节：为审查各个小组结果所编制的汇总表

组号	协议			协议形式	范围	报告和修改程序	数据流程	协议的附加说明
	是否达成	达成协议的参加者的数量（7个或8个）？	如果是7个，谁被排除在外？					
1								
2								
3								
4								

7.8　第一个环节"利益关切和建立联盟①"的一般说明

共享印度不达米亚流域的 3 个国家在水资源管理方面面临着重大的挑战，但缺少管控这些问题的国际合作正式协议。如果各国和一些关键利益团体能够就如何行动达成一致，区域开发银行准备通过资助和实施水资源开发项目来帮助解决这些挑战。如果各方不能达成一致，一个或多个国家将自行开发水资源项目，这可能导致该地区出现政治危机。

7.8.1　参与的各方

（1）区域开发银行（RDB）

如果各方能达成协议，区域开发银行将很热衷于为地区新的开发项目提供大力

---

① 来自哈佛法学院的谈判项目：Catherine M. Ashcraft 的大学间联盟，以提高解决纠纷的理论和实践水平。版权所有 2011 年水外交研讨会以及哈佛学院的院长和成员。

支持。区域开发银行相信自己的参与，能够依据其授权提供可持续的利益：①帮助其成员国减少贫困；②为环境的可持续发展调动资源；③促进区域一体化。

（2）γ国水与能源部

γ国是流域内最不发达的国家，且最近刚摆脱多年的内战，对可改善人民生活和促进经济发展的水资源开发协议有很大的兴趣。

（3）α国水利部

流域内最大的和最发达的国家，其有悠久的用水历史和大量的水利基础设施。历史上，α国反对区域性水资源管理的办法，更倾向于双边协议。

（4）β国可持续发展部

β国赞成区域性水协议中规定由/在上游国家采取措施以改善这些国家糟糕的水土资源管理措施，（正是因为这些国家的管理不力，才导致）β国因下游发生洪水和遭到环境破坏而受到指责。

（5）Mu州经济管理局

Mu州位于流域的三角洲，Mu州的Banaga是α国工业化程度最高的城市。Mu州为新开发项目的前景感到高兴，但想要作为地方政府分享利益，不过并非总能如愿。

（6）全球水资源管理组织（GWMO）

全球水资源管理组织在α国Banaga地区办事处是全球十大研究中心之一，得到了政府、私人基金会、国际和地区性组织的支持。GWMO的使命是为了保护环境、改善贫困地区的生活和出于善意，通过综合水资源管理方法去改善水土资源的管理方式。

（7）国际自然保护协会（ICI）

国际自然保护协会是一个独立的基金会和全球组织，其在各地通过国家和地区办事处网络采取行动以帮助社会：①保护自然生物多样性；②以公平和可持续的方式使用自然资源；③减少污染。国际自然保护协会担心新开发项目可能存在负面的环境和社会影响。

（8）水利基础设施工程与设计公司（WIED）

水利基础设施工程与设计公司是一个全球著名的工程和设计公司，其成员活跃在超过 30 个发展中国家和地区的水资源开发项目中。水利基础设施工程与设计公司对可能更有效开发印度不达米亚的新协议极为感兴趣。

（9）协调员

所有参与者同意从 Adiuto 选择一个代表作为谈判过程中的协调员。Adiuto 是一个由谈判、纠纷调解和纠纷系统设计领域的从业人员与理论学家组成的非营利组织，其与政府、政府间组织、非政府组织、专家、社区及商人合作，以更有效地开展谈判，达成共识和解决纠纷。

7.8.2 发展进程

几个月前，区域开发银行与流域内的三个国家展开了会谈，想要制定印度不达米亚流域的合作开发战略。在此基础上，区域开发银行与其他几个地区组织和三个国家的政府合作举行了谈判。民间团体批评过去的开发项目忽略了承担项目的负面结果的民众。鉴于这些批评，区域开发银行邀请了不同的参与者加入谈判中，且除非方案得到了大多数参与者的支持，否则将不会向前推进开发计划。

尽管区域开发银行更希望看到最终协议得到了参与者的一致支持，但它已经承诺提供资助和支持，如果 8 个参与者中的至少 7 个同意每个环节的谈判所形成的最终一揽子方案；方案必须得到印度不达米亚流域内每个国家和区域开发银行代表的同意。每个国家对于最终的协议都有否决权，因为对于像这样可能有跨界影响的国际流域项目，区域开发银行要求得到流域内所有国家的支持。作为唯一有能力发起跨界开发的一方，区域开发银行也可以否决任何最终协议。

如果这些谈判失败，且参与者不能达成协议，将给区域内任何水利工程未来的融资带来相当大的不确定性。各国可能试图确保备用资金的安全以单方面推进水资源开发计划，这可能会引发国际政治危机。

7.8.3 印度不达米亚流域的总体描述

以下是印度不达米亚流域的总体描述，包括其政治和经济情况。每一名参与者的保密说明中包含更多的详细信息。

（1）水

印度不达米亚河发源于位于 α 国和 γ 国的高山，长约 1500 公里，流经梯田、小山和巨大的洪泛区，通过 β 国和 α 国共享的广阔三角洲流入 Ruo 海湾（见附录 A 中地图和表）。γ 国南部的高山区域和 α 国的一些地区容易发生严重的雷暴和山体滑坡。流域中部位于 α 国，多为丘陵和平原。β 国大约 70% 的面积海拔不高于 1 米。印度不达米亚流域面积约为 101.6 万平方公里，其中 69% 是农田，12% 是湿地，9% 是草原，6% 是城市和工业区，4% 是森林。农业生产用水占各国总取水量的 85% ~95%。在过去的 10 多年中，旱季的干旱和雨季的洪水给印度不达米亚带来了毁灭性的打击。

各国迫切需要采取短期行动以解决来年旱季预计会发生的缺水和雨季洪水频发的问题。河流的可变性有一部分是自然造成的，但是气候变化和土地利用活动可能会加剧这种可变性。最贫穷地区的居民能使用的清洁的水远低于世界卫生组织设置的最低标准。因此。各国转向使用地下水，以减少与病原体的接触并提高农作物种植用水的可靠性，但也造成了 β 国中部地区及三角洲地区大面积的自然形成的砷中毒。

各国为应对这些挑战对新建水资源开发项目产生了的兴趣，由此引发了一场"开发竞赛"，由于各国担心其他国家的项目会影响本国对流域内水资源的使用，他们现在已经试着行动起来对水资源进行开发。

（2）政治

所有这三个国家都把水资源开发与他们的民族特性和独立自主密切联系起来。γ 国刚刚摆脱了几十年的内战，建立了一个赢弱的分权民主政府，将水资源开发作为吸引外国投资和拉动增长经济一种手段。β 国去年投票选出了新一届的政府，通过改变政府的低效和改善基础设施及基本服务（包括防洪）解决普遍存在的贫困问题。在 α 国明年的联邦选举中，水资源开发是一个主要问题，Mu 州的竞争人等反对派团体批评执政党没有为本州利益和当地经济的发展更广泛地开发可用水资源。

一般来说，β 国和 γ 国认为 α 国现有的水开发项目是他们自己将来进行水资源开发的限制，并且认为 α 国的任何水项目扩建计划都是不可信的。α 国认为 β 国和 γ 国要提供可靠的数据来证明 α 国的水项目产生了跨界损害。

其他一些重大的争端使三国的关系进一步复杂化。10 多年前，α 国开始从与 β 国接壤的 Sami 处调水，供给港口城市 Banaga，用于生活和工业生产及提高航道的通航能力。β 国要求 α 国提供更多的关于调水工程的信息，但 α 国直到收集到了足够数据才开始共享信息。尽管后续召开了一些专家级会议，但两国就哪些数据与调水相关这一问题还没有达成一致，所以这仍是两国之间的一个重大争端。

几年前，α 国在靠近 γ 国的边界的一条支流上修建了一座水电大坝，并部署了安全部队来保护相关设施。γ 国反对 α 国在此地区内提高军事力量，20 多年前这两国曾在这个地区爆发了战争。γ 国还指责 α 国无视犯罪集团进入 γ 国非法伐木，然后把木材运回 α 国出售，以及 α 国为 γ 国境内的反叛提供资助。α 国强烈否认参与了非法活动或干涉了邻国的内政。

（3）经济

α 国是区域经济强国。然而，α 国的一些农村人口还是非常贫困的，容易受到弱季风年份作物歉收带来的影响。在过去的 10 多年里 β 国的经济出现强劲增长，但该国面临着一系列的挑战，如庞大的人口、大范围的贫困、教育糟糕及基础设施缺乏。β 国每年被迫斥巨资抗洪、排涝、维修基础设施。γ 国是世界上最不发达国家之一。农业占 γ 国经济的比重很大，但近年来由于农作物歉收，γ 国经济增长变缓。

尽管对粮食安全有着强烈的担忧，但国家优先用水领域可能从农业生产转移到城市家庭和商业活动。电力需求增长和获得可靠的电力是所有印度不达米亚流域国家的一个关注。γ 国和 α 国一直在寻求修建新的水力发电设施来满足不断增长的用电需求，三个国家之间似乎有兴趣把电力资源连通起来以进行共享。

7.8.4 下一周的谈判

正在进行协商的所有 8 名代表已同意参加所有四个环节的谈判。第一个环节的谈判将持续 60 分钟。其他三个环节的谈判每场持续 90 分钟，谈判环节结束时，所有的谈判必须停止。一个专业的协调员可以协助参与游戏的各方。各个环节的谈判需遵循下述安排。

第一个环节：利益关切和组建联盟。
- 关键的决定：我是否想与其他某个或某些参与者组建一个联盟（战略联盟）？

第二个环节：信息共享和知识生成。
- 关键的决定：应怎样设计联合实情调查的流程？

第三个环节：做出选择。
- 关键的决定：我们应该资助什么样的可持续发展优先事项？
- 关键的决定：我们应该使用什么标准来取舍可能的优先事项？

第四个环节：达成协议。
- 关键的决定：我们采用什么样的策略才能就最终的一揽子方案达成一致并付诸实施？

7.8.5 第一个环节的组织工作

- 你将有 45 分钟为即将到来的谈判做准备，同时会与其他小组扮演相同角色的参与者进行研讨。常见问题请见附录 B。
- 你会去你的谈判桌上，然后有 60 分钟与小组的其他成员进行核心会议。

请待在谈判桌旁或留在谈判桌的附近，这样能让小组的其他成员找到你并与你交流。

- 研讨将再举行 30 分钟，进行汇报。

附录 A

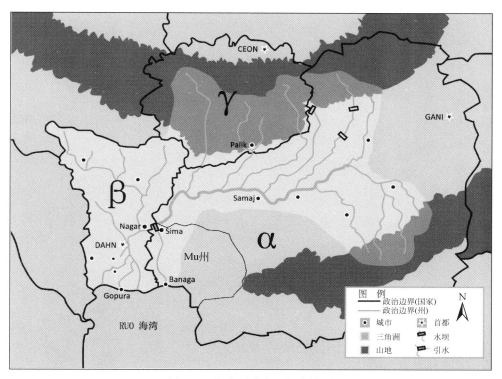

图 7.1　印度不达米亚河流域图

表 7.8　印度不达米亚流域及其流域国

国家	领土面积/km²	境内流域面积/km²	占流域总面积的比例/%	流域面积占领土面积的比例/%	依赖度*
α 国	2 032 000	690 880	68	34	34
β 国	186 612	182 880	18	98	91
γ 国	237 066	142 240	14	60	6
	流域总面积=1 016 000				

*水资源依赖度指一个国家国内的可再生水资源量，或每年该领土内的降水所产生的地下水和地表水流量，与该国每年的可再生水资源总量的比。数值较低表示依赖度较低，这意味着一个国家的水资源大多产生于国内。数值较高则表示依赖度较高，这意味着这个国家从其他国家接受的水资源比例较高

附录 B：常见问题

在本次谈判中决策是如何做出的？在第一个环节，参与者无须达成协议。对于第二至第四个环节，如果可能的话，最终的决定应该得到所有人的支持。如果无法达成共识，那么任何方案的批准需要 8 个人当中至少 7 个人同意。任何协议必须得到来自三个国家的部委和地区开发银行的代表的同意。

我该与其他参与者共享多少信息？每个参与者在向其他人介绍自己的目标和潜在利益时，可以尽可能的详细或不详细，也可以尽可能的准确或不准确——只要他觉得合适。然而，参与者不能将自己的保密说明告诉其他任何玩家（没有办法在"现实生活"来证明你说的都是真话！）。

我得多大程度地遵守保密说明？参与者必须遵守他们的保密说明，即使在"现实生活"中他们不与其他人分享自己的这些利益关切或想法。如果参与者在扮演角色时充满活力且具有戏剧性和幽默感，他们将从模拟谈判中最大限度地受益。在你的能力范围内尽可能具有创造性，以寻找解决这些问题的建设性的方法。

允许召开边会吗？每个桌子上的参与者不需要一直坐在一起。因此，允许谈判桌上的各方举行边会。如果多个团体正在参与这个游戏，每一组应该与其他各组独立开。

在没有达成决议的谈判中发生了什么？如果没有达成协议（即如果建议没有被三个国家和区域开发银行的代表之外的至少 3 人接受），将会给区域水利项目的融资带来相当大的不确定性。区域开发银行将停止资助任何会造成跨界影响的项目，直至各方能够达成一致。各国可能试图确保备用的资金的安全以单方面推进水资源开发计划。如果发生这种情况，目前还不清楚是否或何时可以恢复谈判。

我们是必须仅限于说明中所列的政策方案，还是我们可以提出其他的方案？小组可以提出其他的混合方案，只要这些方案不与一般说明和保密说明中提供的信息相冲突。

可能达成的最好的结果是什么？一些创造性的成果是可能出现的。在一般说明中，对各方来说，最好的结果是达成一个协议，并且每一方对实现自己的利益都感到乐观。

7.9 第二个环节"信息共享和知识生成"的一般说明

作为印度不达米亚流域国际治理的整体共识的一部分，区域开发银行要求就联合实情调查的流程达成一致。过去，由于三个国家之间存在敌对关系、缺乏开展研究的科学能力以及内乱等，他们相互共享的资料微乎其微。由于缺乏双方都能接受的科学数据，每个利益相关者试图用自己掌握的数据来证明跨界损害的存在，或以此作为自己反击的理由。数据不是用来为明智决策提供信息，而是成为权力的另一种表达方式。那些知道得比别人多或可以利用科学来支持自己立场的人，试图建立起优势。用这种对抗的方式使用科学知识的话，带来的只有更加的混乱和对流域内其他国家的更加不信任。

区域开发银行希望联合实情调查可以生成所需的知识，并将知识实际用于为决策提供信息。联合实情调查是一个参与式的调查过程，利益相关者直接参与知识生产和决策。一旦利益相关者明确了群体组成，他们将一起设计一个科学研究的过程，首先明确研究的范围，这将确定研究将要涉及或不会涉及的核心问题。关于与利益相关者互动的专家的作用，他们也需要达成一致，以实施研究策略、处理不确定性和应用研究成果。在这种情况下，区域开发银行希望利用联合实情调查的结果来为未来优先可持续发展项目的准备和融资以及吸引额外的国际资金的机制提供信息。

在这个会议上参与者需要就联合实情调查流程的设计达成一致。对于下面三个问题的决策，他们的设计应该达成一致：

- 谁应该参与数据的收集和分析？
- 如何设置任一研究的范围？
- 专家应该扮演什么样的角色？

为了发起这次会议，区域开发银行对参与者进行了面试，并且为每一个决策都准备了几个备选方案。每项方案都将在下文详细讨论。区域开发银行已承诺对联合实情调查提供资金，如果8个参与者中至少有7个同意这个方案；同意的人中包括来自印度不达米亚流域内每个国家的代表及区域开发银行的代表。如果不能达成协议，区域开发银行将不会提供资金，也不会进行联合实情调查。

7.9.1 联合实情调查策略的设计

（1）参与数据收集和分析

参与者对谁应该参与联合实情调查过程存在分歧。一些人更倾向于限制每个国家指定的专家的参与数。另一些人则期望调查向各个国家指定的专家和官方观察员开放。每个国家代表可以邀请一定数量的官方观察员参与，如果某人或某个非政府组织的专业知识和能力可以弥补国家在某方面能力上的欠缺。官方观察员可能是学者、民间团体的一部分、一个商业组织或政府间组织，或其他任何类型的专家。非政府组织宁愿自己指定专家代表作为观察员参加进来。对于倾向于限制每个国家指定的专家的参与数的那些人，他们中的一部分觉得放弃对非政府组织的限制会开一个很危险的头，使非政府组织在讨论政府间协议时拥有了投票权。他们也担心，非政府组织的代表数将超过各国的代表数，并且会主导研究议程。

参与数据收集和分析的方案。

- 方案1：参与者仅限于每个国家指定的专家。
- 方案2：开放给每个国家指定的专家和官方观察员。
- 方案3：开放给各个国家指定的专家和非政府组织、民间组织自己指定的代表。

（2）研究范围

对于应当研究的问题，各方有明显的分歧。有人说相对有限的调查范围是在合理时间内产生成果的最好方法，可以为开发规划决策提供信息。其他人则支持联合实情调查的范围要更广泛。该决定涉及三个重大问题。

1）是聚焦于直接与水管理相关的有限数量的问题上，还是需关注食品安全、电力覆盖、替代能源等更广泛的可持续发展问题，在这一点上存在争议。例如，研究应该只关注气候变化对洪水、水质和旱季供水造成的影响，还是要关注更广泛的气候变化缓解和适应问题？

2）调查过程的焦点应该限制于国际河流的地理情况，还是应该扩大到国际流域？研究是否应该主要调查与河流的干流、主要支流及河岸区等能直接影响到河流，且与河流密切相关的区域的相关问题？还是说，由于流域内的活动会对水资源造成影响，研究的应该是整个流域的问题？

3）数据的收集和共享是应当基于各国当前的能力还是应该基于最新的方法，即使有些国家还没有相应的能力，在这一点上各国存在分歧。即使采用限制更多的方法，为了进行数据比较，各国仍需要采用协调的方法对数据进行收集、分析和报告。必要时数据可以是粗略的，如只有月降水数据而没有日降水数据。更宽泛的方法将包括更多的参数，数据也要更精细，以在预算和其他约束条件的限制下最好的数据共享方法为基础。

界定研究范围的方案。

- 方案1：范围限于研究与水资源直接相关问题、国际河流以及根据各国目前的能力水平利用数据的方法。
- 方案2：扩宽范围，研究可持续发展相关的所有问题、流域内的一切问题，以及根据目前最好的方法利用数据的方法。

（3）专家的作用

在联合实情调查中，一些利益相关者非常关心专家的作用。在决定决策方法、数据选择、数据分析以及确定政策建议的整个过程中，一些与会者希望专家与非专家人员平等合作。支持平等合作的人主张信息使用者应该向专家解释为什么他们想知道他们是做什么的。然后专家帮助知识用户解决具体的研究问题。一旦专家知道如何解决研究的问题后，非专家人士可以请专家帮忙找到理解问题的途径。专家应该将关于方法和假设的分歧简要告知信息使用者。在后续环节，非专家人士和专家共同解释研究结果，且将标准上升为政策建议。

其他利益相关者希望看到更多专家牵头的流程。这种方法的提倡者认为，专家和非专家人士在整个过程中是互动的，但他们的作用又是有区别的。专家完全控制了方法的选择、数据的选择分析以及政策建议的提出。

专家可能的作用：

- 选项1：专家驱动。
- 选项2：由专家和非专家人士共同控制。

7.9.2 组织工作

- 您将有30分钟的时间为即将到来的与不同桌上扮演相同角色的其他参与者进行的协商做准备。
- 请去您的谈判桌。
- 然后，您将有90分钟的时间就联合实情调查的三项决定进行协商。所有参与者先前商定的协商规则见附录A。

如果满足下述情况，协议就达成了：

- 谈判桌上的8人中至少有7人同意该设计。
- 同意者包括来自印度不达米亚流域内每个国家的代表及区域开发银行的代表。

研讨会将再进行30分钟，对协商的情况进行汇报。

附录A：基本规则

在准备谈判时，以下规则被传达给各方，并得到了所有参与者的一致接受：

1）所有谈判员承诺"真诚"谈判，也就是说，他们都愿意达成一致，且在历次会谈中都尽了最大的努力。

2）参加者赞成坦诚且准确地代表他们组织的利益。

3）参加者同意做出真诚努力，来了解对方关心的问题。

4）每个人都有权追求其所代表组织的利益，但是他们同时也要考虑整体的利益（并且寻求对双方都有利的建议）。

5）每个人都可以对所讨论的方案提出不同的意见，并借此承担自己的责任，提出一个替代方案来满足自己和其他人的利益。

6）所有各方已经同意由协调员协助谈判的进行。然而，如果小组认为协调员存在偏见，则可以选择更换协调员。

7）协调员将管理会议。

8）每次只能有一人发言。得到协调员的认可后与会者方可发言，且不能打断别人的发言。

9）人们应尽量使自己的观点简洁明了，不要问特别多的问题，从而使每个参与者都有发言的机会。

10）任何人不得进行人身攻击或贬低别人的观点。

11）参与者和协调员可在任何时间向另外一名或多名参会者提出举行核心会议。

12）如果能够达成协议，协调员将保留协议各个部分的记录，且在谈判结束时所有同意协议的各方要签署协议。

7.10 第三个环节"做出选择"的一般说明

今天你将努力与其他谈判成员就印度不达米亚流域的开发优先顺序达成协议。区域开发银行已经进行了初步研究，并提出似乎能够产生跨界利益的 10 个可持续发展优先事项。这些在附录 A 中有描述。

7.10.1 讨论可持续发展资金的优先事项

谈判以审查可持续发展优先事项列表开始。每种优先事项具体对应一类项目，如果能达成协议，这类项目将首先从区域开发银行获得资助。小组应花费 15 分钟的时间来检查清单。你的目标是确保你选择的任何优先获得资助的事项能满足你所在国家及组织的利益（包括在你看来对区域整体最有利的选择）。考虑到对优先事项的进一步详细描述，小组也可以决定对优先事项进行进一步的明确或修改。

7.10.2 讨论选择标准

对选项列表（即该区域的优先发展类别）进行讨论后，你不得不给出一个相对较短的列表。区域开发银行提供了一套标准，并认为你在设置优先事项顺序时应该使用这些标准（这些都包含在附录 B 中）。小组应该花约 20 分钟的时间来讨论所列出的选择标准（你也可以添加新的标准进去），然后根据其重要性对各项标准进行排序。20 分钟结束时，你应该确定一个选择可持续发展优先事项时所依据的标准清单，并明确本小组如何根据各项标准的重要性对其进行排序。

7.10.3 关于可持续发展优先事项的协议

在今天谈判的最后一部分，小组会尝试就每个人都能接受的可持续发展优先事项的一揽子方案达成协议。这需要根据小组已商定的选择标准检查项目列表以缩小选择范围。要利用排好序的标准清单来说明为什么和别人相比你更倾向于某个特定方案，要解释你青睐的项目如何能满足你和他人的利益。

只要参与谈判的 8 个人中，不少于 7 个人赞成某个一揽子方案，而且这 7 个人必须有每个国家和区域开发银行的代表，区域开发银行就同意对其进行资助。

最后说明：注意您的时间。你要完成以下三项内容。

- 讨论得到资助的可持续发展项目的优先顺序。
- 就决策标准达成一致并对各项标准进行排序。
- 制定该地区可持续发展优先事项的一揽子方案。

7.10.4 组织工作

- 你将有 30 分钟的时间，与其他谈判桌上和你担任相同的角色的与会者共同做准备。
- 然后前往你的谈判桌（在其他环节你被分配到的同一张桌子）。
- 你将有 90 分钟的时间就能得到资助的可持续发展优先事项的一揽子方案达成协议。

如果满足下述条件，就认为谈判各方达成了协议：

- 至少 8 个谈判者至少有 7 人同意。
- 同意的人中包括印度不达米亚流域内各个国家的代表，以及区域开发银行的代表。

研讨会将再进行 30 分钟，对协商的情况进行汇报。

附录 A：印度不达米亚流域可能的可持续发展优先事项顺序

可持续发展优先事项根据实现预期目标的总体费用来进行分类。请注意：在某些情况下，这些费用只是初始资金，区域开发银行有信息能从其他来源吸引更多资金以达到实现目标所需的总成本。

- 大型：>500 万美元及以上。
- 中型：100 万 ~ 500 万美元。
- 小型：<100 万美元及以下。

7.10.5 可持续发展优先事项的扩展说明

表 7.9 印度不达米亚区域可能的可持续发展优先事项

规模级别	可持续发展优先事项	描述	区域开发银行成本范围（百万美元）
大型	土地管理和保护措施	制定一种全面且可持续的土地管理方法，为那些依靠土地的人提供经济和社会效益；保护土地的生态完整性	6
大型	城市供水及卫生设施紧急恢复	恢复和改善城市主要地区现有的供水系统，包括供水、配水、卫生设施以及储水系统。公共卫生活动和城市供水可行性研究也被纳入其中	5
中型	流域规划	开发一种综合方法来促进印度不达米亚流域供水的未来发展，为不同行业（如农业、城市供水、航运交通、水电）的可持续用水及水资源所承载的压力做一个 25 年的规划	3.5
中型	三角洲地区洪水风险和干旱管理	降低三角洲受洪水和干旱影响的脆弱性。摸清该地区目前用水状况，审查该地区正在开展和计划开展的减少灾害风险的战略。提出修改建议以提高该地区的恢复力。定期审查进度，构建互动型知识图谱，以便各国持续付出努力	3.5
中型	监控和信息支持系统	加强水文气象、地表水和地下水监控网络，结合历史数据，并通过基于 GIS 的数据库提供观测	3
中型	社区流域管理	确定并实施基于社区的投资，改善社区水系统（如小型水坝、防洪预警、流域恢复、小规模灌溉和供水设备修复），保护自然资源、减少贫困、培养社区能力	3
小型	区域性能源战略	在能源领域设立一个全面的参与性的区域性战略，用来保证该地区具备高效且负担得起的清洁能源，保障地区能源安全。拟定一项应对能源领域挑战的行动计划	1
小型	评估气候变化的经济学影响	比较单一和区域减轻并适应气候变化行动的成本和收益。制定国家和区域行动计划，以适应气候条件未来的预期发展	1

规模级别	可持续发展优先事项	描述	区域开发银行成本范围（百万美元）
小型	水融资知识发展	帮助国家优先投资水领域、开展能力建设、实施制度改革。分行业开展水资源管理案例研究，凸显最佳做法	1
小型	提高环保达标度，加强环保执法	制定环保达标和环保执法的原则，并良好地执行。资助国家适应性战略并加强环保部门的执法能力	1

（1）土地管理和保护措施

这类项目涉及为恢复、保护印度不达米亚流域内三个国家的土地和提高三个国家土地生产能力而进行规划。据估计，改善管理及保护土地的措施将使 200 多万公顷的土地受益，即流域面积的 2%。退化及面临风险的土地将得到恢复，提高可持续性。

（2）城市供水及卫生设施紧急恢复

这类可持续发展项目需求恢复或提高印度不达米亚流域内三个国家中最需修复的城市水系统。具体来说就是这类项目将进行恢复或改善：

- 给水和输水系统，包括泵站和药剂投加，来显著提高日供水能力。
- 卫生设施，包括排水系统、污水处理系统以及废水污泥处理，以显著提高该区域的排污能力。
- 储水系统。

建议的项目还将包括：

- 组织公共卫生活动告知城市居民良好的卫生设施和个人卫生习惯的重要性，减少基础设施受到的损坏和破坏。
- 对需要更多资金的提高城市供水及卫生能力的方案进行可行性研究。

该项目旨在通过改善供水及卫生设施来提高人民的健康和福利。生活在高密度市区的人们面临霍乱等疾病的风险很高，且很少能获得私人或公共健康服务。该项目还能减少卫生部门的压力，提供就业机会，降低水处理成本，刺激本国经济并改善印度不达米亚流域的可持续能力。区域现有的基础设施大部分维护不利，所以我们需要大量的投资以恢复这些服务，满足当前的需求。这个项目初期总成本估计 5000 万美元。区域开发银行确信可以利用 500 万美元的初始资金，通过各种来源的投资来满足实现目标所需的总成本。

（3） 流域规划

这类可持续发展优先项目寻求一种流域综合的方法在未来的中期开发印度不达米亚区域的水资源。该项目将预测 25 年内三个国家的不同行业用水需求的增长，包括农业、城市供水、航运交通、水电。合格项目将把水资源预期承载的负荷与预测的需求相关联，并进行模拟。这些预测可以结合社会评估，被用来制定未来 25 年的流域水资源可持续开发计划。区域开发银行估计达到这些目标的费用是 350 万美元。

（4） 三角洲地区洪水风险和干旱管理

这类项目旨在降低三角洲地区受洪水和干旱的负面影响的脆弱性。β 国和 α 国将分别在三角洲地区本国领土内投资，为所需要的洪水干旱风险管理项目提供资助。各国首先将确定三角洲地区目前和计划的用水情况，然后在三角洲地区确定正在实行的和计划开展的减少灾害风险的国家级战略。在工程顾问公司的协助下，区域开发银行、α 国和 β 国将针对三角洲地区提出降低洪水和干旱风险的建议和行动计划。定期审查进度，构建互动型知识图谱，以便各国持续付出努力。区域开发银行估计实现这些目标需花费 350 万美元。

（5） 监控和信息支持系统

这类可持续发展优先项目旨在加强整个流域的水文气象、地表水和地下水监测系统，结合历史数据，国家当局（在未来可能建立流域管理机构）可通过 GIS 数据库进行观测。合格的项目将评估地表水和地下水资源，分析现有的水文气象和环境监测系统，评估目前的数据收集和分析程序，并改善数据发布。区域开发银行估计实现这些目标需要 300 万美元。

（6） 社区流域管理

这类项目将确定和实施基于社区的投资，改善社区供水系统，以节约自然资源、减少贫困，并提高社区能力。合格的项目包括小规模水坝、供水预警系统、流域恢复、灌溉以及供水设备恢复。社区会接受培训，进行能力建设，提高他们的水部门对最佳实践的使用。区域开发银行估计实现这些目标需要 300 万美元。

（7） 区域性能源战略

这类项目将为印度不达米亚的能源部门寻求开发一个全面、参与性的地方战略。项目将寻求扩展三个经济体之间的合作来确定能源部门面临的挑战和优先项目，提供高效和负担起的清洁能源，并加强该地区的能源安全。项目将探索跨界供应方案，以降低整体能源成本，并在区域性能源市场而非各国的国内市场寻找机会利用从大规模投资实现规模效益。该项目将检验地方如何通过能源多元化提高能源安全，并将考虑能源规划方案对该区域造成的影响。这种优先获得资金的项目旨在大幅度地提高该区域对清洁能源的使用。

项目将利用参与式过程（地方和全国研讨），鼓励在规划阶段或即将有成果时围绕能源预测展开对话。参加者会代表不同层面的利益相关者，包括政策制定者、政府官员、学者、发展伙伴、私人部门、民间社团组织以及科学团体。还将建立一个网站来发布信息。区域开发银行估计实现这些目标需要 100 万美元。

（8）评估气候变化的经济学影响

这类项目寻求针对区域性（与单方面的相比较）减缓和适应气候变化行动的成本和利益发起讨论。该地区面临急速的气候变化挑战及其可能造成的社会经济影响，项目将努力提高印度不达米亚区域内公众这方面的意识，对象包括政策制定者、学术界、媒体、非政府组织、私人部门和国际捐助者。最终的目标是利益相关的各方就解决印度不达米亚区域气候变化所需的程序达成一致意见，包括投资计划、政策和发展行动。然后区域开发银行可以更好调整自己的行动以支持区域达成共识。这类项目第一阶段将对比区域性行动和单方面行动，对该区域的气候变化进行经济学研究。研究结果将通过印刷版和网络媒体以不同语言的形式进行发布，参与者与媒体共同交流和传播研究结果。区域开发银行估计实现这些目标需要 100 万美元。

（9）水融资知识发展

这类项目将寻求与科学组织合作开展基于行业的最佳水资源管理实践案例研究。试点和示范活动寻求建立可以扩大到其他情况的具有推广性的模型。涉及的行业有灌溉、卫生设施、针对气候变化的可持续水利用、防洪管理以及城市水资源管理。案例研究包括推广最佳水资源管理实践的推荐意见、最合适和最不合适进行此类实践的情况。案例研究将以印刷和网络媒体的方式出版，并进行广泛宣传。总体而言，这类项目通过迅速改善供水及卫生设施、改善灌溉系统、降低洪水风险的方式来改善水资源管理。这类项目的成果会帮助印度不达米亚地区优先对水投资、开展能力建设、实施制度改革。区域开发银行估计实现这些目标需要 100 万美元。

（10）提高环保达标度，加强环保执法

能够获得资助的这类项目寻求制定环保达标和环保执法的原则，并良好地执行，以达到减少下游污染和跨界水资源遭受的其他危害的目标。这类项目也会资助各国为采取这些原则和做法而制定的战略，并加强他们的环保机构的执法能力。区域开发银行估计实现这些目标需要 100 万美元。

附录 B：选择标准

区域开发银行过去一直使用这个标准清单来帮助利益相关者在不同可持续发展优先事项之间进行抉择。

（1）先例

根据这个标准，印度不达米亚流域内的国家应考虑其他国际流域是如果做出类似决策的。

（2）投资回报率

成本效益是决定能够优先得到资助的事项的另一种方法。这个标准考虑的是项目方案的预期效益及其期望成本。

（3）尽可能保护生命

这个标准考虑的是不同优先事项对降低气候变化脆弱性及其他自然灾害的影响。此外，还包括健康标准的提高，如降低婴儿死亡率、减少水源性疾病发生率、减少与砷的接触。

（4）提高粮食安全

提高粮食安全是印度不达米亚流域内各国的共同目标。可持续方案可以根据如何影响整个地区和三个国家的粮食安全确定优先顺序，如通过给农民提供支持（带来农业服务的改善）或通过提高作物年产量来产生影响。

（5）提高地方水利益分配的公平性

这个标准鼓励公平分享印度不达米亚水资源利用产生的诸多利益。公平性方面考虑的因素包括国家间、城市和农村地区之间、家庭之间的利益分享。

（6）改善政治关系

可持续发展方案如果能支持和平建设、促进区域合作和一体化，那么将有可能优先被考虑。

7.11 第四个环节"最后的一揽子方案和实施策略"的一般说明

恭喜你！你已经在区域合作的协商中取得进展。在最后这个环节的协商阶段，你打算就印度不达米亚流域的长远发展达成一个新协议。区域开发银行想要就制度安排形成协议，以确保参与者遵守他们的承诺。区域开发银行还想要为后续的投资和贷款建立法律依据。今天会议之前，区域开发银行聘请顾问起草了协定草案，你和其他与会者会在会议之前收到这份草案（协定草案见附录 A）。

据顾问所说，各方为达成协议取得了重大进展，但是仍留下四个未解决的问题。这些就是今天谈判的议程：协议格式、协议的地理范围及其所将包含的问题的范围、审查和修订协议的程序、数据程序。

尚未解决的问题

（1）协议形式

一些人更喜欢协议采取"声明"的方式，以作为迈向区域合作的第一步。其他人则倾向于"公约"，是个有法律约束力的协议。他们担心"声明"将不能保证各方后续做出具体行动。

（2）范围：地理和问题的范围

协议范围存在两个关键的问题。第一，参与者是否应将协议局限于他们能在相对短的时间内取得实质性进展的地表水和地下水管理问题？这些问题包括旱季水资源分配问题以及雨季的洪水问题。其他人宁愿协议能够解决全方位的自然管理问题，这将包括以任何形式与印度不达米亚流域的地表水、地下水、绿水相关的各种问题。更广泛的范围包括土地利用措施、粮食安全、可持续发展、能源供应，以及流域内的城市人口流动。

第二，是否协议的各个方面都要适用于整个流域，或对于可持续发展的定义等一些问题，能否由三个国家分别界定并覆盖流域外的地区？

（3）审查和修订程序

有些参与者想要明确，协议（及其某些特定元素，如资助的优先顺序）将根据设定的日程接受审查并在有新信息可用时得到修订。其他人则担心，这样一个多变的协议会给长期投资带来负面影响。

（4）数据程序

与会者不同意彼此共享数据，尤其拟定的耗水项目的数据。最有争议的问题是，共享数据和保障各方的利益是仅需要告知相关各方有这么一种项目，还是需要得到其他国家的同意。

附录 A：关于印度不达米亚水管理问题的合作协议（剑桥协议）

在处理印度不达米亚流域水管理问题的剑桥会议上，印度不达米亚流域内的 γ、α 和 β 三国政府代表，α 国的 Mu 州的代表，以及区域开发银行、全球水资源管理组织、国际自然保护协会以及水利基础设施工程与设计公司的代表。

- 认识到为了印度不达米亚流域内各国人民的利益，以及经济和社会发展的需要，对印度不达米亚进行全面管理的必要性和面临的巨大挑战。
- 认识到气候变化给印度不达米亚流域带来的风险，以及制定适应性战略以减轻气候变化对水管理的影响的必要性。
- 确信印度不达米亚流域内所有国家的多边合作能够提高水管理行动的有效性。
- 在普遍公认原则和国际法律规则的指导下，与印度不达米亚流域内所有国家的利益和主权保持一致。

就以下内容达成一致：

（1）建立各方会议机制

将举行年度会议以履行协议。第一次各方会议将在该协议签署后的 6 个月内举行。

（2）参与方

- γ 国、β 国和 α 国是协议的立约方。
- 其他签署协议的各方，政府间财政机构以及为协议实施提供资金支持的双边援助组织，包括区域开发银行，可以作为观察员出席各方会议。

对于其他国际性组织和国家性组织，包括政府组织及非政府组织，只要多数立约方和观察员认为该组织与协议相关，不反对他们参与，该组织就能作为观察员出席各方会议。

（3）决策议事规则

各方会议及科学工作组等附属机构的决策规则将在第一次各方会议上制定。

该协议的每个立约方都有一票表决权。

（4）融资机制

区域开发银行将为印度不达米亚地区建立一个信托基金。

- 通过信托基金，区域开发银行将配合、协调、管理国际金融组织和任何捐助者提供的资金。
- 在得到各方会议同意后，信托基金的资金可以支持投资项目、活动以及机构。

各方会议为各方制订一个合理的年度支付计划，以支持各方会议同意的活动及其成立的机构。

（5）数据程序

各方将努力生成知识产品、最佳实践和指导方针来为投资提供信息，并促使以协调的方式来解决他们在水管理方面的问题。为实现这些目标并保障所有国家的利益，对于规划中的可能对水资源量造成影响的项目，立约方将共享与之相关的数据。

这将包括：

- 改善并协调数据收集和分析的方法，监测区域状态。
- 制定议定书，与各方会议共享可比的数据。
- 制定议定书，对协议的实施情况和整体影响进行评估。
- 建立一个附属科研机构来落实各方都同意的数据共享事宜，协调联合实情调查方案，向各方会议提出建议并向各方会议汇报其工作结果。

（6）审查

为促进协议的有效实施，各方会议将审查立约方的职责及协议的制度安排，包括优先投资事项。

（7）实施机构

为实施协议，各方同意建立一个机构，其职能包括：

- 协助和协调为实施本协议而采取的双边或多边行动。
- 根据要求协调各方会议年度会议和附属机构会议。
- 协调区域开发银行和其他国际组织。
- 在各方会议的指导下进行行政安排和合同安排。
- 汇编并散发其所收到的报告。

（8）争端解决

各方将寻求用和平方式解决争端。

如果各方无法通过谈判达成一致，他们可按下述方式寻求解决方法：

- 调解或仲裁。
- 将争议提交到国际法庭。
- 为了解决与协议及其实施相关的纠纷，各方会议将考虑设计一个咨询流程。

术　语　表

适应性管理：一个适用于自然资源管理的决策过程，考虑了所涉及的系统的复杂性。适应性管理是一种在面临不确定性时制定和实施决策的灵活方法，需要进行实验、对结果或影响进行监测并随后进行有目的的调整。

阿巴拉契科拉河–查特胡奇河–弗林特河：美国境内的一个流域，流经佐治亚州西部、佛罗里达州北部及亚拉巴马州东部，流域面积为 1.98 万平方英里，近 260 万人口依赖该流域的水资源。

水信息库：一个储存全球跨界水管理和水冲突研究案例的信息库，提供了可靠、相关、随时可用的水信息及来自用户和生产者的显性与隐性水知识智慧。

仲裁：一种纠纷解决方式，允许一个中立方审理案件，并做出有约束力的裁决。

谈判协议最佳替代方案：磋商者的底线，如果不能达成一致，某一方最有可能剩下的东西。

跨界：穿越领域（自然的、社会的、政治的）、尺度（空间的、时间的、司法的、国家的、机构的、知识的）和层面（秒、分钟、天、年等时间单位）。

卡弗德海湾三角洲项目：美国25 个州及联邦政府间就改善加利福尼亚州供水及旧金山湾/萨克拉门托–圣华金河三角洲生态健康达成的合作项目。

能力建设：见"社会学习"。

气候变化：随着时间的推移，气候出现的任何变化，不管是由自然变化还是人类活动引起的，这种定义不同于《气候变化框架公约》中的定义，在《气候变化框架公约》中，气候变化是指一段时间内除自然的气候改变外，人类活动直接或间接造成的全球大气组成的变化。适应能力是某种系统通过适应气候变化（包括气候变异和极端天气）来减少潜在损失、利用机会或应付相应后果的能力。脆弱性是系统易受影响的程度、无法应付包括气候变异和极端天气在内的气候变化的不利影响的程度。脆弱性是某种系统面对的气候变化和变异的特征、量级、速率及系统的敏感度和适应能力联合作用的结果。

联盟：利益相关者群体在谈判中为促进/保护共同利益而联合起来所形成的。见"多边谈判"。

共同演化：水网络随时间变化的一种动态、连续过程。水网络存在于自己的环境中，其自身也是环境的一部分。当环境发生改变时，水网络会进化以确保自身的生存。因为它们是环境的一部分，水网络在进化的同时也改变其所处的环境。

协作适应性管理：在不确定性和复杂性较高且争议较大的情况下，设计和执行所达成协议的一种灵活的方式。协作适应性管理允许进行实验、学习，以及在必要的情况下对早先做出的决定进行调整。协作适应性管理要求对如何估量计划要付出的努力要有清楚的了解，随后还要进行认真监测，通常由所有利益相关者合作进行。

复杂系统：复杂系统领域挑战这样一种观念，通过在多元素水平理解一个系统，我们可以把系统理解为一个整体。简单来说，引用 Miller 和 Page（2007）的话："1 加 1 等于 2，但真正要理解'2'，必须知道'1'的本质及'加'的意义"。除非我们理解某个系统中不同元素的本质（即"1"的本质）及其发展和不断变化的相互依存关系（即"加"的意义）和相应的反馈，否则我们就无法理解一个复杂系统的性能。

复杂的水管理问题：见"简单的和复杂的水问题"。

复杂性理论：该理论试图解释网络和系统（特别是自然系统）的行为，仅从组成部分或各部分进行交互的机械学解释无法理解这些行为。适用复杂性理论的系统具有非线性、不确定性、交互性和突现等特征。

复合的水管理问题：涉及以某些不可预知的方式发展的水问题，并且各种行动的手段和目的具有高度竞争性（因为相互竞争的价值观念存在差异，不管有多少科学信息是可用的都无济于事）。

让步贸易：见"艰难的讨价还价"。

建立共识：利益相关者之间就特定矛盾或特定决策情势达成一致性共识或几乎全部同意所采用的程序。这是一个包括五个步骤的协作决策过程：①利益相关者评估；②明确职责；③慎重考虑；④书面协议；⑤实施。

召集：政府机构或官员利用"非正式"努力把各方集合起来一起推动决策。非正式谈判应该由一个或多个拥有正式决策权的机构或组织召开，目的是在特别会议和正式的公共决策结构之间建立"治理连接"。召集机构应该准备做出明确承诺来支持非正式问题解决过程中出现的提案，只要这些提案得到了适当的展示。

海水淡化：将海水转化为淡水。海水淡化技术提供了应对水短缺的一种方法，适用于一些发展中国家。

外交：描述了不同国家之间为了避免各方出现敌意而采取的互动行为。由于利益相关者之间相互作用的复杂性、资源可用性和额外一些令人困惑的因素，专业技术已经得到了发展，可以更好地解决具体类型的问题，并在此基础上提出

"环境外交或水外交"观点。这些观点更具体、聚焦于某种或某些资源的配置和管理，同时更广泛，检验能否满足不同的利益相关者群体的需求，这种利益相关者群体不能很好地被主权国家或法律实体所代表（见"水外交"）。

领域：知识、影响或活动的范围。水外交框架集中在三个领域：自然、社会和政治（见"自然领域""社会领域""政治领域"）。

都柏林声明和指导原则：1992年1月，来自100多个国家、国际组织、政府间组织和非政府组织的500多名代表在爱尔兰都柏林参加"水与环境国际会议"（ICWE）。随后，1992年6月世界各国领导人参加在巴西里约热内卢举行的联合国环境与发展大会（UNCED），起草了《都柏林水与可持续发展宣言》。这份宣言和相关会议报告从地方、国家与国际层面提出了行动建议，基于四个指导原则：①水是有限且脆弱的资源，对维持生命、发展和环境是至关重要的；②开发和管理应基于参与式方法，涉及用户、规划者和各级决策者；③女性在水的供应、管理和保护中发挥着核心作用；④在各种竞争性用途中，水都有经济价值，应被视为一种经济商品。

嵌入水：在国际贸易中用于生产其他产品（如食物、衣服、汽车等）的水。从水外交的角度而言，高耗水产品应当由水资源丰富的国家生产和出口，而不是以反过来的方式。嵌入水也称为"虚拟水"。

突现特征：水网的突现特征源自节点和链路相互作用和反馈，并且不是在水网上任何单独的节点或链路能观测得到或其所固有的。

佛罗里达州湿地：佛罗里达州的中部和南部地区面积广阔的一片湿地。本书中有一个案例，介绍了在协调员的协助下，磷对下游生态系统的影响这样一个长期存在的分歧得到了解决。

反馈回路：传输信息或其他反应以将影响或活动传送回到不同水网节点的机制或过程。它们可以是互动关系链的一部分。

灵活的资源：传统上，水被视作一种有限的资源加以管理。任何留给某团体的水很可能是无法被其他群体使用的。而在知识和新技术的创造和分享方面正在发生根本性的变化，允许多个用户可以用多种方式使用相同的资源。水外交框架将水看作一种灵活的资源。

《恒河水条约》：1996年印度和尼泊尔签订的国际条约，在雨季水量增大时从法拉卡水坝调控两国共享的河水。该条约旨在为两国人民提供互利互惠，但由于在制订过程中缺乏公众的参与，这个条约被认为是不公平的。

全球水伙伴：成立于1996年，旨在促进水资源综合管理。全球水伙伴的愿景是共筑水安全的世界，以支持各个层面的水资源的可持续开发和管理为使命。全球水伙伴的指导原则源自都柏林和里约热内卢声明（1992年）。更多信息请访问 www. gwp. org/en/About-GWP/。

治理：管理行为。在水外交背景下，重要的是要在正式政府机构的环境下考虑治理，以及涉及非官方利益相关者的网络化协同安排。

基本法则：在审议和执行协同努力时，小组同意遵守的程序性要求。

团体思维：把决策组的分歧最小化的欲望超过了对替代想法的切实评估或对某些观点的批判性评价时出现的心理现象。

艰难的讨价还价：一种谈判风格，各方相互争斗，勾勒出"赢/输"的结果（零和思维），并鼓励各方隐瞒信息，而不是分享信息以试图协作解决问题。艰难的讨价还价导致了"特许权交易"，这推动各方达成最低限度的可接受协议并可能在短期内产生一个"赢家"，但破坏了相互间的信任，破坏了今后的谈判和相互间的关系。艰难的讨价还价依据的是囚徒困境博弈理论、委托代理理论和决策分析（帕累托最优）。

印度不达米亚：发生在虚构的印度不达米亚流域的水资源管理角色扮演模拟游戏，目的是教参与者如何利用水外交框架管理跨界水冲突。

印度河水条约：1960年印度和巴基斯坦签订的共享水的条约，为巴基斯坦提供了保证，其使用印度河流域内源自印度的水时不会被限制，避免了在巴基斯坦造成干旱和饥荒。

非正式的解决问题：论坛协作决策，使许多利益相关者参与解决问题，并为具有公共决策权力的官员提供政策咨询和联合支持。

水资源综合管理：一种协调开发和管理水、土地及相关资源的方法，在不牺牲重要生态系统和环境的可持续性的条件下，以公平的方式使经济和社会福利最大化。

联合实情调查或介导建模：一种协作的方法，用来收集和分析科学或其他技术数据。相关各方共同确定什么样的信息最有价值被收集，以及如何收集。各方可能同意用一种特定的计算机辅助建模方法通过帮助他们解决信息问题。联合实情调查并不能消除分歧，只会让能被各方都视为公共信息的内容，以及在理解材料时他们在哪里、为什么发生了分歧等变得更加清晰。

联合收益：见"共同利益"。

知识传递："经验教训"这个概念在任何给定水网络中都应该与其他的水网络共享，以提高全球范围内水管理方面的能力。见"社会学习"。

科马杜古–约贝河流域：尼日利亚的一个流域。在包含了"正在进行的讨论、相互合作与协调"方案的参与式过程的基础上发展形成了一部水宪章。这个宪章专门明确了不同利益相关者执行协议的责任以及未来相互之间的合作机制等问题。

科马蒂河流域：南非、斯威士兰与莫桑比克共享的水道。本书中介绍了协同合作的一个成功案例，要求利益相关者针对科马蒂河提出即具有可持续性又从政治上能接受的方案。

层面：见"尺度和层面"。

协调员/专业的中立者：一名熟练的仲裁者，与各团体合作寻求解决方案的过程中能够坚持一种无党派的姿态。仲裁者能够在确定和组织参与者中扮演重要的角色，为谈判明确"团体规则"，并且在各团体的差异中产生创造性结果。协调员或其他中立的专业人士可能被邀请监控他们帮助形成的方案的实施情况，或者提议召开各参与方的大会，审查进展情况，或者处理那些违背诺言的行为。协调员接受过专业的训练，并且在很大程度上得到了政府机构的认可或承认。

湄公河委员会：作为联合国发展计划署的一部分，湄公河委员会参与了促成1995 年《湄公河协议》的谈判，该协议是湄公河流域的合作框架。湄公河是中国、老挝、泰国、缅甸、柬埔寨和越南几个国家许多地区的主要水源。《湄公河协议》由柬埔寨、老挝、泰国和越南等流域内 4 个下游国家所签署。

多边谈判：参与者多于两方的谈判。多边和双边谈判的主要区别就是"建立联盟"的机会或者具有相同目的的利益相关者与其他各方进行讨价还价的机会。"阻止联盟"和"获胜联盟"的内部都是不稳定的。

共同利益：基本上所有的谈判方在价值创造型谈判中获得的利益都比艰难的讨价还价式的谈判获得的利益多。共同利益的谈判方法基于这样的假设，即：联合实情调查、连锁交易的发现、视情做出承诺和可以处理不确定因素的自适应方法能够使"联合收益最大化"。"共赢"谈判通常需要一个中立的协调人或调解人来帮助管理问题解决的过程。

自然领域：在水外交的背景下，指水量（Q）、水质（P）和生态系统（E）三个变量及它们之间的相互依赖和反馈。自然领域与社会领域和政治领域相互作用。

近乎自我执行的协议：许多谈判的结果是达成了仅仅描述目标或目的的协议。这种协议往往在实施过程中会破裂。近乎自我执行的协议包括视情做出承诺以应对不确定性，还包括争端解决条款，明确了如果做出的承诺没有得到兑现时各方该怎么办。这类一揽子协议还有条款规定，各成员方宁愿看到协议成功，也不愿看到协议失败。

非平稳性：见"平稳性"。

非零和博弈谈判：一种共同解决问题的框架，该框架假定，对一方有利的结果并不一定对另一方有害。要求做出承诺，寻找创造价值的交易。

组织的学习：指的是公共或私人组织对环境的变化做出的适应性行为。通常需要根据经验对基本操作的规则做出修改。

皮亚韦河流域：意大利东北部的流域。在使用传统的零和方法谈判后，博弈论已经被用于这个流域来分析有关水量分配的谈判。

政策地域：拥有立法权的一个政府实体所辖的地理区域，如国家、州、省、县、市。

政治领域：自然和社会进程中的竞争、互相联系和反馈在这个领域发生（见"自然领域""社会领域"）。

谈判前的准备：谈判之前发生的步骤，努力确保为有效谈判打下最好的基础。包括确定合适的利益相关者，制定谈判议程和时间表，并确定联合解决问题的步骤。通常是指个别人自己为谈判做的准备工作，以及由召集人或专业中立方代表所有参与者做的工作。

问题地域：一个大到可以包含管理问题、小到使计划的执行变得可行的地理区域。

专业中立方：帮助引导各参与方的谈判进程的个人或团队。一名专业中立方，通常会被培训成一名协调员或主持人，并且谈判的结果不涉及其个人利害关系。见"协调员"。

谈判计划：是一个大学间的联盟，致力于提高谈判和争议解决的理论和实践。包括来自哈佛大学、麻省理工学院以及塔夫茨大学的老师、学生和工作人员。

体态：某种自然过程的表现（如年降水量），或约束政府或机构之间相互联系的一套规则。

代表：在大多数的谈判中，个人在谈判桌上都不是简单地为自己的个人利益发声，而是代表更广大的利益相关者群体。对于水外交努力的可信度而言，将利益相关者各方面的利益都考虑到是至关重要的。

沿岸：陆地与河流或水流交界处的地理区域和栖息地。沿岸对生物多样性、土壤保护以及整个生态系统的健康起着重要的生态功能。

尺度和层面：我们将"尺度"定义为用来测量和研究任何现象的空间、时间、数量或分析维度。我们将"层面"定义为每个尺度不同位置的分析单位（如时间尺度上的层面有秒、日、季节、年代等）。对某个特定问题的领域、尺度和层面的范畴的理解是不容易移植到其他领域、尺度和层面。

情景规划：用来处理可能出现的不确定性和复杂性的工具。情景规划涉及模拟各种未来趋势，并形成可以满足未来所有情况的可能行动的"组合"。

海平面升高：发生在人类的时间尺度上，主要由大陆冰川的融化和海水的热膨胀引起的全球平均海平面的显著上升的基本机理。

简单的和复杂的水管理问题：简单问题的特点是容易被认知，复合问题虽不简单，但也是可知的，一定程度上还是可预测的。另外，复杂的问题不容易被感知，通常也是不可预测的。

单一文本过程：谈判协议由一个工作团体或个人起草，生成的文档再由所有相关的各方编辑形成一个所有人都能接受的协议。

社会学习：通过观察他人或与他人进行互动而发生的学习。对随着时间的推移提高个人、组织和网络的知识和能力而言，社会学习是很重要的。对谈判经验应进行反思，以加强所涉及的机构和行为者的潜在能力。也称为全社会学习，或者（在组织层面的）能力建设。

社会领域：在水外交的语境下，指社会价值和文化规范（V）、包括经济和人力资源的资产（C）、治理和机构（G）这三个变量以及它们之间的相互依赖关系和反馈。这个领域与自然和政治领域相互作用。

全社会学习：见"社会学习"。

主权：在一个地区（如地理区域）拥有独立权威的特征。主权问题，尤其是在国家层面上，是水外交的一个关键动因。因为水管理的方法可以分为两大类：一种是上级机关可以执行的决定，另一种则是必须与周边主权国家等相关方进行谈判和共同实施的。

利益相关者评价：建立共识的过程的前期步骤，用于确定适当的利益相关者团体及其代表。通常由专业的中立方进行此步骤。通常涉及秘密采访各种不同的团体、组织或个人，他们可能关心将要形成或更改的决定或政策。中立方会在一份草案文件里总结自己的发现，使当前面临的问题具有透明性，这份草案文件在提到参与者时会采用匿名的方式。

利益相关者：在某个项目或决定中涉及利益的个人、团体或组织。在水管理中，利益相关者通常包括大量且多样化的组织和个人，包括政府、企业、特殊利益集团（环境、商业、娱乐等），居民（本地、地区等）。利益相关者之间通常存在冲突、偏见和预先存在的利益关系。

平稳性：统计特性不太可能随时间而变化的情况的一种属性。非平稳过程的属性会随着时间而改变。

系统：系统通常是指为达到某一目标在有限域内相互关联的一组成分，但往往又不仅是这些成分的简单叠加。对于有限系统，系统工程的概念很适用，动力学上的因果关系也很好理解。阿波罗登月和优化水资源配置都是系统工程成功处理复合的、定义明确的科学问题的典型案例。当系统的界限定义不清并且因果联系不明时，系统工程的方法可能就不是很有用了。

系统工程：国际系统工程委员会的研究人员认为，系统工程是一个工程学科，其任务是创造和执行一个跨学科的过程，以确保客户和利益相关者法人需要以高品质、诚信、高效、经济、守时的方式得到满足。

不确定性：具有的知识有限从而难以准确描述的当前情势或未来结果的一种状态。

价值创造：在谈判理论中，是指与参与者的利益相关的方案、一揽子计划或是交易的产生。利用各方优先考虑的事项或各方利益的不同进行交易，从而完成价值创造。价值创造也可以在同时满足各方的利益要求的情况下实现。

虚拟水：见"嵌入水"。

水外交：源于复杂性理论和谈判的水外交，是一种由塔夫茨大学、麻省理工学院和哈佛大学共同开发的适应性水管理实践与理论。当自然、社会和政治力量相互作用时就会发生水冲突，并产生复杂的水网络。对水网络进行管理变得相当重要，这是因为人口增长、经济发展以及环境变化给有限的水资源带来了压力。仅仅依靠科学或是制定政策是无效的，只有让科学、政策、政治协同起来，水网络的问题才能得到持续性解决。

水外交框架：水外交框架来自复杂性理论及非零和博弈理论，旨在构建科学客观性与相互认知之间的纽带关系。水外交框架将水看作一种灵活资源，认为任何复杂的水问题都可以通过对水网络的三个主要假设来解释：①水网络是开放的，在自然、社会和政治影响下不断改变。②水网络的特点和管理工作具有不确定性、非线性和反馈作用。③水网络管理和进化应当具有适应性，并采用非零和进行协商。

塔夫茨大学的水外交研究生项目：面对博士研究生授课，而这些研究生也将成为未来的水外交课程的老师和学者。该项目由美国国家科学基金综合研究生教育和科研实习（IGERT）支持，主要是教各学科的水专业人士突破界限，运用显性和隐性知识相结合的方法，多角度考虑问题，以达到共赢的目标。

水外交研究合作网络：这个网络由美国国家科学院赞助，并供美国国家科学院与世界各国的研究机构及水专业人员共同研究各种水问题。

水外交研讨会：为期一周的培训，旨在讲授中高层水专业人员利用水外交框架处理简单、复合和复杂的水问题的能力。通过高度互动的演示和练习，这种培训帮助参与者掌握重要的水网络工作管理工具，获得向别人传授这些工具的技巧。

水网络：由一系列节点（制高点）和节点之间的连线（边界）组成的网（或图）。这些线可以是直接的或间接的、加权的或不加权的。水网络可以被描述为相互关联的节点，表示自然的、社会的和政治的变量和过程。节点间信息的流动改变节点状态，使其动态变化。

棘手问题：无法用解决简单问题的传统分析方法成功处理的一类问题。人们利用这个术语描述经常无法描述特征或无法解决的社会规划问题，因为这种问题尚未完成、经常自相矛盾或需求一直在改变。棘手的政策问题不能被确切描述，因为在一个多元化的社会无法客观地定义公共利益或权益。因此，尝试解决社会问题的政策不能客观地归类为正确或者错误，不太可能产生"最优解"。我们利用这个术语描述复杂的水管理问题，它跨越多个边界并包含具有竞争性目标的多元利益主体。

世界大坝委员会：一个建立于 1997 年的独立委员会，提出了大坝建设的十项重点指导方针。在本书中，我们介绍了尼泊尔的一个案例，赞成和反对修建大坝的利益相关者进行了一系列的联合研究来评价尼泊尔的水力发电经验，作为向根据世界大坝委员会的报告制定具体的国别指导方针迈出的第一步。

零和博弈：一种博弈理论构想，假定谈判或冲突中对一方有利的结果总是与对另一方不利的结果相伴生。因此，所有结果的加和为零。

零和思维：从赢/输角度看待谈判，认为谈判一方的得利必然意味其他各方的损失。在水资源谈判中，认为水资源只能使用一次且只能被一方使用，这种想法就是零和思维的体现。

复杂性区域：水管理问题的环境涉及自然和社会力量间的错综复杂的联系。利用非线性、涌现、互动、反馈、变异和适应等假定，复杂性理论能够用于确定复杂性区域的管理问题的参数。在复杂性区域里解决问题与在简单环境和复合环境里解决问题完全不同。

可达成协议的空间：谈判方的最佳替代方案（低案）和各方能够想象和创造的最大值（高案）相重叠的谈判空间。